スタンダード
統計学基礎

岩崎 学・西郷 浩・田栗 正章・中西 寛子 共編
岩崎 学・姫野 哲人 共著

培風館

シリーズ編者 (五十音順)

岩崎　学　(成蹊大学教授・横浜市立大学教授)
西郷　浩　(早稲田大学教授)
田栗正章　(千葉大学名誉教授)
中西寛子　(成蹊大学名誉教授)

本書の無断複写は，著作権法上での例外を除き，禁じられています．
本書を複写される場合は，その都度当社の許諾を得てください．

刊行にあたって

　現在の高度情報化社会を維持し，さらに発展させるためには，大学教育の果たす役割はきわめて大きい．大学で何を学ぶかの選択，そして学んだ内容を学生が身につけたことの客観的な評価が，これまでにも増して重要な鍵となる．いわゆる大学教育の質保証である．そのため，各教育分野において，大学の教育課程編成上の参照基準策定の動きが加速している．

　統計学分野でも，応用統計学会，日本計算機統計学会，日本計量生物学会，日本行動計量学会，日本統計学会，日本分類学会の 6 学会からなる統計関連学会連合の理事会および統計教育推進委員会の協力により，他分野に先駆ける形で，2010 年 8 月に「統計学分野の教育課程編成上の参照基準」が公表された (参照基準第 1 版)．統計学は，学問分野横断的に共通する内容を含むと同時に，各学問分野独自の考え方あるいは手法を有している．そのため参照基準第 1 版では，大学基礎課程に加え，経済学，工学など 8 分野に分けて参照基準が策定された．その後，データを取り巻く環境の急激な発展とそれにともなう統計学への大いなる期待に応えるため，日本学術会議，統計関連学会連合，および統計教育大学間連携ネットワークの協力のもと，参照基準の第 2 版が 2016 年 5 月に公表された．この第 2 版では，統計学の教育に関する原理原則を詳細に記述するとともに，個別の 12 分野を設け，分野ごとに参照基準が作成されている．

　しかし，参照基準をつくるだけでは，絵に描いた餅である．それを実際の大学教育において実現しなければならない．本シリーズは，参照基準第 2 版に準拠する形で，各分野における統計学の標準的なテキストとして刊行するものである．執筆陣も，各分野における統計教育の経験が豊富な教育者であると同時に，優れた研究者でもある人たちである．本シリーズが，大学での統計学の学習の標準的なテキストとなるのみならず，統計学に興味をもち，あるいは実際のデータ解析に携わるうえで，統計学をより深く学習しようとするすべての人たちに有益なものとなることを願っている．

　2017 年 3 月

編者記す

まえがき

　高度情報化社会となった現在，社会のいたるところに多種多様なデータが大量に蓄積され，さらに日々新しいデータが得られつつある．そこで当然，その種のデータを適切に処理・分析し，そこから有益な知見を得るための方法および考え方が必要となってくる．それが統計学である．

　一方，大学教育全般に対し，各教育分野の質保証のための基準が作成・公表されつつある．統計学においても，「統計学分野の教育課程編成上の参照基準」が，日本学術会議，統計関連学会連合，および統計教育大学間連携ネットワークの協力のもとで策定され，公表された．

　本書は，その統計学分野の参照基準に準拠した形で，大学基礎課程における統計学のテキストとして執筆された．主として理工系の学生を念頭においているが，人文社会系の学生でも十分対応できるものである．また，大学でのテキストだけでなく，統計学に興味をもち，あらためて勉強したいというすべての人にも参考となるであろう内容となっている．

　内容は，著者らが実際に大学で行った授業に基づいている．例題あるいは演習問題も実際の授業で扱ったものが中心である．統計理論の解説が主であるが，実際例に基づく例示および計算の方法にも言及している．そして，学生の自学自習に資するために，演習問題の詳しい解答を巻末に与えている．

　本書をもとに前期・後期の2セメスターで授業を行う場合には，第1章から第7章までを前期に，第8章以降を後期に配置するのが適当である．特に，第5章の「研究の種類とデータ収集法」については，これまでの日本のテキストでほとんどふれられていない内容であるが，データから妥当で過不足ない情報を得るためには欠かせない重要なものである．

　本書で得た基礎知識をもとに，さらに進んだ統計技法を身につけ，実際のデータ解析にあたられたい．

　最後に，本書執筆に寄与された多くの人々に感謝する次第である．

　2017年3月

岩崎 学・姫野哲人

目　次

1. **統計学の役割と活用事例** *1*
   1.1 統計学とは　　1
   1.2 統計学の活用事例　　2
   1.3 データソース　　6
   1.4 統計ソフトウェア　　7
   1.5 アンケートデータの例　　8

2. **データの集計とグラフ表示** *10*
   2.1 データの種類　　10
   2.2 1変量質的データの集計とグラフ表示　　14
   2.3 1変量量的データの集計とグラフ表示　　17
   2.4 2変量質的データの集計とグラフ表示　　23
   2.5 2変量量的データの集計とグラフ表示　　27
   2.6 2変量の質的・量的データの集計とグラフ表示　　28
   2.7 3変量以上のデータの集計とグラフ表示　　30
   2.8 時系列データのグラフ表示　　31

3. **分布の特性と基本統計量** *34*
   3.1 5数要約と箱ひげ図　　34
   3.2 分布の代表値 (位置の尺度)　　38
   3.3 種々の平均　　41
   3.4 ばらつきの尺度　　45
   3.5 分布の形状の尺度　　47
   3.6 変数変換の影響　　49
   3.7 コマンドのまとめ　　52

4. **2変量データの特性** *54*
   4.1 関係の種類　　54
   4.2 カテゴリカルデータ間の関係　　55
   4.3 連続データ間の関係　　58
   4.4 種々の相関係数　　61
   4.5 回帰分析　　65
   4.6 変量の和と差　　68

5. 研究の種類とデータ収集法 ... *71*
  5.1 研究の種類　71
  5.2 実験研究　73
  5.3 観察研究　74
  5.4 調査　75
  5.5 前向き研究と後ろ向き研究　78

6. 確率と確率分布 ... *81*
  6.1 事象と確率　81
  6.2 確率変数と確率分布　87
  6.3 確率分布の特性値　96

7. 種々の確率分布 ... *107*
  7.1 正規分布　107
  7.2 代表的な離散型分布　115
  7.3 代表的な連続型分布　130

8. 極限定理と標本分布 ... *139*
  8.1 標本平均　139
  8.2 標本分散と不偏分散　147

9. 統計的推定 ... *152*
  9.1 点推定　152
  9.2 区間推定　157

10. 統計的検定 ... *174*
  10.1 統計的検定とは　174
  10.2 1標本問題　178
  10.3 2標本問題　184
  10.4 適合度検定　190

11. 分散分析 ... *197*
  11.1 一元配置分散分析　197
  11.2 二元配置分散分析　199

12. 回帰分析 ... *203*
  12.1 回帰モデルの定式化とパラメータの推定　203
  12.2 回帰モデルの評価　207
  12.3 回帰による予測　212

参考文献 ... *217*

演習問題の解答 ... *219*

索引 ... *237*

1章
統計学の役割と活用事例

ここでは，統計学とはどのような学問であるのか，どのように使われるのかを典型的な例により示し，さらに，インターネット上でのデータソースおよび分析用のソフトウェアを紹介する．そして，後の章で例として用いるアンケートデータをあげる．

1.1 統計学とは

統計学 (statistics) とは，一言でいえばデータを扱う学問体系およびその分析技術の総称であり，近年では「データサイエンス」の名でよばれることもある．統計学の歴史は古く，それが「統計学」とよばれるようになるはるか以前から，国家あるいは社会の状態把握のための調査やデータ収集が行われていた．人口あるいは農作物などの実態の把握なしには，徴税も行政もありえないのは理の当然である．実際，英語の statistics は国家を表す "state" の派生語であるといわれている．

統計学はその後，社会のあらゆる分野で発展を遂げた．たとえば，白衣の天使，ランプの貴婦人として知られるナイチンゲール (Florence Nightingale, 1820-1910) は，看護活動の一方で，19世紀半ばのクリミア戦争での自らの看護婦としての経験や種々の記録を整備したうえで統計資料を作成し，当時の英国の保健制度の改革に大きな貢献を果たした．実働2年半ともいわれる看護婦としての活動よりも，後半生の統計をはじめとする多くの分野における功績のほうが大きかったとも評価されている．このため英国では，ナイチンゲールを統計学の先駆者とみなし，大いなる敬意をもって統計学者のなかに数えている．英国ではその後，ピアソン (Karl Pearson, 1857-1936)，ゴルトン (Francis Galton, 1822-1911) などに代表される生物学などへの応用が発展した．なかでもフィッシャー (Sir Ronald A. Fisher, 1890-1962) は，「実験計画法」の創始者でもあり，近代の数理統計の基礎をつくるなど，きわめて多くの貢献をした人物である．ちなみにフィッシャーは集団遺伝学での貢献もきわめて顕著で，「統計学者であり遺伝学

者の」あるいはその逆に「遺伝学者で統計学者でもある」と紹介される．

　第二次大戦後は，統計学は，特に米国における理論面および応用面で著しい発展をとげ，日本でも，戦後の工業製品の品質の向上において重要な役割を果たした．特に最近では，世界的に医学分野での応用が広がり，統計学なしでは学術論文の出版はありえないような状況となっている．さらに統計学は，単にデータを収集して表やグラフにまとめるだけでなく，確率論という数学的道具を用いることにより学問体系としての認知度があがり，全体の集団(母集団)における特質の推測や未来予測ための有用な，というよりほぼ唯一の手段として発展を遂げてきている．

　統計学はこのように長い歴史をもつ学問であるが，特に近年，ビジネスや各研究分野において新たに注目されつつある．現代のネットワーク環境の急速な発展と各種センサーに代表される自動的なデータ収集システムの進歩により，さまざまな種類のデータが世の中のあらゆるところに蓄積されるようになった．それらの多種多様なデータを有効に活用しようという要求が必然的に起こったことで，データ分析のための考え方および技術が必要となり，データを扱う学問としての統計学に注目が集まっているのである．

1.2　統計学の活用事例

1.2.1　歴史的事例

　統計学が応用された事例は枚挙に暇がない．歴史的に著名な研究をあげるだけでも，17世紀のグラント (John Graunt, 1620-1674) は，当時の死亡統計をまとめたいわゆる生命表を作成し，個々には偶然としか思えないような現象であっても，大量に観察することによりそこに潜む規則性を見いだしうることを示した．19世紀半ばの英国でスノウ (John Snow, 1813-1858) は，ロンドンで大流行していたコレラの感染経路を，統計的および疫学的手法を用いて特定した．コレラの死亡者のデータを用いて地図を作成し，井戸ポンプの水がその原因であることを突き止め，コレラの発生数を劇的に減少させることに成功した．また，前節でもふれた19世紀のナイチンゲールの統計データを用いた保健制度改革の貢献も非常に大きなものと評価されている．

　日本では，太平洋戦争後の工業製品の飛躍的な品質向上が，統計的手法の適用の顕著な成功例として世界的に有名である．「安かろう悪かろう」とされた時代から，世界に冠たる品質の代名詞となったメイド・イン・ジャパンを創出した

のも統計学であったといっても過言でない．発端は終戦直後の昭和21年に米国から派遣された統計使節団 (ライス使節団) の勧告である．この使節団にはデミング (W. Edwards Deming, 1900-1993) も参加していた．デミングはその後，日本における品質管理の普及に尽力し，いくつものセミナー (デミングセミナー) を日本各地で開催して，統計的品質管理の重要性を説いた．その功績を顕彰するため「デミング賞」が創設され，品質管理分野での最高の賞として現在に至るまで引き継がれている．

デミングだけでなく，石川馨 (1915-1989)，増山元三郎 (1912-2005) といった日本の統計の創成期の人たちの功績も忘れてはならない．また，**タグチメソッド** (Taguchi method) として世界でも名高い田口玄一 (1924-2012) のオリジナルな貢献も特筆に値する．さらには，人文社会学系のデータ解析には欠かせない数量化理論の創設者である林知己夫 (1918-2002)，世界中のどの統計ソフトウェアにも搭載されている**赤池情報量規準** (AIC) を開発した赤池弘次 (1927-2009) など，多くの研究者の貢献により現在の統計学が形づくられている．

1.2.2　データ解析の実際と統計学

通常，データ解析の流れは以下のようである．「ようである」としたが，「ようであった」としたほうがよい場面もある (後述)．
 (a) 研究目的の設定，測定・調査項目の決定
 (b) データ収集法の立案
 (c) データの収集 (モニタリング)
 (d) データの電子化
 (e) データのチェック (クリーニング)，データセットの結合
 (f) データの集計とグラフ化 (予備的検討)
 (g) 統計的推測ないしは予測
 (h) 分析結果のプレゼンテーション (文書化，口頭発表)
 (i) 意思決定 (終了もしくは最初に戻る)

以下では，具体的な例をあげながら，これらを詳しくみる．ある製薬会社が新薬を開発し，実際に臨床試験を行ってデータを取得するとしよう．

(a) 研究目的の設定，測定・調査項目の決定

まず，研究目的を明確にしなければならない．薬剤が血圧を下げるためのものであったならば，「薬剤の服用によって血圧が下がるかどうかを調べる」という漠然としたものであってはならず，たとえば「最高血圧 (収縮期血圧) が

130 mmHg 以上である患者に 1 日 1 回朝食後に 12 週間服用してもらい，2 週間に 1 度ずつ医療機関に来院してもらって血圧を測定する」というように具体的に定めなければならない．薬剤の効果の立証には比較が不可欠であることから，比較相手の既存薬やプラセボ (偽薬) を具体的に選択する必要もある．人間相手の試験では患者本人の同意をどうとるかという倫理上の条件も欠かせない．

(b) データ収集法の立案

新薬と既存薬とを比較するとして，どちらの薬剤を患者に服用してもらうかを決めなくてはならない．まったくランダムに服用する薬剤を決めるのか，性別や重症度が両群でなるべく均等になるようにするのか，などを定める．飲料の好みを調べる官能検査では，複数の飲料をどういう順番で摂取してもらうかなども定める必要がある．これらの，臨床試験や官能検査などの実験研究では，**実験計画法**の知識が必要となる．実験研究では，試験の計画が研究者自身の手で決められるが，多くの社会学的な研究では実験は不可能で，観察研究あるいは調査に頼らざるをえない (第 5 章参照)．調査では，調査法の具体的な設計が必要となる．ここで必要とされるのが**標本調査法**の知識である．

収集する**データの個数の決定**はきわめて重要な問題であり，統計家の出番となる．データの収集には相応のコストがかかるので，研究目的を達成するためのデータ数を理論的な考察をもとに割り出さなくてはならない．逆に，予算の範囲内で何がどこまでいえるのかの判断も必要となる．また，データには何らかの理由で個々の値が得られない**欠測**が不可避的に生じるので，欠測の割合も考慮に入れなければならない．

(c) データの収集 (モニタリング)

実際にデータを集めるのは，通常は大変な作業である．データが，計画どおり集められているのかの**モニタリング** (監視) もデータの質の担保のために必要となるであろう．臨床試験では，臨床現場でのデータ収集をサポートする職種の人が配置されることが多いし，質の良いデータを得るためには彼らの存在は不可欠であるともいえる．ネット上の公表データを利用する場合も，そのデータがどのように**収集**されたのかの情報を得ておかなくてはならない．

(d) データの電子化

データが紙ベースで集められたのであれば，それを電子化し，コンピュータでの処理が可能なようにする必要がある．医療現場で以前は，紙のカルテが主だったが，近年では電子カルテとなり，それにより直接コンピュータによりデータを収集することも多くなった．統計調査の世界でも，たとえば 2015 年に実

施された国勢調査では，PC やスマートフォンなどによるオンライン入力が本格運用され，約 37％ の人たちがオンラインでの入力を行った．しかし，データを電子的に集める場合には，それにともなって生じる**バイアス** (偏り) に留意しなくてはならない．

(e) データのチェック (クリーニング)，データセットの結合

データ解析に入る前のデータのチェックや異なるデータセットの結合は欠かせない作業であるが，想像以上の時間とエネルギーを費やすことが多い．たとえば，年齢が 680 歳と誤って入力されていたりするので，コンピュータによる自動チェックのシステムは不可欠であるが，それでも 100％ のチェックはできない．また，異なる時点でとられたデータを結合したりする必要もでてくる．

(f) データの集計とグラフ化 (予備的検討)

データ解析の第一歩は**データの可視化**である．データのもつ情報を必要にして十分に表示するためには，それなりの知識と技術を要する (詳しくは第 2, 3, 4 章をみられたい)．複雑な統計手法を使わなくても，この段階で必要な情報が得られることも多いことから，けっしておろそかにできない作業である．

(g) 統計的推測ないしは予測

大学での**推測統計**の授業ではこの段階の方法論を扱うことが多い．たとえば，新薬と既存薬との薬効差の検定が行われる．確率論をベースにした数学的な議論も多いことからここに困難を感じる人も多いであろうが，この段階の知識と技法を身につけることにより，さらに進んだデータ解析が可能となる．統計家，データサイエンティストとして必要な技能である．

(h) 分析結果のプレゼンテーション (文書化，口頭発表)

分析結果は，研究者であれば論文化し，学生であればレポートにまとめる．文書にする場合も口頭発表する場合もあるであろう．その際，誤った分析を行うのは論外としても，データのもつ情報を過不足なくまとめる必要がある．上記の (f), (g) の知識があやふやであると，いい足りなかったりいい過ぎたりする．

(i) 意思決定 (終了もしくは最初に戻る)

データは，統計分析して終わるものではない．当初設定した研究目的に応じた意思決定が必要となる．これで研究を終えるのか，あるいはデータが不足であると判断された場合には最初に戻って再度上述の一連の流れを繰り返すのかの判断がなされなくてはならない．臨床試験においては，薬剤の特徴をあらゆる観点から調べるため，複数の臨床試験が行われ，それらの結果をとりまとめて当局に承認申請がなされる．

本項の最初で，データ解析の流れは必ずしも上記の (a)～(i) のようでないかもしれないと述べた．それは，近年の「ビッグデータ」の語に代表される，データがすでに集まっている状況である．すなわち，上記のうちの (a), (b), (c) がないか，あるいはあいまいなまま (d) となっている状態をさす．そうであっても，妥当なデータ解析のためには (a), (b), (c) は不可欠であることから，事後的であるにしてもそれらを十分に吟味する必要がある．データがいくら大量にあるからといって，それだけでは妥当な結論を導くことはできない．上述の (a)～(i) はデータ解析のゴールドスタンダードとして心に留めおき，実際のデータがそれらとどの程度乖離しているのかの距離感を判断しながら，データの統計解析を行う必要がある[1]．

1.3 データソース

インターネットの普及により，きわめて多くの種類のデータがネット上から利用可能となった．特に政府の提供する統計データは「政府統計の総合窓口 e-Stat」(www.e-stat.go.jp) から入手可能となっている．これまで官公庁はなかなかデータを開示しないといわれてきたが，2009 年 1 月に施行された新しい統計法 (それまでの統計法と区別するため「新統計法」とよばれることもある) では，その目的として

> 「この法律は，公的統計が国民にとって合理的な意思決定を行うための基盤となる重要な情報であることにかんがみ，公的統計の作成及び提供に関し基本となる事項を定めることにより，公的統計の体系的かつ効率的な整備及びその有用性の確保を図り，もって国民経済の健全な発展及び国民生活の向上に寄与することを目的とする．」(統計法第一条)

としている．すなわち，公的統計を国民全体の共有物ととらえ，その利活用を推進する方向を打ち出したものといえる．e-Stat の運用はその流れを推し進めるものである[2]．

---

[1] データ解析の実際例は，たとえば松原他 (2011)，柳井他 (2002) などの書物を参考にされたい．ネット上にもおびただしい数のデータ解析の事例があるが，玉石混淆であるので，玉と石の区別が付かない段階での妄信は危険である．

[2] e-Stat では，地図情報 (GIS 機能) やデータの機械判読可能な形式での提供 (API 機能) などの機能を追加し，公的データの利活用の促進をはかっている．また，各省庁も独自の方式によりデータの開示を進めている．特に総務省統計局では，「なるほど統計学園」(www.stat.go.jp/naruhodo/)，「なるほど統計学園高等部」(www.stat.go.jp/koukou/) などの教育用教材も提供している．この「高等部」では統計の歴史についての詳細な記述もあるなど，統計をさらに深く理解するための情報が掲載されている．また，同じく総務省統計局が提供する統計力向上サイト「データサイエンス・スクール」(www.stat.go.jp/dss/) では，初級，中級，上級の各テキストとテスト問題を提供している．

政府だけでなく地方公共団体でも，インターネットを介してのデータの開示および提供が進んでいる．たとえば東京都では，「東京都の統計」(www.toukei.metro.tokyo.jp/) として，さまざまな統計情報を提供している[3]．

ユニークな取組みとしては，「センサス＠スクール」(census.ism.ac.jp/cas/index.html) がある．これは，統計学習のための自分たちの生きたデータを提供し，かつ利用するための国際的なプロジェクトで，日本のほかに，イギリス，カナダ，ニュージーランド，オーストラリア，南アフリカ，アメリカ合衆国，アイルランド，韓国が参加している．

これらはいわゆるオープンデータ化，すなわち，どこでも誰でも統計データを利用できる環境を整え，日本国民，あるいはもっと広く，地球上の人間をはじめとするすべての生き物がよりよく生きるために寄与していこうとしている．統計データを一部の人たちの専有物とするのではなく，幅広い範囲に提供することにより，さまざまな人たちがそれぞれの叡智を結集し，データをより有効に生かせるような環境，インフラストラクチャーを提供しようというものである．オープンデータ化により，きわめて多くの統計データの提供が進み，それらを分析し，正しく解釈するための方法論やスキルが，ますます重要なものとなってきている．

1.4 統計ソフトウェア

データの分析にはコンピュータの利用が必須である．紙と鉛筆，電卓によるデータの集計や分析は過去のもので，コンピュータを用いた解析のスキルを身につける必要がある．統計分析用のソフトウェアのなかには，簡単で手軽に使えるものから高価で専門的なものまでさまざまなものがあるが，本書では，それらのなかでもっとも多くの人に使われている表計算ソフトの Microsoft Excel®（以降，単に Excel と記載）と，無料で誰でもダウンロードして使えるデータ解析環境 R を用いる[4]．

本書では Excel の簡単な使い方や R のプログラム例を示しているが，それらの使い方を示すのが主目的ではないので，より詳しくは Excel や R を専門に

---

[3] 統計数字の提供だけでなく，小・中学生のための統計学習サイト「まなぼう統計」も運用されていて，視覚的にもきれいでわかりやすい学習教材となっている．統計学の学習サイトとしては，「算数・数学の資料の活用やデータ分析のための科学の道具箱」(rikanet2.jst.go.jp/contents/cp0530/start.html#) も身近なデータを集めた教材となっている．

[4] Excel のバージョンとしてここでは Excel2016 を使用しているが，本書の内容についてはそれ以前のバージョンでもほとんど変わりはない．

扱っている書籍を参考にされたい[5]．商用の統計ソフトウェアも多く存在する．それらの多くは，大量のデータが扱え，しかもデータの可視化に優れたものが多く，また日々進化を遂げている．より進んだ高度な統計解析にはそれらのソフトウェアが必要となることが多い．

1.5 アンケートデータの例

ここでは，次章以降で用いるためのデータを用意する．表 1.5.1 は首都圏の A 大学と B 女子大学での統計学の授業の最初の回にとったアンケート項目である．これらのうち，項目 8 は授業開始直後での計測，項目 9 は授業終了直前での計測である．

表 1.5.1 アンケートの内容

1. 誕生月：(　　月)
2. 血液型：(　　型)
3. 身　長：(　　cm)
4. 携帯電話・スマートフォンのキャリア (いずれかに ○)：
　　1. docomo　2. au　3. SoftBank　4. その他　5. 持っていない
5. 自分を含めた兄弟 (姉妹) 数：(　　人)
6. 居住形態 (いずれかに ○)：1. 自宅　2. 自宅以外
7. 家を出てから大学に着くまでの平均所要時間：(　　分)
8. 30 秒間の脈拍値：(　　回) 1 度目の計測
9. 30 秒間の脈拍値：(　　回) 2 度目の計測

実際に集められたアンケート数は，A 大学では 122 人，B 女子大学では 44 人であった．表 1.5.2 は誕生月でソートした B 女子大学における最初の 10 名分のデータである．表中のブランクは，その学生のその調査項目のデータが得られなかったことを表す．これは，データの**欠測** (missing) もしくは欠損，欠落とよばれる．次章以降では，このデータを用いてデータの集計や分析などの説明をしていく．

[5) Excel では，組み込み関数と「データ分析」ツールを用いる．「データ分析」は「データ」メニューをクリックして選択するが，「データ」メニューにそれがない場合には，最初に一度だけ「ファイル」→「オプション」→「アドイン」から「設定」をクリックし，「分析ツール」にチェックを入れて OK とする．これで「データ分析」ツールが使用可能となる．
　統計解析環境 R は，インターネットの専用サイトからダウンロードする．検索エンジンで「R インストール」として検索し，そこでの指示に従えば簡単にダウンロードができる．

表 1.5.2　アンケート結果の例 (B 女子大学 10 名分)

ID	MONTH	BLOOD	HEIGHT	PHONE	NUMBER	HOME	TIME	S1	S2
1	1	O	152	2	2		40	43	42
2	1	A	160	2		1	120	34	26
3	1	A	164	1	2	1	60	39	35
4	2	O	159	2	3	1	75	35	34
5	2	O	163	3	2	1	90	34	35
6	2	AB	155.5	3	3	1	100	42	41
7	2	A	160	1	2	2	15	50	
8	2	A	146	2	2	1	100	35	39
9	3	O	148	3	1	1	90	37	33
10	3	AB	152.1	1	1	1	75	37	38

演習問題 1

1.1 モンスターを倒すテレビゲームを考える．モンスターは 2 種類 (M_1, M_2) で，M_1 は M_2 よりも強い．モンスターは交互に 3 回現れ，モンスターを 2 回続けて倒したら勝ちとなる．各対戦でモンスターを倒す確率はモンスターごとに同じで，各対戦結果は互いに独立 (無関係) とする．

(1) モンスターが (M_1, M_2, M_1) の順で現れる場合と，(M_2, M_1, M_2) の順で現れる場合とでは，勝ちとなる確率はどちらが大きいか．

(2) 上問 (1) で得られた結果を他の人にわかりやすく説明するにはどうすればよいか．

1.2 あるテレビ番組の評価をインターネットの WEB サイト上で調査したところ，右の結果を得た (星の数が多いほうが高評価)．

5 つ星：59 %
4 つ星：　2 %
3 つ星：　2 %
2 つ星：　4 %
1 つ星：34 %

(1) 星の数の平均値はいくらか．

(2) この結果をどう解釈すればよいか．

(3) 一般に，この結果からインターネット上での評価としてみられる特徴を述べよ．

1.3 英国では，ミルクティーを作る際にはミルクを先に入れてから紅茶を注ぐものとされているようである．昔，あるご婦人が「私はミルクを先に入れたかあるいは紅茶を先に入れたかは，飲めばわかる」と発言した．このご婦人の主張の真偽を確かめるためには何をどうすればよいのかを，以下の各項に留意して述べよ．

(1) このご婦人に紅茶とミルクのどちらを先に入れたかの判別力があるとはどのような場合のことをいうのか．

(2) どういうデータをどのようにとればよいか．

(3) とられたデータをどう分析するか．

(4) 上問 (3) の結果の解釈はどのようにすればよいか．

2 章
データの集計とグラフ表示

　統計的データ解析の第一歩は，データの集計とグラフによる表示である．観測データは多くの場合，1.5 節の表 1.5.2 のような表の形式で与えられるが，それを単に眺めていたのでは，そこに潜む特徴を見いだすことはできない．データを適切に集計しグラフ化することにより，データのもつ特徴をより明確に理解することができる．本章では，データの種類に応じた集計法とグラフ表示の方法を学ぶ．以下では，データの集計とグラフ化は主として Excel を用いて行い，R については例として使い方と結果を表示する．

2.1 データの種類

データは，その特性により次のようないくつかの種類に分類される．
○**質的データ** (qualitative data) (カテゴリカルデータ (categorical data))
　　・順序のないカテゴリカルデータ
　　・順序のあるカテゴリカルデータ
○**量的データ** (quantitative data)
　　・離散型データ (discrete data)
　　・連続型データ (continuous data)
以下ではこれらのデータの特徴といくつかの例を示す．

2.1.1 質的データ (カテゴリカルデータ)

　質的データ (カテゴリカルデータ) とは，観測結果が数値でなく 2 つもしくは 3 つ以上の分類 (カテゴリー) で与えられるもののことをいう．分類であるので，観測結果には四則演算は定義されない．逆にいえば，四則演算が意味をもつかどうかで質的データかそうでないかの判断ができる．
　カテゴリー数が 2 つのものとしては，たとえば，ある事象の生起の「あり，な

2.1 データの種類

し」や性別「男，女」[1]，大学などの入学試験の結果「合格，不合格」，1.5 節のアンケート調査データでの居住形態「自宅，自宅以外」などがある．カテゴリー数が 2 つであるので，カテゴリー間に順序はない．すなわち，カテゴリーの記載の順番を「女，男」としても「不合格，合格」としても特に問題は生じない．このように，とりうる値が 2 種類のものを特に **2 値データ** (binary data, dichotomous data) という．2 値データでは，観測結果が事象の生起の場合には変数 z を用いて，

$$z = \begin{cases} 1 & (\text{生起あり}) \\ 0 & (\text{生起なし}) \end{cases}$$

のように表すこともある．この z のように，とりうる値が 1 または 0 でカテゴリーを表すための便宜的な変数を**ダミー変数** (dummy variable) という．

　カテゴリー数が 3 つ以上のときには，それらカテゴリー間に順序のない場合とある場合とがでてくる．順序のないカテゴリカルデータの例としては，血液型「A，B，O，AB」や携帯電話会社「docomo，au，SoftBank，その他」などがある．カテゴリー間に順序がないのでそれらを並べる順番は原則任意である．ただし，カテゴリーを「その他」からはじめることは通常ない．

　一方，**順序カテゴリカルデータ** (ordered categorical data) としては，学生の成績の「S，A，B，C，D」や，交通事故などでの怪我の程度を示す「重体，重傷，軽傷」，あるいは薬剤の効果を表す「著効，有効，やや有効，無効，悪化」などがある．順序があるのでカテゴリーの順番を変えることはできない．

2.1.2　量的データ

　量的データとは，観測結果が数値で与えられ，それらどうしの演算が可能なものをいう．量的データはそのとりうる値によって離散型と連続型に分類される．

　離散型データとは，観測結果のとりうる値が整数のようにとびとびの値であるものをさす．全部で 10 問の演習問題中での正答数，リウマチで疼痛を訴える関節数，1 日当たりの交通事故件数，アンケートデータでの兄弟姉妹数，などがその例である．10 問の演習問題中の正答数や疼痛関節数などのようにとりうる値の「上限が決まっているもの」と，兄弟姉妹数や 1 日の交通事故件数のように，「上限はあるであろうがそれを合理的に定めることのできないもの」とが

---

[1]　**注意**：性別が「男，女」の 2 値のみをとるカテゴリカルデータとする見方には，最近になって異論もでている．何をもとに判断するかであるが，メンタルな面からみると，男と女の間に連続的なスペクトラムがあるようである．

ある．後者の場合は上限を定めず，便宜上いくらでも大きな値(無限大)をとりうるとしておく．

連続型データとは，とりうる値が実数であるものをさす．身体測定における身長や体重などや，通学や通勤に要する時間などがその例である．これらも，あらかじめ定められた上下限のある場合と，上下限を合理的に定めることができない場合とがある．たとえばヒトの身長では，生物学的な上限はあるはずであるが，これも便宜上どんな大きな値もとりうるとしておく．通学時間も同様である．これは，無限に大きな値をとりうるのではなく，範囲を合理的に定めることができない場合の便宜上の措置と解釈すべきである．

2.1.3 データの分類の使い分け

本節の冒頭でデータを大きく4つに分類したが，データによっては明確に分類できない場合もある．その場合には，集計や分析に便利なように適宜使い分ければよい．たとえば，順序のあるカテゴリカルデータとした学生の成績「S, A, B, C, D)は，そのままでは演算ができないが，$S = 4$, $A = 3$, $B = 2$, $C = 1$, $D = 0$ と数値化して平均をとり，GPA (Grade Point Average) とすることが多くの大学で行われている．逆に，年齢は連続型のデータであるが，適当な数で区切って「若年，中年，老年」と順序のあるカテゴリカルデータとすることもある．

では，テストの点数はどの種類のデータであろうか．教員によっては5点や10点刻みで採点するかもしれず，どんな教員でも小数点以下の点数をつける人は稀であろう．その意味では離散的なデータであるが，テストの点数は多くの場合に連続データとして扱われる．逆に，身長は連続型であるが168.802987 cmなどということはなく，細かくても168.8 cmなどと丸めた数字で表される．これを小数点以下1桁の数値しかとらない離散型と思う人はいないであろう．髪の毛の本数も整数値で数えられる離散型のデータであるが，それを離散型のデータとしては扱われない．

2値データはダミー変数を用いて (1,0) とコード化することにより数学的な扱いが可能になる．たとえば5人の学生の性別が (男, 女, 男, 女, 女) と表されていたのでは演算はできないが，これが (1,0,1,0,0) であれば，これらを加えて5で割った $(1+0+1+0+0)/5 = 0.4$ は5人中の男子の割合となる．

カテゴリー数が3つ以上の場合には，たとえば血液型で ($A = 1$, $B = 2$, $O = 3$, $AB = 4$) という表示は望ましくない．もとのデータはカテゴリー間に

2.1 データの種類

順序もなく演算もできないが，$(1, 2, 3, 4)$ という表現では形式的に演算が可能となってしまい，データの特質が見失われがちである．血液型の場合には，各カテゴリーを表すダミー変数を 4 つ用意し，A $= (1, 0, 0, 0)$，B $= (0, 1, 0, 0)$，O $= (0, 0, 1, 0)$，AB $= (0, 0, 0, 1)$ のようにする．ダミー変数の最初の 3 つが 1 でなければ 4 つめは 1 に決まっていることから，ダミー変数を 1 つ減らして 3 つとし，A $= (1, 0, 0)$，B $= (0, 1, 0)$，O $= (0, 0, 1)$，AB $= (0, 0, 0)$ としてもかまわない．4 つとするか 3 つとするかは分析の目的による．4 つとしたほうがわかりやすいのであるが，3 つとしたほうが都合のよいこともある (後述)．一般に，カテゴリー数が m の場合には $(m-1)$ 個のダミー変数で十分である．

表 2.1.1 は，2 値である性別 (M, F) をダミー変数で表し，4 カテゴリーの血液型を，各血液型に対応した 4 つのダミー変数で表したものである．2 番目の学生の血液型は欠測となっていることから，ダミー変数も空白としている．欠測に 0 を設定してはならない．

表 2.1.1　カテゴリカルデータのダミー変数表示

性別	血液型		性別	血液型			
				A	B	O	AB
F	A	→	0	1	0	0	0
M			1				
F	O		0	0	0	1	0
M	O		1	0	0	1	0
M	AB		1	0	0	0	1
M	B		1	0	1	0	0
M	A		1	1	0	0	0
F	A		0	1	0	0	0
M	O		1	0	0	1	0
M	A		1	1	0	0	0

2.1.4　測定尺度による分類

2.1.1 項では，データの特性によって大きく質的と量的に分けたが，測定の**尺度** (scale) による分類もされることが多い．その場合は，**名義尺度** (nominal scale)，**順序尺度** (ordinal scale)，**間隔尺度** (interval scale)，**比尺度** (ratio scale) と分類されるのが一般的である．

名義尺度は，観測結果が分類で与えられるもので，2.1.2 項の順序のない質的データにあたる．順序尺度は，順序のある質的データとして結果が観測される．

これら 2 つが質的 (カテゴリカル) データである.

間隔尺度は，観測結果が実数で与えられるが，原点は任意であるものをいう．すなわち，数値の間隔のみが実質的な意味をもつものである．たとえば，テストの点数は，すべて不正解の場合は 0 点で満点が 100 点であることが多いが，減点法を採用して満点が 0 点で最低点が -100 点としても，学生の成績評価には何ら影響はない．2 人の学生の点数の優劣は彼らの点数の差 (間隔) で表現される．

比尺度は，観測結果が実数であり原点が物理的に存在するもののことをいう．たとえば，身長や体重がこれにあたる．原点があることから，観測値どうしの差に加えて比が実際上の意味をもつ．A 君と B 君のテストの点数の差が 20 点というのは意味をもつが，A 君の点数は B 君の点数の 1.5 倍とはいわない．それに対し，A 君の体重と B 君の体重の差は 5 kg で A 君の体重は B 君の体重 1.08 倍というのは意味をもつ．

これら 4 つの分類も，2.1.3 項での議論と同様，必ずしも明確に定まっているわけではなく，データの表示や分析手法に応じて適宜定義が変えられることもある．連続データのカテゴリー化や順序データの数値化など，臨機応変な対応が求められる．ただしその場合，どのような情報が失われたのか，どのような情報が人為的に付加されたかの判断が必要となる．連続データを順序カテゴリーに変換した場合には同じカテゴリー内での数値のばらつきの情報は失われるし，順序尺度データの数値化に関しては，たとえば GPA の計算では，各順序カテゴリー間の差を人為的に一定として扱っていることになる．それらの妥当性は別途議論されなくてはならない．

2.2 1 変量質的データの集計とグラフ表示

質的 (カテゴリカル) データは，カテゴリーごとのデータの個数 (**度数** (frequency) という)，およびその全体に対する割合の**相対度数** (relative frequency) として度数表にまとめる．その際，データの合計数を書くべきである．順序のないカテゴリカルデータの場合は，度数表におけるカテゴリーの配置の順番は任意であるが，度数の多い順に並べると全体の様子がわかりやすくなる．また度数の多い順に並べた場合，**累積相対度数**を計算しておくことにより，相対度数の大きなカテゴリーの把握が容易になる．

2.2　1変量質的データの集計とグラフ表示

具体的に，カテゴリー数が m で，それらを $A_1, \ldots, A_m$ としたとき，各カテゴリーの度数が $f_1, \ldots, f_m$ で，全データ数が $n = f_1 + \cdots + f_m$ であるとする．相対度数はそれぞれ

$$p_1 = \frac{f_1}{n}, \quad \ldots, \quad p_m = \frac{f_m}{n}$$

であり，累積相対度数は

$$P_j = p_1 + \cdots + p_j \quad (j = 1, \ldots, m)$$

となる．度数表は，表 2.2.1 のようである (行と列を入れ替えてもよく，相対度数はパーセント表示でもよい)．

表 2.2.1　度 数 表

カテゴリー	度数	相対度数	累積相対度数
A_1	f_1	p_1	p_1
A_2	f_2	p_2	$p_1 + p_2$
$\vdots$	$\vdots$	$\vdots$	$\vdots$
A_m	f_m	p_m	1
計	n	1	

　この場合のデータのグラフ化では，棒グラフや円グラフがよく用いられる．**棒グラフ** (bar chart) は，各カテゴリーでの度数もしくは相対度数の表示に有用で，**円グラフ** (pie chart) は各カテゴリーの相対度数の表示および相互の比較に有効である．以下，1.5 節のアンケート調査データのうち，B 女子大における血液型と携帯キャリアのデータを例として用い，Excel と R によるデータの集計とグラフ表示をみてみよう．最初に Excel のグラフ表示を示し，R はそのコマンドとともに最後にまとめる．

○例 **2.2.1** (アンケートデータの度数表とグラフ表示)　1.5 節のアンケート調査データのうち，B 女子大における「血液型」と「携帯キャリア」のデータの度数表は表 2.2.2 のようであった．表 2.2.2 では，もとのアンケート用紙の順番と，それを度数の多い順に並べ替えたものとを示していて，それらの棒グラフおよび円グラフでの表示が図 2.2.1 である．円グラフには各カテゴリーの度数を加えてある．図 2.2.1 では，もとのアンケートの順番と度数の多い順の両方の棒グラフと円グラフを示している．もとの並び順では，棒グラフと折れ線グラフで度数と相対度数を表し，度数の多い順では棒グラフと折れ線グラフで相対度数と累積相対度数を表している．各グラフがデータのどの側面をうまく表現できているかがわかるであろう．なお，順序のあるカテゴリカルデータではカテゴリーの順番の入れ替えはできない．　□

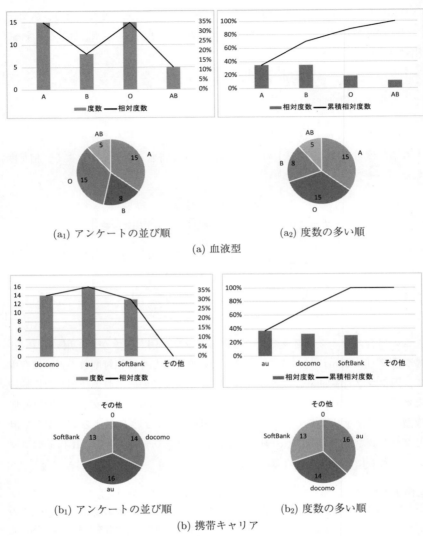

(a₁) アンケートの並び順　　(a₂) 度数の多い順

(a) 血液型

(b₁) アンケートの並び順　　(b₂) 度数の多い順

(b) 携帯キャリア

図 2.2.1　カテゴリカルデータのグラフ表示

注意：なお表 2.2.2 では，相対度数の和は 100 % にならないが，これは小数第 1 位を四捨五入したためであり，この種の集計表では起こりがちである (この後の表でも同様).

表 2.2.2　カテゴリカルデータの度数表

(a) 血液型

血液型	度数	相対度数
A	15	35%
B	8	19%
O	15	35%
AB	5	12%
計	43	100%

血液型	度数	相対度数	累積相対度数
A	15	35%	35%
O	15	35%	70%
B	8	19%	88%
AB	5	12%	100%
計	43	100%	

(b) 携帯キャリア

携帯	度数	相対度数
docomo	14	33%
au	16	37%
SoftBank	13	30%
その他	0	0%
計	43	100%

携帯	度数	相対度数	累積相対度数
au	16	37%	37%
docomo	14	33%	70%
SoftBank	13	30%	100%
その他	0	0%	100%
計	43	100%	

2.3　1変量量的データの集計とグラフ表示

1変量の量的データを離散型データと連続型データに分けて，集計法およびグラフ表示法について解説する．

2.3.1　離散型データ

離散型の観測値は，カテゴリカルデータ同様，度数表を作成した後，棒グラフもしくは円グラフを用いてデータの分布具合を表示する．度数表では，各カテゴリーの度数および相対度数に加え，各カテゴリーの累積相対度数を求めておくことにより，観測値の分布の様子を知ることができる．

○例 **2.3.1** (アンケート調査の集計とグラフ表示)　表 2.3.1 は 1.5 節のアンケート調査データのうち B 女子大の兄弟姉妹数の度数表であり，図 2.3.1 は棒グラフと累積相対度数の折れ線によるグラフ表示である．データは離散型であるので，**棒グラフの棒の間隔は空ける**のがよい．なお，グラフの横軸の値には意味があるので，例 2.2.1 のように，それらの入れ替えはできない．　□

表 2.3.1　兄弟姉妹数の度数表

兄弟姉妹数	度数	相対度数	累積相対度数
1	7	16 %	16 %
2	26	60 %	77 %
3	7	16 %	93 %
4	2	5 %	98 %
5	1	2 %	100 %
計	43	100 %	

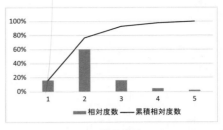

図 2.3.1　兄弟姉妹数のグラフ

2.3.2　連続型データ

　連続型データの集計とグラフ化では注意が必要である．連続型データはとりうる値が実数であることから，原則としてすべてのデータは異なる値をもつ．しかし，たとえば身長では 0.1 cm 単位で表されるというように，通常は丸めた値で表示され，結果として同じ値として記録される個体が複数存在することがある．

　連続型データの度数表では，ある区間を設定し，それらの区間内に入った個体の数を数える．そして度数を**ヒストグラム** (histogram) によって表示する．ヒストグラムは，各区間における度数もしくは相対度数を長方形の面積で表したグラフである (**長方形の高さでないことに注意**)．「長方形の面積 = 底辺 × 高さ」であるので，すべての区間幅が一定であれば面積は高さで表現される．しかし，区間幅が異なる場合には，その区間における度数を高さではなく面積で表現することを忘れてはならない．データは連続であるので長方形と長方形の**間を空けてはいけない**．間が空いているときは，その区間にはデータがないことを意味する．この点がヒストグラムと棒グラフとが決定的に異なる点である．また，区間の代表値としてその区間の中点の値をとるのが一般的である．具体的な例を用いて説明しよう．

○**例 2.3.2** (連続データの集計とヒストグラムによる表示)　表 2.3.2 は 1.5 節の B 女子大でのアンケート調査データのうち，身長を 5 cm 刻みで度数表にまとめたものである．

　いくつか注意事項がある．まずは区間の両端の値の扱いである．区間幅を，たとえば単に「150〜155」「155〜160」などのように表すと，端点の 155 の個体がどちらの区間に入るのかがあいまいである．したがって必ず，表 2.3.2 に示したように「150 よりも大きく 155 以下」「155 よりも大きく 160 以下」のように**端点がどちらの区間に属するのかを明示的に記載する**必要がある．後に述べる理由で，端点は下側の区間に含めたほうがよい (たとえば，155 は「150〜155」に含める)．しかし日本語では「以下」に対す

2.3 1変量量的データの集計とグラフ表示

表 2.3.2 連続型データ (身長) の度数表

より大きく	以下	代表値	度数	相対度数	累積相対度数
140	145	142.5	0	0 %	0 %
145	150	147.5	5	11 %	11 %
150	155	152.5	8	18 %	30 %
155	160	157.5	19	43 %	73 %
160	165	162.5	9	20 %	93 %
165	170	167.5	3	7 %	100 %
170	175	172.5	0	0 %	100 %
		計	44	100 %	

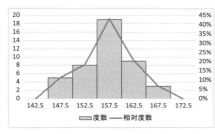 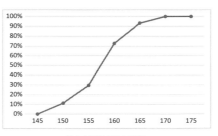

(a) ヒストグラムと折れ線表示 　　　　　(b) 累積相対度数

図 2.3.2 　身長のグラフ表示 (B 女子大学)

る「未満」に対応する語が「以上」に対してはないことから「○○以上△△未満」のように，端点を上側の区間に含めることが多い．いずれの場合でも，区間の代表値としてはその区間の中点をとる．図 2.3.2 は表 2.3.2 のデータを Excel によりヒストグラムと累積相対度数の折れ線グラフに表したものである[2]．

さらに注意が必要である．度数 (相対度数) を表す折れ線グラフでは，ヒストグラムの長方形の上辺の中点を結ぶことから，その点を表す横軸の値は代表値である．しかし累積相対度数では，ある値以下の相対度数を表現するので，横軸の点は区間の上限となる．たとえば，155 cm より大きく 160 cm 以下の区間では，相対度数の 43 % は横軸の 157.5 cm に対応した値であるが，同じ区間の累積相対度数の 73 % は 160 cm 以下の個体数の全体に対する割合であるので，横軸の値は 160 cm でなくてはならない．このように累積相対度数では，ある値以下の度数が問題となることから，ヒストグラムの各区間は「○○以上△△未満」とするより「○○より大きく△△以下」としたほうがよい．逆に，寿命試験データのように，累積相対度数を値の大きいほうから順にみていくような場合，あるいは学生の成績を上位から順にみていく場合などでは，「○○以上△△未

---

[2] Excel では，ヒストグラムを「データ分析」(分析ツール) の「ヒストグラム」を用いて描く．Excel のデフォルトの設定では長方形どうしの間隔が空くので，手動で長方形間の間隔を 0 にする必要がある．Excel のヒストグラムでは，端点の値は下側の区間に含まれる点に注意する．

満」とすべきである．

　ヒストグラムは区間幅の長さと端点の選択によって見かけの形が異なる．図 2.3.3 は，表 2.3.2 に集計したデータと同じデータを区間幅 2 cm として集計し直して描いたものである．データ数が 44 と少ないので，ヒストグラムは，2 cm 刻みではやや細かすぎるようである．しかし，累積相対度数グラフのほうは，同じ横軸値に対応する縦軸の値は，図 2.3.2 (b) でも図 2.3.3 (b) でも同じ値となる (たとえば横軸 160 cm での縦軸の値は両方とも 73 % である)．すなわち，横軸の刻み幅は違う場合であっても，累積相対度数のグラフはほぼ同じものとなる．　　　　　　　　　　　　　　　　　　　　　　□

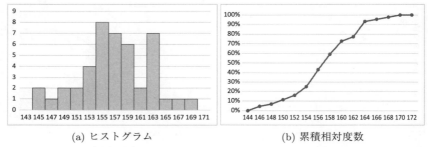

(a) ヒストグラム　　　　　　　　　(b) 累積相対度数

図 2.3.3　区間幅を変えた身長のグラフ表示 (B 女子大学)

○例 2.3.3 (R によるヒストグラム)　R によりヒストグラムが簡単に出力できる．いま，height という変数にデータが入っているとすると，

> hist(height)

とするだけでヒストグラムが出力される．図 2.3.4 は，表 2.3.2 のもととなるデータに対して R の出力したヒストグラムである．R では区間数と区間幅が自動で設定され，横軸には代表値ではなく区間の端点が表示される．　　　　　　　　　　　　　　　　　　　□

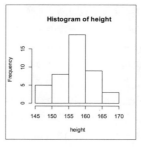

図 2.3.4　身長のヒストグラム (R の出力)

　ヒストグラムはデータの分布の表現の強力なツールであり，さまざまな使い方により，データのもつ特徴を表現することができる．次の例をみてみよう．

○例 2.3.4 (ヒストグラムの効果的利用)　図 2.3.5 は 1.5 節の (共学の) A 大学でのアンケート調査データの身長のヒストグラムである．全データのヒストグラム (図 2.3.5 (a)) は，図 2.3.2 (a) の B 女子大学の結果とは形状がずいぶん違って見える．図 2.3.5

2.3　1 変量量的データの集計とグラフ表示

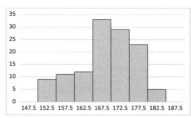
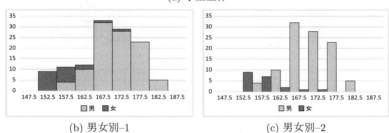

図 2.3.5　身長のヒストグラム (A 大学)

(a) は男女が混合しているからであって，男女別に表示すると図 2.3.5 (b), (c) のようになる．図 2.3.5 (b) は**積み上げヒストグラム**とよばれるもので，全体のヒストグラム図 2.3.5 (a) のなかでの男女別の比率がより明確になる．一方，男女別に示した図 2.3.5 (c) では，男女別の分布の形がよりわかりやすくなる．　　　□

さらに，2 つの群の分布の比較では，背中合わせのヒストグラムも有用である．

○例 **2.3.5** (人口ピラミッド)　図 2.3.6 は日本の人口の年齢別の形状を表した，いわゆる人口ピラミッドである．これにより 2 群 (この場合は男女) の年齢別の人口の分布が容易に見てとれる．昭和 10 年 (1935 年) は確かにどっしりとしたピラミッド型であるが，平成 22 年 (2010 年) では安定を欠いて倒れそうに見える．平成 22 年では，女性の高齢者が男性に比べかなり多いことも容易にわかる．　　　□

ヒストグラムは，データの分布の形状の把握には便利であるが，区間内の度数はわかっても各観測値のそのもの値の情報は失われている．それら個々の値を表示するように工夫されたのが**幹葉表示** (stem and leaf plot) である．幹葉表示では，たとえば観測値の十の位を幹で，一の位の数を葉で表す[3]．

---

[3]　幹葉表示は日本でよく見かける電車の時刻表をヒントにしたとのことである (時刻表では時が幹で分が葉となっている)．

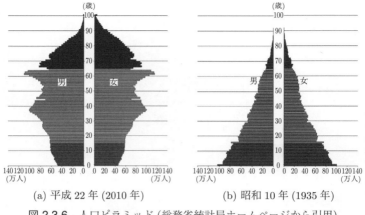

(a) 平成 22 年 (2010 年)　　(b) 昭和 10 年 (1935 年)

図 2.3.6　人口ピラミッド (総務省統計局ホームページから引用)

○例 2.3.6 (幹葉表示)　図 2.3.7 は 1.5 節の B 女子大の身長データの幹葉表示と対応する (横向きの) ヒストグラムである．図で「14 | 668」は，146, 146, 148 という 3 つのデータを表している．なお，図では，葉の部分が多すぎるので，幹を 155.5 以下と 155.5 より上というように分割してグラフを描いたほうがよい．コンピュータに完全に任せるのではなく，人手を使った改良が必要な例でもある．　　　　　　　　　　　　　□

度数	幹	葉
3	14	668
25	15	0012234455566666777888899
16	16	0000223334444689

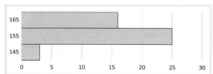

図 2.3.7　身長データ (B 女子大) の幹葉表示とヒストグラム

2.3.3　分布の形状と特徴の把握

連続型のデータの分布の形状は，上述のようにヒストグラムによって知ることができる．データによって分布は種々の形をとる可能性があるが，いくつかに類型化することができる．図 2.3.8 に一様 (uniform)，右に歪む (skew to the right)，左に歪む (skew to the left)，ベル型 (bell-shaped) の例を示した．

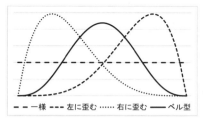
図 2.3.8　分布の種々の形状

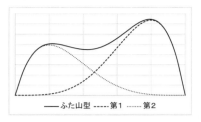
図 2.3.9　ふた山型分布と分布の混合

実際のデータは概ねこれらのような形状を示すことが多い[4]．右に歪んだ分布は，世帯収入や貯蓄高など，値の大きなデータが少数個ある場合などにみられる．特にベル型の分布は**正規分布**とよばれ，統計的データ解析で重要な役割を果たすので後の章で詳しく議論する．

また，図 2.3.9 のようにふた**山型** (bimodal) の形状を示すこともあるが，この場合，異なる性質の分布の**混合** (mixture) であることが多い．ふた山 (あるいは三山以上) の分布が観察されたら，まず混合ではないかと考え，その方向でデータを吟味するとよい．図 2.3.9 では図 2.3.8 の右および左に歪んだ分布が 2 : 3 の割合で混合している様子を示している．

2.4　2 変量質的データの集計とグラフ表示

2 変量質的データでは，2 つの変量間の関係をみるための集計やグラフ表示が必要となる．この種の集計は，調査などではクロス集計表，実験では分割表とよばれることが多い．

2.4.1　クロス集計表

同一個体に対し 2 つの変数 (測定項目) があり，それらはともに質的 (カテゴリカル) である場合の，観測データの集計法とグラフ表示法を示そう．2 変量間の関係には，双方向的なものと一方向的なものとがある．双方向的とは，2 つの変数は対等なものをいう．それに対し一方向的とは，2 つの変数間に因果的な関係があるもの，あるいは片方の変数からもう片方の変数を予測する類のものをさす (詳しくは第 4 章を参照のこと)．

---

[4]　これらのうち，「右 (もしくは左) に歪む」はややわかりにくい表現であることから，それぞれ「右 (もしくは左) に裾を引く」とか「右裾 (左裾) が重い」などということもある．

2つのカテゴリカル変数を A および B とし, A は r 個のカテゴリー $A_1, \ldots, A_r$ をもち, B は c 個のカテゴリー $B_1, \ldots, B_c$ をもつとする. このとき, (A_j, B_k) の組合せを**セル** (cell) という. セル (A_j, B_k) の観測度数を f_{jk} とし (**セル度数**), カテゴリー A_j となった度数の合計を $n_j^{(A)} = f_{j1} + \cdots + f_{jc}$ $(j = 1, \ldots, r)$, カテゴリー B_k となった度数の合計を $n_k^{(B)} = f_{1k} + \cdots + f_{rk}$ $(k = 1, \ldots, c)$ とし, 全度数を n とする (表 2.4.1 参照).

表 2.4.1 クロス集計表のセル度数と周辺度数

度数	B_1	$\cdots$	B_c	計
A_1	f_{11}	$\cdots$	f_{1c}	$n_1^{(A)}$
$\vdots$	$\vdots$	$\cdots$	$\vdots$	$\vdots$
A_r	f_{r1}	$\cdots$	f_{rc}	$n_r^{(A)}$
計	$n_1^{(B)}$	$\cdots$	$n_c^{(B)}$	n

表 2.4.1 のような表形式の集計表を $r \times c$ の**クロス集計表**という. カテゴリー $A_1, \ldots, A_r$ もしくは $B_1, \ldots, B_c$ に順序がある場合には, その順序どおりの並びで表を作成する必要があるが, 順序がない場合には, 2.2 節で述べたように, 度数の多いカテゴリー順に並べるなどの工夫をする余地がある.

セル度数 f_{jk} は項目 A と B を同時に考えた場合の度数であることから, **同時セル度数**といい, $n_j^{(A)}$ および $n_k^{(B)}$ はクロス集計表の周辺部分にあることから**周辺度数**という. そして, 各セルの相対度数を $p_{jk} = f_{jk}/n$ とし, A_j の周辺相対度数を $p_j^{(A)} = n_j^{(A)}/n$, B_k の周辺相対度数を $p_k^{(B)} = n_k^{(B)}/n$ とする. さらに, A_j のなかでの B_k の条件付き相対度数を $p_{k|j}^{(B|A)} = f_{jk}/n_j^{(A)}$ と定義し, B_k のなかでの A_j の条件付き相対度数を $p_{j|k}^{(A|B)} = f_{jk}/n_k^{(B)}$ と定義する. 特に 2 変数間の関係が一方向的な場合には条件付き相対度数が重要な役割を果たす. 相対度数の具体例は表 2.4.2 (b) を, 条件付き相対度数の具体例は表 2.4.3 をみられたい.

○**例 2.4.1** (クロス集計表の例) 1.5 節のアンケートデータを用いた具体例をみる. 表 2.4.2 は B 女子大の「血液型」と「携帯キャリア」の人数 (度数) と, それらの全体に対する相対度数を表にまとめたものである.

各セルの相対度数は, たとえば「A 型, docomo」であれば $100 \times (7/43) \approx 16\%$ と計算していて, 全部のセルでの値を加えると 100% になる. 血液型および携帯キャリアのそれぞれの周辺度数および周辺相対度数は 2.2 節の表 2.2.2 に与えられたものと

2.4 2変量質的データの集計とグラフ表示

表 2.4.2 血液型と携帯キャリアのクロス集計表

(a) 度数

		携帯キャリア			計
		docomo	au	SoftBank	
血液型	A	7	6	2	15
	B	4	1	3	8
	O	0	9	6	15
	AB	3	0	2	5
	計	14	16	13	43

(b) 相対度数

		携帯キャリア			計
		docomo	au	SoftBank	
血液型	A	16%	14%	5%	35%
	B	9%	2%	7%	19%
	O	0%	21%	14%	35%
	AB	7%	0%	5%	12%
	計	33%	37%	30%	100%

同じであるので確認されたい．血液型の周辺相対度数だけをみると，それぞれの割合は A = 35%，B = 19%，O = 35%，AB = 12% と日本人平均とされる値 (4 : 2 : 3 : 1) とほぼ同じであり，携帯キャリアの周辺相対度数にも特段変わったところはみられない．しかし同時セル度数をみると「O 型，docomo」の学生が一人もいないことに気づく．これが何を意味するかはさておき，この事実は，血液型だけあるいは携帯キャリアだけの集計からはわからない事柄である．したがって，2 つのカテゴリカル変数間の関係を知るためには，データを表 2.4.2 のようなクロス集計表にまとめる必要がある．

データの集計結果の解釈では，たとえば，血液型 A 型の人はどのような携帯キャリアの選択をしただろうか，あるいは逆に，docomo を選んだ人たちの血液型の分布はどうなっているだろうか，という興味もありそうである．そのような場合には，表 2.4.3 のようなデータのまとめ方が必要となる (条件付き相対度数)．

表 2.4.3 血液型と携帯キャリアの条件付き相対度数

(a) 血液型ごと

		携帯キャリア			計
		docomo	au	SoftBank	
血液型	A	47%	40%	13%	100%
	B	50%	13%	38%	100%
	O	0%	60%	40%	100%
	AB	60%	0%	40%	100%
	「計」	33%	37%	30%	100%

(b) 携帯キャリアごと

		携帯キャリア			「計」
		docomo	au	SoftBank	
血液型	A	50%	38%	15%	35%
	B	29%	6%	23%	19%
	O	0%	56%	46%	35%
	AB	21%	0%	15%	12%
	計	100%	100%	100%	100%

表 2.4.3 (a) では，A 型のなかでの docomo の割合は $100 \times (7/15) \approx 47\%$ と計算され，表の数字を横に加えると 100% になる．逆に表 2.4.3 (b) では，docomo のなかでの A 型の割合は $100 \times (7/14) = 50\%$ と計算され，表の数字を縦に加えると 100% になる[5]．

---

5) なお注意であるが，表 2.4.3 (a) のカギカッコつきの「計」の数字は表 2.4.2 (b) の最下段の数字と同じで，その上の各セルの相対度数の合計ではない．同様に表 2.4.3 (b) のカギカッコつきの「計」の数字は表 2.4.2 (b) の右端の数字と同じで，その左の各セルの相対度数の合計ではない．

表 2.4.2 (b) の全体での血液型の相対度数,および表 2.4.3 (a) の血液型ごとの条件付き相対度数を積み上げ型の棒グラフに表したものが図 2.4.1 である.各血液型における携帯キャリアの割合を目で見て知ることができる.それぞれのグラフの特徴を理解されたい. □

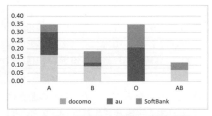
(a) 全体に対する血液型の相対度数

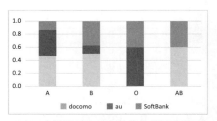
(b) 血液型ごとの条件付き相対度数

図 2.4.1 積み上げ型棒グラフ

2.4.2 分割表

2.4.1 項では,1 個体につき 2 つの項目 (A, B) が測定されるとの前提で議論してきたが,A の各カテゴリー $A_1, \ldots, A_r$ が実験などでの r 種類の条件の異なる設定,$B_1, \ldots, B_c$ が c 種類のカテゴリカルな結果変数という場合も,観測データは表 2.4.1 の形に集計される.これを **$r \times c$ 分割表** ともいう.特に,$r = c = 2$ の場合を **2×2 分割表** といい,記号の煩雑さを避けるため,各度数を表 2.4.4 のように書くことが多い.

分割表では,表 2.4.1 の記号での条件付き相対度数 $p_{k|j}^{(B|A)} = f_{jk}/n_j^{(A)}$(表 2.4.4 の記号での a/m)に実質的な意味はあるが,逆の $p_{j|k}^{(A|B)} = f_{jk}/n_k^{(B)}$(表 2.4.4 での a/s)には意味がないことが多い.また,表 2.4.4 では,A_1 における B_1 と B_2 の度数の比 a/b

表 2.4.4 2×2 分割表

	B_1	B_2	計
A_1	a	b	m
A_2	c	d	n
計	s	t	N

(これを **オッズ** (odds) という)と A_2 における B_1 と B_2 の度数の比 c/d との比

$$OR = \frac{a/b}{c/d} = \frac{ad}{bc} \tag{2.4.1}$$

を求めることもある.これを **オッズ比** (odds ratio : OR) という.

○例 **2.4.2** (分割表の例) 表 2.4.5 (a) は,200 人の被験者をランダムに 100 人ずつの 2 群に分け,片方には新薬を投与し,もう片方には既存薬を投与して病気の治癒を 2 値の結果変数とした臨床試験の結果であるとする.それに対し表 2.4.5 (b) は,300 人の被験者をランダムに新薬に 200 人,既存薬に 100 人と振り分けた結果であるとしよう.

行方向の条件付き相対度数は疾病の治癒率であり，新薬の治癒率 (表 2.4.4 の記号での a/m) はともに $\frac{70}{100} = \frac{140}{200} = 0.7$ であるが，列方向の条件付き相対度数 $\frac{70}{120} = 0.583$ と $\frac{140}{190} = 0.737$ は，計画したデータ数が異なることにより値が変化しているだけで，実質上の意味はない．(2.4.1) のオッズ比を求めると，(a) では $\frac{70 \times 50}{30 \times 50} = \frac{7}{3}$，(b) では $\frac{140 \times 50}{60 \times 50} = \frac{7}{3}$ と同じ値となる． □

表 2.4.5　臨床試験の結果

(a) 両群 100 人ずつでの試験結果

	治癒	不変	計
新　薬	70	30	100
既存薬	50	50	100
計	120	80	200

(b) 各群 200 人と 100 人での試験結果

	治癒	不変	計
新　薬	140	60	200
既存薬	50	50	100
計	190	110	300

2.5　2 変量量的データの集計とグラフ表示

量的データ間の関係でも，2 変量間の関係が双方向的であるか一方向的であるかの見極めは重要である．

最初に，離散型の 2 つの変量 (項目) につき，n 組の観測値 $(x_1, y_1), \ldots, (x_n, y_n)$ が得られているとする．各変量のとりうる値の種類があまり多くないときは，データを 2.4 節の表 2.4.1 のようなクロス集計表にまとめることができる．それに対し，とりうる値の種類がかなり多い場合には，以下に述べる連続型のデータと同様の扱いをするのがよい．

連続型のデータが $(x_1, y_1), \ldots, (x_n, y_n)$ と n 組得られている場合には，それらを x-y 平面上に n 個の点としてプロットした図を描く．これを**散布図** (scatter plot) といい，2 変量間の関係を視認するツールである[6]．

○例 **2.5.1** (模試と入試の点数)　図 2.5.1 は，ある予備校における 20 名の生徒の模試の点数 x と入試での点数 y との散布図を描いたものである (横軸：模試の点数, 縦軸：入試の点数)．全体的に右上がりの傾向，すなわち模試の点数が高い生徒は入試の点数も高い傾向にあることが一目でみてとれる．2 変量の連続データは，まずこのように散布図に表現するのが肝要である[7]． □

[6)] Excel では，データのあるセルを選択した後，「挿入」メニューの「グラフ」から散布図のアイコンをクリックして描く．

[7)] R では，データの格納されている変数をそれぞれ xx, yy とした場合，plot(xx,yy) として簡単に描くことができる．変数 xy に 2 変量データが格納されている場合には plot(xy) としてもよい．図 2.5.1 (b) は図 2.5.1 (a) と同じデータの散布図を R によって描いたものである．

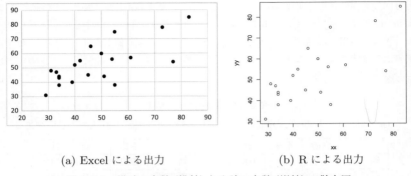

(a) Excel による出力　　　(b) R による出力

図 2.5.1　模試の点数 (横軸) と入試の点数 (縦軸) の散布図

散布図を描く場合，2 変数のうちどちらを横軸にとるかには注意が必要である．たとえば，英語の TOEIC 試験の reading と listening のように関係が双方向的である場合には，どちらの変数を横軸にとってもかまわないが，図 2.5.1 の模試と入試の点数間の関係のように，模試から入試を予測したいという一方向的な関係がある場合には，予測するほうを横軸に，予測されるほうを縦軸にとるのが一般的である．これは，第 12 章で議論する回帰分析と深いかかわりがある．

2.6　2 変量の質的・量的データの集計とグラフ表示

質的 (カテゴリカル) データと量的データ間の関係では，カテゴリカル変数ごとに連続データの分布がどのようになるかを評価したり，あるいは逆に，量的データからカテゴリーの値を予測したりする．たとえば，2.3 節の図 2.3.6 の人口ピラミッドは，「男，女」というカテゴリカル変数と年齢という連続変数との関係を表したものとみなされる．

○例 2.6.1 (性別と身長の分布)　2.3 節の図 2.3.5 では A 大学における男女別の身長のヒストグラムを示したが，そのデータは，男：0，女：1 とダミー変数表示したうえで図 2.6.1 のように表すこともできる．この場合，男女別に身長を評価することから性別を横軸にとるのがよい．　□

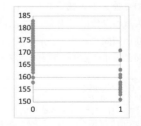

図 2.6.1　男女別の身長の分布

2.6 2変量の質的・量的データの集計とグラフ表示

カテゴリカルデータと連続データとの間の関係のうち「無関係」という関係は，カテゴリカル変数のカテゴリーごとに連続変量の分布が同じということによって表される．関係の強さは，カテゴリーごとに連続データの分布がどのくらい異なるかによって評価される．特に，平均値の差がどの程度かが興味の対象となることが多い．

カテゴリーの違いが連続変数の分布にどのような影響を与えるかを調べる場合には，図 2.6.1 のように，カテゴリー変数を横軸に，連続変数を縦軸にとるのがよい．逆に，連続変数がカテゴリー変数にどのような影響を与えるかを調べたい場合もある．

○例 **2.6.2** (模試の点数と合否の関係)　図 2.6.2 は，ある予備校における模擬試験の結果と生徒の大学入試での合否を表したものである．

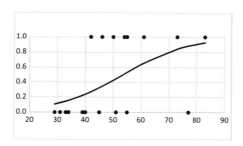

図 2.6.2　模試の点数と入試での合否

合否は，合格のとき 1，不合格では 0 となるダミー変数を用いて表現している．図中の曲線は，模試の点数ごとの入試での合格率を模試の点数の関数として表したものである．この種の分析法を**ロジスティック回帰** (logistic regression) といい，曲線を**ロジスティック曲線**という．これは医学分野でよく用いられる分析法である．

この場合は，模試の点数という連続変数が合否というカテゴリカル変数にどのような影響を与えるのかを調べることから，図 2.6.1 とは逆に，連続変数を横軸に，カテゴリカル変数を縦軸にとって図示する．どちらの変数を横軸にとるかは分析の目的によるので，間違えないようにしなくてはならない．原因系が横軸，結果系が縦軸と覚えればよい (2 変量間の関係が必ずしも因果関係とは限らないが)．　　□

2.7　3変量以上のデータの集計とグラフ表示

実際のデータ解析では，1.5節のアンケートでみたように，多くの項目に関するいわゆる多変量データを扱う．しかし，変量間の関係では，2変量間の関係が主で，3変量以上の関係を同時に扱うことは少ない．連続型データの場合，2.5節で扱った散布図は2変量間の関係を図示したものであるが，変量が多くある場合には，各2変量ずつの散布図を同時に表示することで全体の様子がみやすくなる．これを **散布図行列** という．

○例 **2.7.1** (散布図行列)　A大学では，新入生全員にTOEICテストを受験させ，その年の終わりに再度TOEICテストを受験させた．4月のテストでのreadingを$R(04)$, listeningを$L(04)$, 12月のテストでのreadingを$R(12)$, listeningを$L(12)$として，ある学科の学生の点数の散布図行列をRで描いたのが図2.7.1である[8]．散布図行列により，各変量間の関係が容易に把握できる．　□

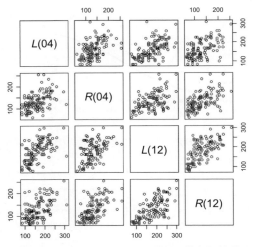

図 **2.7.1**　TOEICテストの結果の散布図行列

連続データの場合には3変量以上の変量を同時に扱うことは稀であるが，カテゴリカルデータの分析においては，以下の例のように，2変量ごとの分析では結論を誤ることがある．

[8)] Rでは，XXに多変量データが入っているとしたとき，plot(XX)のコマンドのみで容易に散布図行列を描くことができる．

2.8 時系列データのグラフ表示

○例 **2.7.2** (シンプソンのパラドクス)　シンプソンは，その有名な論文 (Simpson, 1951) のなかで，クロス集計表を層別した場合と併合した場合とで結論が変わりうることを示した．表 2.7.1 は，新薬開発の臨床試験を模したもので，男性でも女性でも新薬のほうが対照 (比較相手) に比べ有効率が高いが，男女を込みにした合計では有効率は同じになってしまう．これは，薬剤の種類と有効率および性別の三者を同時に考慮する必要があることを示している．このように，クロス集計表の併合により結論が変わってしまうことをシンプソンのパラドクス (Simpson's paradox) という．　□

表 2.7.1　シンプソンのパラドクス

男性	有効	無効	計	有効率
新薬	8	5	13	0.615
対照	4	3	7	0.571
計	12	8	20	0.600

女性	有効	無効	計	有効率
新薬	12	15	27	0.444
対照	2	3	5	0.400
計	14	18	32	0.438

合計	有効	無効	計	有効率
新薬	20	20	40	0.5
対照	6	6	12	0.5
計	26	26	52	0.5

2.8　時系列データのグラフ表示

統計データのなかには時間ごとに観測されるものが少なくない．官庁統計では，年ごとや四半期ごとあるいは月ごとのデータが多く公表されている．このようなデータを**時系列データ** (time series data) という．時系列データは，横軸を時間軸として折れ線表示することによりその特徴をつかむことができる．

○例 **2.8.1** (名前の特徴)　表 2.8.1 は，1.5 節で扱った B 女子大と共学の A 大の女子学生で，「ゆき」や「まゆ」という (ひらがな) 二文字名前の学生の比率と，優子や敦子など最後に「子」の付く名前の学生の比率を年度ごとに調べた結果であり，図 2.8.1 はその折れ線表示である．2004 年以前のデータがないので確たることはいえないが，概ね二

表 2.8.1　二文字名前の学生と「子」の付く名前の学生の比率

	年　度	2005	2006	2007	2008	2009	2010	2011	2012	2013	計
二文字 比率	B 女子大	0.194	0.232	0.233	0.360	0.292	0.222	0.262	0.442	0.477	0.293
	A 大		0.250	0.308	0.440	0.407	0.158	0.300	0.171	0.414	0.307
「子」 比率	B 女子大	0.347	0.261	0.200	0.260	0.354	0.356	0.214	0.186	0.182	0.271
	A 大		0.417	0.308	0.120	0.185	0.158	0.150	0.200	0.241	0.219

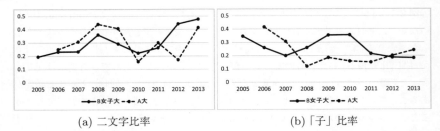

(a) 二文字比率   (b)「子」比率

図 2.8.1　二文字名前の学生と「子」の付く名前の学生の比率のグラフ

文字名前の学生の比率がやや上昇し,「子」の付く名前の学生の比率が減少傾向にあることが読みとれる. □

○例 2.8.2 (経済データ)　経済データは基本的に時系列であることが多い. 特に, 各種データがネットから容易に得られるようになり, それらをいかに分析できるかが問われるようになってきている. 図 2.8.2 は 2006 年 9 月から 2015 年 9 月までの 9 年間の, 円の対ドル為替レート, 日経平均株価, TOPIX 指標を, 2006 年 9 月を基準値 1 として指標化したものである. 2008 年 9 月のリーマンショックの影響も顕著である. また, 為替レートと株価とは強く連動していること, 同じ株価の指標でありながら日経平均とTOPIX とは 2009 年 3 月以降乖離していることなどが読みとれる. これらの経済的な意味づけには経済の知識を必要とするし, この傾向が今後続くかどうかは, 経済政策の立案のうえで重要なカギとなる. □

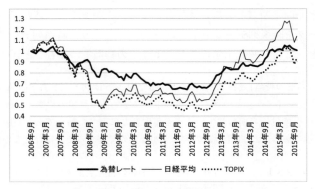

図 2.8.2　経済指標の変遷

演習問題 2

2.1 次の各データは，順序のないカテゴリカルデータ，順序のあるカテゴリカルデータ，離散的な量的データ，連続的な量的データ，のいずれであるか．
 (1) 財布の中に入っているコインの種類
 (2) 財布の中に入っているコインの枚数
 (3) 財布の中に入っているコインの金額
 (4) 10問からなるテストでの正答の数
 (5) 990点満点の英語テストの点数
 (6) ある日の統計学の授業での欠席者数
 (7) 日本の各県の県庁所在地の人口
 (8) プロ野球選手の背番号

2.2 右の表は，ある年のサッカーのJリーグ (J1+J2) の選手1,100人の誕生月を調べたものである．Excelを用いて，横軸を4月始まりとした棒グラフを作成せよ．また，グラフから何がわかるかを述べよ．

月	人数
1	69
2	51
3	63
4	144
5	137
6	103
7	100
8	94
9	109
10	80
11	75
12	75
計	1100

2.3 下の表1は，あるコンサート会場の観客の中からランダムに選んだ60人の性別 (男，女) と属性 (学生，社会人) のクロス集計表である．また，表2は同じコンサート会場で男性30人，女性30人を選び，彼らの属性を調べたものである．これらの表は，コンサート会場での性別と属性の忠実な縮図であるとする．

表1から，このコンサートの観客の学生の中での男性の割合は $\frac{5}{15}$ でおおよそ $\frac{1}{3}$ であることがみてとれる．表2から，学生の中での男性の割合を求めると $\frac{15}{21}$ で約71%となるが，この計算は正しくない．正しくない理由を述べよ．また，コンサート会場での男性の割合が $\frac{1}{6}$ とわかっているときに，表2の数値から，正しく学生の中での男性の割合の $\frac{1}{3}$ を求めるにはどのようにすればよいか．

表1

	学生	社会人	計
男	5	5	10
女	10	40	50
計	15	45	60

表2

	学生	社会人	計
男	15	15	30
女	6	24	30
計	21	39	60

3 章

分布の特性と基本統計量

　量的データの分布の形状は，種々のグラフ表示により視覚的に知ることができる．しかし，分布の特徴を何らかの数値で表しておくと，特に異なるデータ間の比較などの際に便利である．ここでは，データの分布を数値で要約する方法とともに，それら数値の読み方を学習し，Excel および R を用いて要約統計量を計算する方法についても示す．1.5 節のアンケート調査データの B 女子大の身長のデータに対し，Excel の「分析ツール」の「基本統計量」を適用すると表 3.0.1 のような出力が得られる．本章の目的は，この出力にでてくるような統計用語と数値の意味を理解することである．

表 3.0.1　Excel による身長の基本統計量

身長	
平均	157.60
標準誤差	0.82
中央値（メジアン）	157.5
最頻値（モード）	156
標準偏差	5.47
分散	29.93
尖度	−0.24
歪度	−0.12
範囲	23
最小	146
最大	169
合計	6934.6
標本数	44
信頼区間(95.0%)	1.66

3.1　5 数要約と箱ひげ図

　本節では，量的データの分布の特徴を 5 つの数値によって表す 5 数要約と，それに基づく分布の図示である箱ひげ図について解説する．

3.1.1 5 数 要 約

量的データの分布を要約する方法に 5 数要約がある．観測された n 個のデータ $x_1, x_2, \ldots, x_n$ を値の小さい順に並べたものを $x_{(1)} \leq x_{(2)} \leq \cdots \leq x_{(n)}$ とする．これらを，もとのデータの**順序統計量**という．最小値は $min = x_{(1)}$，最大値は $max = x_{(n)}$ である．そして**中央値**（メディアン，median）med をそれらのちょうど真ん中の値と定義する．具体的には，n が奇数の場合は真ん中の値は $(n+1)/2$ 番目の $x_{((n+1)/2)}$ となり，n が偶数の場合は，ちょうど真ん中の値はないので，$n/2$ 番目の値 $x_{(n/2)}$ と $(n/2)+1$ 番目の値 $x_{((n/2)+1)}$ の中点とする．すなわち

$$med = \begin{cases} x_{((n+1)/2)} & (n：奇数) \\ \dfrac{x_{(n/2)} + x_{((n/2)+1)}}{2} & (n：偶数) \end{cases} \quad (3.1.1)$$

である．

観測値の小さいほうから $\frac{1}{4}$ に相当する値を**第 1 四分位数** (first quartile) といい Q_1 で表す．そして小さいほうから $\frac{3}{4}$ に相当する値（大きいほうから $\frac{1}{4}$ 相当の値）を**第 3 四分位数** (third quartile) といい Q_3 で表す[1]．すなわち，Q_1, med, Q_3 でデータ全体を 4 等分している（中央値 med は第 2 四分位点 Q_2 でもある）．そして区間 (Q_1, Q_3) の長さを**四分位範囲** (inter-quartile range：IQR) という．

$$IQR = Q_3 - Q_1$$

であり，データの中央部の 50％ が存在する範囲を表している．

これら「最小値 (min)」「第 1 四分位数 (Q_1)」「中央値 (med)」「第 3 四分位数 (Q_3)」「最大値 (max)」をそのデータセットの **5 数要約**という[2]．

5 数要約の 5 つの値だけでなく，一般に確率値 α ($0 < \alpha < 1$) に対し，小さ

---

[1] 中央値はどの書物でもソフトウェアでもすべて (3.1.1) のように定義されているが，第 1 および第 3 四分位数 Q_1 および Q_3 の計算式には種々の提案があり (Joarder and Firozzaman, 2001)，ソフトウェアごとに異なっている．探索的データ解析 (Exploratory Data Analysis：EDA) の提唱者であるテューキー (J.W. Tukey) は，これに類似の**ヒンジ** (hinge) という概念を導入している．ヒンジは，中央値で上下にデータセットを 2 分割したそれぞれの中央値と定義される．

四分位数の定義が一定していないことから，試験では，たとえば，「次のデータセットの中央値を求めなさい」という問題は出題できても，「次のデータセットの第 1 四分位数を求めなさい」という問題の出題は見送ったほうが無難であろう．

[2] Excel では，それぞれ以下の組込み関数により値が求められる．
　最小値 (min)：　　　　QUARTILE(データ,0)　あるいは　MIN(データ)
　第 1 四分位数 (Q_1)：　QUARTILE(データ,1)
　中央値 (med)：　　　　QUARTILE(データ,2)　あるいは　MEDIAN(データ)
　第 3 四分位数 (Q_3)：　QUARTILE(データ,3)
　最大値 (max)：　　　　QUARTILE(データ,4)　あるいは　MAX(データ)

いほうから $100\alpha\%$ めの値を**下側 $100\alpha\%$ 点**もしくは**下側 100α パーセンタイル** (percentile) といい，大きいほうから $100\alpha\%$ めの値を**上側 $100\alpha\%$ 点**もしくは**上側 100α パーセンタイル**という[3]．第 1 四分位数 Q_1 は下側 25％点で，第 3 四分位数 Q_3 は下側 75％点もしくは上側 25％点である[4]．

○**例 3.1.1** (四分位数の計算)　高等学校では，第 1 四分位数 Q_1 を中央値よりも小さな値における中央値，Q_3 を中央値よりも大きな値における中央値と定義している．Excel では，QUARTILE 関数の他に，QUARTILE.INC 関数と QUARTILE.EXC 関数がある．QUARTILE.INC 関数は QUARTILE 関数と同じ結果を返す．R では quantile 関数を用い，Q_1 は quantile(データ,0.25) により求める．これも Excel の QUARTILE 関数と同じ結果を返す．

表 3.1.1 は，1, 2, 3, 4, 5, 6 という 6 個の値から 1, 2, 3, 4, 5, 6, 7, 8, 9 という 9 個の値のそれぞれに対し，第 1 四分位数および第 3 四分位数を，QUARTILE 関数 (Q1, Q3)，QUARTILE.EXC 関数 (Q1.EXC, Q3.EXC)，および高等学校での定義 (Q1-High, Q3-High)，ヒンジ (Hinge-1, Hinge-3) のそれぞれで求めた結果である．それぞれの定義によって微妙に数値が異なっていることがわかる．　□

表 3.1.1　第 1 および第 3 四分位数の計算結果

1	1	1	1
2	2	2	2
3	3	3	3
4	4	4	4
5	5	5	5
6	6	6	6
	7	7	7
		8	8
			9

Q1	2.25	2.5	2.75	3
Q3	4.75	5.5	6.25	7
Q1.EXC	1.75	2	2.25	2.5
Q3.EXC	5.25	6	6.75	7.5
Q1-High	2	2	2.5	2.5
Q3-High	5	6	6.5	7.5
Hinge-1	2	2.5	2.5	3
Hinge-3	5	5.5	6.5	7

3.1.2　箱ひげ図

5 数要約を図 3.1.1 のような箱 (box) と線分 (ひげ (whisker)) で表した図を**箱ひげ図** (box-and-whisker plot) あるいは単にボックスプロットという．箱の長さが四分位範囲 (IQR) で，この範囲に中央部の 50％ のデータがあり，箱の両側のひげの部分にそれぞれ 25％ ずつのデータがある．

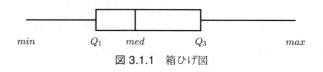

図 3.1.1　箱ひげ図

---
3)　下側 $100\alpha\%$ 点は，Excel では PERCENTILE.INC(データ, α) により求められる．
4)　単に $100\alpha\%$ 点といったら通常は下側 $100\alpha\%$ 点を表すが，誤解をまねく恐れもあるので，パーセント点という場合には「下側」もしくは「上側」をつけたほうがよい．

3.1　5数要約と箱ひげ図

○例 **3.1.2** (5数要約と箱ひげ図)　1.5節のアンケートデータのB女子大の「身長」のデータ (ヒストグラムは2.3節の図2.3.2 (a), 基本統計量は表3.0.1) の, Excelによる5数要約と箱ひげ図は図3.1.2のようになる[5].

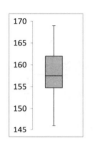

最小値	146.00
第1四分位数	154.75
中央値	157.50
第3四分位数	162.00
最大値	169.00
四分位範囲	7.25

図 3.1.2　Excelによる5数要約と箱ひげ図の例 (B女子大の「身長」)

Rでは, 変数 height にデータが入っているとして
　　summary(height)
　　boxplot(height)
により簡単に図3.1.3のような出力が得られる (Meanは平均である).

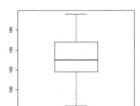

```
Min.   1st Qu.  Median   Mean   3rd Qu.   Max.
146.0   154.8   157.5   157.6   162.0    169.0
```

図 3.1.3　Rによる5数要約と箱ひげ図の例 (B女子大の「身長」)

箱ひげ図にはいくつかのバリエーションがある. たとえば, 箱の両端に$1.5 \times$ IQR 分だけをとり, その内側にある値までひげを描き, それらの外側にある観測値をデータの大部分から外れた値, すなわち**外れ値**として示す方法もある.

○例 **3.1.3** (外れ値を考慮した箱ひげ図)　簡単のため, 1, 2, 3, 4, 5, 6, 7, 8, 9, 20 という10個のデータがあるとしよう. 20が外れ値となっている. 図3.1.4に5数要約と, 外れ値を考慮しない箱ひげ図, $1.5 \times$ IQR より外側の値を外れ値とした箱ひげ図の両方を示す. 外れ値を考慮した箱ひげ図 (右) では, $\text{IQR} = 7.75 - 3.25 = 4.5$ であるので, $1.5 \times \text{IQR} = 6.75$ であり, 下側は, $Q_1 - 1.5 \times \text{IQR} = 3.25 - 6.75 = -3.5$ であるので, その内側

---
[5] Excelには箱ひげ図を描くメニューがないので別のソフトウェアによって描いている.

の最小値である 1 までひげを描き，上側は，$Q_3 + 1.5 \times \text{IQR} = 7.75 + 6.75 = 14.5$ であるので，それより内側の最大値 9 までひげを描き，その外側の 20 を外れ値としている．□

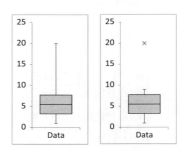

最小値	1.00
第 1 四分位数	3.25
中央値	5.50
第 3 四分位数	7.75
最大値	20.00
四分位範囲	4.50

図 3.1.4 5 数要約と 2 種類の箱ひげ図

なお，ヒストグラムから箱ひげ図は容易に描けるが，逆に，箱ひげ図からヒストグラムを再現することはできない．特に，ふた山型の分布は箱ひげ図では表現できない．箱ひげ図はあくまでも複数の分布の比較で用いるべきものであり，データセットが 1 つの場合にはヒストグラムを描くのがよい．

3.2 分布の代表値 (位置の尺度)

データ全体の分布の特徴を 1 つもしくは少数個の値で代表したいことがある．それを**代表値**といい，いくつかの種類のものがある．なかでももっとも多用されるのが**平均** (平均値ともいう) (average, mean) であるが，それ以外の値が分布の代表値として妥当なこともある．

3.2.1 平均の計算

n 個のデータを $x_1, \ldots, x_n$ とするとき，それらの平均は

$$\bar{x} = \frac{1}{n} \sum_{i=1}^{n} x_i = \frac{1}{n}(x_1 + \cdots + x_n) \tag{3.2.1}$$

で与えられる[6]．(3.2.1) は**算術平均**あるいは**相加平均**ともよばれる．以降，単に平均といった場合は (3.2.1) の算術平均を意味するものとする (その他の平均については 3.3 節参照)．

---

6) ここで $\bar{x}$ は「エックスバー」と読み，上付きのバー記号によってその変数の平均であることを表す．

3.2 分布の代表値 (位置の尺度)

データが，個々の観測値ではなく，2.3 節の表 2.3.2 のような度数表として与えられている場合には，全観測値数を n，区間の数を K，第 k 区間の代表値を x_k，その区間の度数を f_k，相対度数を $p_k = f_k/n$ としたとき，データの平均は

$$\bar{x}^* = \frac{1}{n}\sum_{k=1}^{K} f_k x_k = \sum_{k=1}^{K} p_k x_k \tag{3.2.2}$$

で計算される．通常，区間の代表値はその区間の中点とされるが，その区間内の観測値をすべて代表値に等しいとしてしまっているので，(3.2.2) の平均と個々の観測値から求めた (3.2.1) の形の平均の間には微妙なずれが生じる．

○例 **3.2.1** (身長の平均) 表 3.2.1 の度数表 (表 2.3.2 の再掲) をもとに平均を計算すると

$$\bar{x}^* = \frac{5 \times 147.5 + 8 \times 152.5 + \cdots + 3 \times 167.5}{44} = 157.16$$

となり，個々の観測値から求めた値 (表 3.0.1 の「平均=157.60」) とは若干異なっている．個々の観測値が与えられている場合の平均は，Excel では組込み関数の AVERAGE(データ) により求められ，R では mean(データ) とする．　□

表 3.2.1　身長の度数表 (表 2.3.2 の再掲)

より大きく	以下	代表値	度数	相対度数
140	145	142.5	0	0 %
145	150	147.5	5	11 %
150	155	152.5	8	18 %
155	160	157.5	19	43 %
160	165	162.5	9	20 %
165	170	167.5	3	7 %
170	175	172.5	0	0 %
		計	44	100 %

3.2.2 その他の代表値

データの分布がひと山型で左右対称に近ければ，平均は分布の中心の位置を表すことから，分布の位置の尺度とみることができる．しかし，データの分布が歪んでいて少数個の値の大きな観測値が存在するときには，平均はその影響を受けるため必ずしも分布の代表値として妥当であるとは限らない．3.1 節で定義した中央値も分布の代表値のひとつで，分布が歪んでいる場合にはこのほうが代表値として適当であることが多い．

データの個数のもっとも多い値を**最頻値** (モード：mode) といい，個数が多

いという意味で分布の代表値ともいえる．離散型のデータでは最頻値は明確に定義できるが，連続データではすべての値は原則として異なることから最頻値はうまく定義できない．データの個数が多ければ，ヒストグラムのもっとも高い点を与える値としての定義は可能であるが，ヒストグラムの形状は区間の数と区間幅に依存することから一意的に最頻値は定義されない．データの個数があまり多くない場合には最頻値は良い代表値とはいえない．

〇例 **3.2.2** (自宅以外の学生の通学時間の分布)　1.5 節のアンケートデータにおける自宅以外の学生の通学時間 (A 大と B 女子大の合計) の，Excel による基本統計量とヒストグラムは図 3.2.1 のようになる[7]．ヒストグラムからわかるように，データの分布は右に歪んでいる．そのため，平均はおおよそ 30 分であるが中央値は 20 分である．個々のデータから求めた最頻値は 10 分，ヒストグラムから求めた最頻値は 5 分である．個々のデータでは 10 分と回答した学生は 10 人，5 分と回答した学生は 2 人であった．データ数が少ないため最頻値の定義は難しいものとなっている．　□

通学時間	
平均	29.5
標準誤差	3.93
中央値（メジアン）	20
最頻値（モード）	10
標準偏差	26.07
分散	679.79
尖度	2.64
歪度	1.55
範囲	118
最小	2
最大	120
合計	1298
標本数	44

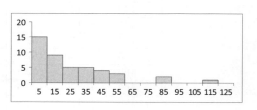

図 3.2.1　通学時間 (自宅以外)

データの分布がひと山型で左右対称の場合には，平均，中央値，最頻値はほぼ一致する．実際，2.3.2 項で扱った身長データでは，図 2.3.2 (a) でみるように，分布はほぼひと山型で左右対称であるので，これら 3 つの数値は表 3.0.1 で示したように似かよった値となる．ところが歪んだ分布では，図 3.2.1 でみるように，これらの値は異なってくる．

図 3.2.2 は右に歪んだ分布の例で，破線が最頻値，実線が中央値であり，平均

---

7) Excel のヒストグラムでは，区間の端点の値は下側の区間に含まれる (20 分は 10 分から 20 分の区間に含まれる)．

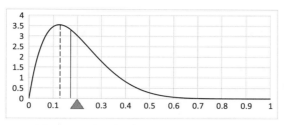

図 3.2.2　歪んだ分布における 3 つの代表値

は三角印の位置となっている．平均は分布の重心でもあり，この点で支えると上に乗った分布が左右でバランスするという物理的な性質をもつ．中央値が平均の左側にあることから，平均以下となる個体が半数以上いることになる．したがって，歪んだ分布では平均が必ずしも分布の良い代表値であるとは限らず，むしろ中央値のほうが分布の真ん中という意味からも，代表値としてふさわしい値であるともいえる．

さらに，観測データ $x_1, \ldots, x_n$ に対し，平均 $\bar{x}$ は各データのある値 a からの偏差 $(x_i - a)$ の 2 乗和を最小にする値という特徴づけができる．すなわち，

$$A_2 = \sum_{i=1}^{n} (x_i - a)^2 \qquad (3.2.3)$$

を最小にする a の値が $\bar{x}$ である．一方，偏差の絶対値の和

$$A_1 = \sum_{i=1}^{n} |x_i - b| \qquad (3.2.4)$$

を最小にする b は中央値 med であることが示される．なお，(3.2.3) および (3.2.4) の定義式での A の添え字は，偏差の何乗かを表している．ここで A_2 の右辺は

$$\sum_{i=1}^{n} (x_i - a)^2 = \sum_{i=1}^{n} \{(x_i - \bar{x}) + (\bar{x} - a)\}^2 = \sum_{i=1}^{n} (x_i - \bar{x})^2 + n(\bar{x} - a)^2$$

と変形され，これより，$a = \bar{x}$ のときに A_2 は最小値をとることがわかる[8]．

3.3　種々の平均

3.2 節では平均として算術平均を扱ったが，平均の定義はそれだけではない．ここではいくつかの「平均」を定義し，その性質を議論する．

---

[8]　A_2 を a で微分して 0 とおいても $a = \bar{x}$ が導かれる．また，(3.2.4) の A_1 の最小値が中央値であることの証明は，高等学校程度の数学の問題である．

3.3.1 加重平均

観測された n 個のデータ $x_1, x_2, \ldots, x_n$ とし,それらを小さい順に並べたものを $x_{(1)} \leq x_{(2)} \leq \cdots \leq x_{(n)}$ とする.

> **定義 3.3.1** (加重平均) 一般に $c_1, \ldots, c_n$ を $c_1 + \cdots + c_n = 1$ となる実数としたとき,
> $$m_{\mathrm{W}} = \sum_{i=1}^{n} c_i x_{(i)} \qquad (3.3.1)$$
> を,$c_1, \ldots, c_n$ を加重 (重み) とした**加重平均** (weighted mean) もしくは**重み付き平均**という.

3.2 節の算術平均 $\bar{x}$ は,(3.3.1) で $c_i = 1/n\ (i = 1, \ldots, n)$ とした場合に相当する.これらの係数の値を工夫することにより,分析の目的にそった平均が定義できる.

特に,$c_1 = c_n = 0,\ c_2 = \cdots = c_{n-1} = 1/(n-2)$ とすると,データの最小値と最大値を除いた (トリムした) 残りの $(n-2)$ 個の観測値の平均になる.これを最小値と最大値をトリムした**トリム平均** (trimmed mean) という[9].トリムする個数は上下 1 つずつとは限らない.2 つずつでも 3 つずつでもよく,一般に,上下 $100p/2\%$ ずつの合計 $100p\%$ を取り除いた平均を $100p\%$**トリム平均**という[10].データが奇数個の場合,真ん中の 1 つを残して全部トリムしたもの,および,データが偶数個の場合は真ん中の 2 つのみを残して全部トリムしたものが中央値にほかならない.すなわち,平均と中央値の間を埋めるのがトリム平均というわけである.トリム平均はデータの中に極端に大きな値や小さな値といったいわゆる**外れ値** (outlier) が含まれる場合に,それらの影響を受けにくいという利点がある.このことを外れ値に対して**頑健** (robust, resistant) であるという.

○**例 3.3.1** (トリム平均) 10 個のデータを 1, 1, 2, 3, 5, 8, 13, 21, 34, 55 とする.これらを用いて $100p\%$ トリム平均を求めると表 3.3.1 のようになる.$p = 0$ のときが通常

表 3.3.1 $100p\%$ トリム平均

p	0	0.2	0.4	0.6	0.8
トリム平均	14.3	10.875	8.667	7.25	6.5

---

9) オリンピックのフィギュアスケートなどの採点競技でよくみられるものである.最高点や最低点を恣意的に与えるジャッジがいるのではないかという疑心暗鬼を除くための方策である.
10) Excel では **TRIMMEAN**(データ, p) で求めることができる.

の算術平均，$p = 0.8$ のときが中央値に相当する．トリム平均が算術平均と中央値の間を結んでいる様子がみてとれる． □

別の重みの例として，データの和を $W = x_1 + \cdots + x_n$ とし，$c_i = x_i/W$ とした

$$m_{\mathrm{SW}} = \frac{1}{W} \sum_{i=1}^{n} x_i^2 \tag{3.3.2}$$

を**自己加重平均** (self-weighted mean) という．

○**例 3.3.2** (自己加重平均) ある大学のある学科には 120 人の学生が在籍している．異なる教員の担当する統計の授業が 3 つあり，それぞれのクラスサイズは 80 人，20 人，20 人であった．「3 つのクラスのクラスサイズの平均はいくらか」という問いを各クラスの教師にした場合と学生にした場合の両方で求める．

教師に尋ねた場合の平均は $m_{\mathrm{T}} = (80 + 20 + 20)/3 = 40$ である．学生に尋ねると，80 人と答える学生が 80 人いて，20 人と答える学生が 2 クラス分の 40 人いることから，平均は

$$m_{\mathrm{S}} = \frac{80 \times 80 + 20 \times 20 + 20 \times 20}{80 + 20 + 20} = \frac{80^2 + 20^2 + 20^2}{120} = 60$$

となる．後者が自己加重平均である．大学側は 1 クラス当たりの平均人数は 40 人であるというであろうが，学生からみれば平均は 60 人ということになる．どちらの平均が正しい値であるともいえない． □

3.3.2 幾何平均と調和平均およびその拡張

3.2.1 項の算術平均に加え，以下の 2 つの平均がよく用いられる．

定義 3.3.2 (幾何平均と調和平均) n 個の観測値 $x_1, x_2, \ldots, x_n$ がすべて正 $(x_1, x_2, \ldots, x_n > 0)$ のとき，

$$m_{\mathrm{G}} = \sqrt[n]{x_1 \times x_2 \times \cdots \times x_n} = \sqrt[n]{\prod_{i=1}^{n} x_i} \tag{3.3.3}$$

を**幾何平均** (geometric mean) あるいは**相乗平均**といい，

$$m_{\mathrm{H}} = \frac{n}{\sum_{i=1}^{n} \dfrac{1}{x_i}} \tag{3.3.4}$$

を**調和平均** (harmonic mean) という[11]．

---

11) 幾何平均と調和平均は，Excel ではそれぞれ GEOMEAN 関数および HARMEAN 関数により求められる．

また，(3.3.3) より

$$\log m_{\mathrm{G}} = \frac{1}{n} \sum_{i=1}^{n} \log x_i \tag{3.3.5}$$

が導かれ，(3.3.4) より

$$m_{\mathrm{H}}^{-1} = \frac{1}{n} \sum_{i=1}^{n} x_i^{-1} \tag{3.3.6}$$

が導かれる．これらを一般化し，$g(x)$ を x の狭義単調関数として「**g 平均**」m_g が

$$m_g = g^{-1} \left(\frac{1}{n} \sum_{i=1}^{n} g(x_i) \right) \tag{3.3.7}$$

により定義される．$g(x) = x$ としたのが算術平均，$g(x) = \log x$ では幾何平均，$g(x) = x^{-1}$ では調和平均となる．特に，$g(x) = x^a$ とべき関数とした

$$m_a = \left(\frac{1}{n} \sum_{i=1}^{n} x_i^a \right)^{1/a} \tag{3.3.8}$$

を「べき平均」とよんでもいいだろう．$a = 1$ では算術平均，$a = -1$ では調和平均となる．また，$m_0 = \lim_{a \to 0} m_a$ は幾何平均となることが示される．さらに，

$$m_{-\infty} = \lim_{a \to -\infty} m_a = x_{(1)} = \min\{x_1, \ldots, x_n\},$$
$$m_{\infty} = \lim_{a \to \infty} m_a = x_{(n)} = \max\{x_1, \ldots, x_n\}$$

でもある．そして，m_a は a の単調増加関数となるという美しい性質が証明される (できれば証明にチャレンジされたい)．このことより，相加平均は相乗平均以上となるという事実を含んだ

$$x_{(1)} \leq m_{\mathrm{H}} \leq m_{\mathrm{G}} \leq m_{\mathrm{A}} \leq m_{\mathrm{SW}} \leq x_{(n)} \tag{3.3.9}$$

が成り立つことがわかる (Lann and Falk, 2005)．等号が成立するのは，すべての値が同じときに限る．

どの平均が妥当な解釈を与えるかは問題の種類に応じて決まる．

○例 **3.3.3** (各種の平均)　例 3.3.1 で扱った 10 個の値について，上述の各平均を求めると表 3.3.2 のようになる．

表 3.3.2　各平均

最小値	調和平均	幾何平均	算術平均	自己加重平均	最大値
1	3.003	6.439	14.3	34.231	55

3.4 ばらつきの尺度

平均はデータの分布の位置の尺度であるが，位置だけでなく分布のばらつきの大きさも統計学では重要な情報となる．図 3.4.1 は，平均は同じでもばらつきの違う 2 つの分布を示している．

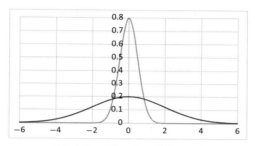

図 3.4.1　ばらつきの異なる分布

もっとも簡単なばらつきの尺度は，最大値 max と最小値 min との差として計算される分布の**範囲** (range) $R = max - min$ である．しかし範囲 R は，最大値もしくは最小値にとび離れた値があると，その影響を直に受けてしまう安定性の悪い尺度でもある．3.1 節で導入した四分位範囲 (IQR) も分布のばらつきの尺度とみることができる．しかしそれは，中ほど 50％ のデータの分布範囲という意味である．ここでは，すべてのデータを用いて計算される分散と標準偏差を定義する．

> **定義 3.4.1** (分散と標準偏差)　n 個のデータを $x_1, \ldots, x_n$ とし，それらの平均を $\bar{x}$ として，各データの平均からの偏差 $x_i - \bar{x}$ の 2 乗和を $n-1$ で割った
>
> $$s^2 = \frac{1}{n-1} \sum_{i=1}^{n} (x_i - \bar{x})^2 \qquad (3.4.1)$$
>
> を**分散** (variance) といい[12]，その正の平方根 $s = \sqrt{s^2}$ を**標準偏差** (standard deviation : SD) という[13]．

標準偏差も分散も，すべてのデータが同じ値のときのみ 0 となり，データのばらつきが大きいほど大きな値をとる．その意味で両者ともデータのばらつき

[12) (3.4.1) の定義では除数を $n-1$ としたが，高等学校までは除数を n として分散を定義している．除数を n ではなく $n-1$ とする理由は下記，および統計的推定の第 9 章をみられたい．
[13) Excel では，分散は VAR 関数，標準偏差は STDEV 関数で簡単に求められる．

の大きさを表すが，ばらつきの尺度としては標準偏差のほうが望ましい．その理由はデータの測定単位にある．たとえば，データが身長の測定値であるとすると，測定単位は通常 cm である．平均も偏差も単位は cm である．しかし分散は，偏差の 2 乗で定義されることから単位は cm^2 と，もとの測定単位の 2 乗となる．それに対し標準偏差は分散の平方根であるので，その単位はもとの測定単位と同じ cm になる．測定単位がそろっていれば，データの平均にばらつきの大きさを加味した $\bar{x} \pm s$ といった表示も可能となる．

データ全体の分布が左右対称でベル型のとき (後述の正規分布に近いとき)，平均から，標準偏差の何倍程度離れているかという情報をもとに，区間内のデータの割合が大ざっぱに求められる．表 3.4.1 はいくつかの区間内でのデータの大ざっぱな割合を示したものである[14]．

表 3.4.1　いくつかの区間内のデータの割合 (正規分布の場合)

区間	$\bar{x}-2s$ 以下	$(\bar{x}-2s, \bar{x}-s)$	$(\bar{x}-s, \bar{x}+s)$	$(\bar{x}+s, \bar{x}+2s)$	$\bar{x}+2s$ 以上
割合	2.5%	13.5%	68%	13.5%	2.5%
区間	$\bar{x}-1.5s$ 以下	$(\bar{x}-1.5s, \bar{x}-0.5s)$	$(\bar{x}-0.5s, \bar{x}+0.5s)$	$(\bar{x}+0.5s, \bar{x}+1.5s)$	$\bar{x}+1.5s$ 以上
割合	7%	24%	38%	24%	7%

さらに，正の値をとる観測値では，データの値そのものが大きい場合にはデータのばらつきも大きくなる傾向がある．そのようなときは，標準偏差 s の平均 $\bar{x}$ に対する比で定義される**変動係数** (coefficient of variation：CV)

$$CV = 100\frac{s}{\bar{x}}\% \tag{3.4.2}$$

によってデータのばらつきの大きさを表すことがある．変動係数は同じ単位をもつ値どうしの比であるので，単位をもたない数，すなわち無名数になる．無名数であるので，たとえば身長の場合，測定値を cm で表してもフィートで表しても，変動係数は同じ値となる．

ここで，分散の定義式 (3.4.1) で偏差の 2 乗和の除数が n ではなく $n-1$ である理由について説明しよう．我々が研究もしくは調査の対象としている全体の集団 (**母集団**) での平均 (母集団の平均であるので**母平均**という) を μ とす

---

[14] ちなみに表 3.4.1 の最下段の 7%, 24%, 38%, 24%, 7% は，学校での 5 段階評価の 1 から 5 までの成績の割合の基準とされたものである．

3.5 分布の形状の尺度

る．仮に母平均 μ が既知であれば，データのばらつきは μ からの偏差の 2 乗 $(x_i - \mu)^2$ の n 個の平均

$$s^{*2} = \frac{1}{n} \sum_{i=1}^{n} (x_i - \mu)^2 \qquad (3.4.3)$$

で測られるであろう．ところが通常 μ は未知であるので，μ の代わりにデータの平均 $\bar{x}$ を用い，そこからの偏差を計算することになる．データの偏差平方和に関連して，等式

$$\sum_{i=1}^{n} (x_i - \mu)^2 = \sum_{i=1}^{n} (x_i - \bar{x})^2 + n(\bar{x} - \mu)^2$$

が示される．これより，たまたま $\bar{x} = \mu$ でない限り $\sum_{i=1}^{n}(x_i - \bar{x})^2 < \sum_{i=1}^{2}(x_i - \mu)^2$ であるので，$\sum_{i=1}^{n}(x_i - \bar{x})^2$ の除数を n とすると，本来計算したい値 (3.4.3) の過小評価になってしまう．ばらつきの過小評価は，データのばらつきが本来のものより少ないという誤った印象を与えるという意味で望ましくないことから，過小評価分を解消するため，除数を $n-1$ としているのである ($n-2$ などではなく $n-1$ とする理由については第 9 章であらためて述べる)．

○例 3.4.1 (ばらつきの尺度の計算) $n = 10$ 個のデータを 1, 2, 3, 4, 5, 6, 7, 8, 9, 10 とした場合 (ケース A) と，最後の 10 を 20 とした場合 (ケース B) とで，上述したばらつきの尺度を計算すると表 3.4.2 のようになる．外れ値 20 の存在により，範囲，分散，標準偏差の値はかなり大きく変化することがわかる．逆にいえば，IQR では外れ値の存在を見逃すことにもつながる． □

表 3.4.2 種々のばらつきの尺度の値

	範囲	IQR	分散	標準偏差	変動係数
ケース A	9	4.5	9.167	3.028	0.550
ケース B	19	4.5	29.167	5.401	0.831

3.5 分布の形状の尺度

平均や中央値はデータの分布の位置を表す特性値で，標準偏差や分散，四分位範囲などはデータのばらつきの大きさを表す尺度である．データの分布が左右対称であれば平均と中央値はほぼ一致するので，平均と中央値との差は分布の歪み具合を測る尺度となりうる．しかし，分布の形状を表現するためにはそれに特化した評価尺度を用いたほうがよい．

ここでは，分布の型を測る尺度として重要な歪度(skewness)と尖度(kurtosis)を定義する．

> **定義 3.5.1** (歪度と尖度) n 個の観測データ $x_1, \ldots, x_n$ の平均を $\bar{x}$ とし，標準偏差を s として，歪度と尖度を
>
> $$\text{歪度}：\beta_1 = \frac{1}{n-1}\sum_{i=1}^{n}\frac{(x_i - \bar{x})^3}{s^3} \qquad (3.5.1)$$
>
> $$\text{尖度}：\beta_2 = \frac{1}{n-1}\sum_{i=1}^{n}\frac{(x_i - \bar{x})^4}{s^4} - 3 \qquad (3.5.2)$$
>
> と定義する[15]．

歪度も尖度も測定単位によらない無名数であり，分布の位置やばらつきの大きさではなく，分布の形状を示すパラメータである．歪度はその名のとおり「分布の歪み具合」を表す尺度で，β_1 は，分布が右に歪んでいるときは正の値を，左に歪んでいる場合には負の値となり，左右対称の分布では 0 になる．尖度は，名前からは分布の尖り具合を表しているであるが，その実は，「分布の両端の値のでやすさ (分布の裾の重さ)」を表す尺度である．尖度 β_2 は，中心からとび離れた値がでやすいとき正となり，正規分布あるいはそれに近い分布の場合には 0 になって，それよりも両端の値がでにくいときに負となる．

データの分布が，どの値も同様にとりやすい一様な分布のとき，分布の範囲によらず尖度は -1.2 となることが示される．一様な分布は，もっとも尖っておらず，かつ両端にとび離れた値もでないことから，尖度は最小となると思われるかもしれないが，実際はそうでない．尖度 β_2 は，データが 2 つの異なる値のみを同じ度数でとるときに最小値 -2 となる (たとえば Darlington (1970)，Iwasaki (1991) などを参照)．その意味で，尖度はひと山型の分布かふた山型の分布かを測る尺度であるという解釈もできる．

○**例 3.5.1** (ヒストグラムと歪度，尖度) 図 3.5.1 と表 3.5.1 にいくつかのヒストグラムと対応する歪度，尖度の値を示す．データセット A は後に示す正規分布の場合で，歪度，尖度ともに 0 に近い．データセット B とデータセット C は，それぞれ左および右に歪んでいる分布であり，歪度は負および正となる．この場合，尖度はあまり深い意味

---

[15] 歪度と尖度は，Excel ではそれぞれ SKEW 関数および KURT 関数で計算される．ただし Excel では，(3.5.1) および (3.5.2) の定義式における除数 $n-1$ の代わりにやや複雑なものを用いているが，n がある程度大きい場合には数値的にほとんど変わりはない．また尖度では，書物によっては 3 を引かない定義もある．

をもたない．データセット D はふた山型の分布であり，尖度は負となっている．データセット E は外れた値が多くでる分布であり，尖度が大きな値となる． □

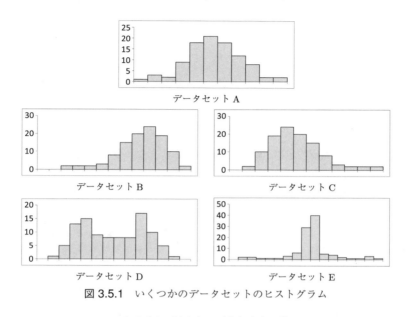

図 3.5.1　いくつかのデータセットのヒストグラム

表 3.5.1　対応する歪度と尖度の値

	データ A	データ B	データ C	データ D	データ E
歪度	−0.01	−0.96	0.96	0.01	−0.02
尖度	0.03	1.32	1.32	−1.35	4.10

3.6　変数変換の影響

実際のデータ解析では，観測データ $x_1,\ldots,x_n$ のそれぞれに対し，a と b を何らかの定数として $y_i = ax_i + b$ のような変換を行うことがよくある．たとえば，華氏で計測された気温を摂氏にする測定単位の変換や，テストの素点を標準化するなどがそれにあたる．ここでは，この種の変換により分布の特性値はどのように変わるかをみる．

3.1 節で定義した 5 数要約の 5 つの値 min, Q_1, med, Q_3, max やパーセント点は，変換 $y_i = ax_i + b$ によりそれぞれもとの値を a 倍して b を加えた値になる．最頻値も同様である．では他の特性値はどうであろうか．重要な結果

であるので，定理の形で述べておく．

> **定理 3.6.1** (変数変換と特性値)　観測データ $x_1,\ldots,x_n$ の平均，分散，標準偏差をそれぞれ $\bar{x}$, s_x^2, s_x としたとき，変数変換
> $$y_i = ax_i + b \quad (i=1,\ldots,n) \tag{3.6.1}$$
> を施して得られる $y_1,\ldots,y_n$ の平均 $\bar{y}$, 分散 s_y^2, 標準偏差 s_y はそれぞれ次のようになる：
> $$\bar{y} = a\bar{x} + b, \quad s_y^2 = a^2 s_x^2, \quad s_y = |a|s_x. \tag{3.6.2}$$
> また，歪度，尖度の値は (3.6.1) の変換によって変わらない (歪度は $a<0$ のときは符号が逆になる)．

証明　平均の定義より
$$\bar{y} = \frac{1}{n}\sum_{i=1}^{n} y_i = \frac{1}{n}\sum_{i=1}^{n}(ax_i+b) = a\times\frac{1}{n}\sum_{i=1}^{n}x_i + \frac{1}{n}\times nb = a\bar{x}+b$$
となる．分散に関しては
$$s_y^2 = \frac{1}{n-1}\sum_{i=1}^{n}(y_i-\bar{y})^2 = \frac{1}{n-1}\sum_{i=1}^{n}\{(ax_i+b)-(a\bar{x}+b)\}^2$$
$$= a^2 \times \frac{1}{n-1}\sum_{i=1}^{n}(x_i-\bar{x})^2 = a^2 s_x^2$$
であり，標準偏差は
$$s_y = \sqrt{s_y^2} = \sqrt{a^2 s_x^2} = |a|s_x$$
となる．歪度は，$a>0$ であれば
$$\beta_1 = \frac{1}{n-1}\sum_{i=1}^{n}\frac{(y_i-\bar{y})^3}{s_y^3} = \frac{1}{n-1}\sum_{i=1}^{n}\frac{\{(ax_i+b)-(a\bar{x}+b)\}^3}{(|a|s_x)^3}$$
$$= a^3 \times \frac{1}{n-1}\sum_{i=1}^{n}\frac{(x_i-\bar{x})^3}{|a|^3 s_x^3} = \mathrm{sgn}(a)\frac{1}{n-1}\sum_{i=1}^{n}\frac{(x_i-\bar{x})^3}{s_x^3}$$
となり (ここで $\mathrm{sgn}(a)=1\ (a>0), =0\ (a<0)$), 尖度は，
$$\beta_2 = \frac{1}{n-1}\sum_{i=1}^{n}\frac{(y_i-\bar{y})^4}{s_y^4} - 3 = \frac{1}{n-1}\sum_{i=1}^{n}\frac{\{(ax_i+b)-(a\bar{x}+b)\}^4}{(|a|s)^4} - 3$$
$$= a^4 \times \frac{1}{n-1}\sum_{i=1}^{n}\frac{(x_i-\bar{x})^4}{a^4 s^4} - 3 = \frac{1}{n-1}\sum_{i=1}^{n}\frac{(x_i-\bar{x})^4}{s^4} - 3$$
となる．

3.6 変数変換の影響

この定理より，次の重要な結果がすぐに得られる．

> **系**（標準化変換と z 値）　観測データ $x_1, \ldots, x_n$ の平均と標準偏差をそれぞれ $\bar{x}$ および s_x としたとき，変数変換
> $$z_i = \frac{x_i - \bar{x}}{s_x} \quad (i = 1, \ldots, n) \tag{3.6.3}$$
> によって得られる $z_1, \ldots, z_n$ は平均が 0，標準偏差が 1 になる．

変換 (3.6.3) は，データの平均を 0 に，標準偏差を 1 に標準化する変換であることから**標準化変換**といい，その結果得られる z_i を **z 値** (z-value) という．逆に，平均 0，標準偏差 1 の変量 $z_1, \ldots, z_n$ に対し，$x_i = az_i + b$ と変換すると，$x_1, \ldots, x_n$ は平均 b，標準偏差 a をもつ変量となる．特に，$t_i = 10z_i + 50$ とすると，$t_1, \ldots, t_n$ は平均 50，標準偏差 10 となり，この性質をもつ変量を**偏差値**ともいう．

変数変換 (3.6.1) で，b を加えることによりデータの分布全体が b だけ横に移動するので，平均も b だけ変化する．しかし，分布全体が移動するだけで，そのばらつきの大きさも分布の形も変化しないことから，分散，標準偏差，歪度，尖度の値は b の値に依存しない．また，a 倍によって標準偏差は $|a|$ 倍になり，分散は a^2 倍になることは，上で述べた単位に関する考察からも当然のことであろう．歪度と尖度は無名数であるので，a の影響を受けない．ちなみに歪度と尖度は

$$\beta_1 = \frac{1}{n-1} \sum_{i=1}^{n} \left(\frac{x_i - \bar{x}}{s_x} \right)^3 = \frac{1}{n-1} \sum_{i=1}^{n} z_i^3,$$

$$\beta_2 = \frac{1}{n-1} \sum_{i=1}^{n} \left(\frac{x_i - \bar{x}}{s_x} \right)^4 - 3 = \frac{1}{n-1} \sum_{i=1}^{n} z_i^4 - 3$$

と z 値によって定義されるので，このことからも平均（位置）と標準偏差（ばらつき）に依存しない値であることがわかる．

定理 3.6.1 の結果を知っていれば，変数変換した値から新たに平均や標準偏差を計算し直すなどという愚を犯さなくてすむ．また，(3.6.3) の標準化変換は今後頻繁に登場するので，是非記憶されたい．z 値に直せば，3.4 節の表 3.4.1 は表 3.6.1 のように簡潔に表現される．

表 3.6.1 z 値に関するいくつかの区間内のデータの割合 (正規分布の場合)

区間	-2 以下	$(-2, -1)$	$(-1, 1)$	$(1, 2)$	2 以上
割合	2.5 %	13.5 %	68 %	13.5 %	2.5 %
区間	-1.5 以下	$(-1.5, -0.5)$	$(-0.5, 0.5)$	$(0.5, 1.5)$	1.5 以上
割合	7 %	24 %	38 %	24 %	7 %

3.7 コマンドのまとめ

基本的な統計量を求めるための Excel の関数と R のコマンドをまとめておく．ここで「データ」は観測値の集まりを表す．

Excel ──
最小値 min：　　　　　　QUARTILE(データ, 0)　あるいは　MIN(データ)
第 1 四分位数 Q_1：　　　QUARTILE(データ, 1)
中央値 med：　　　　　　QUARTILE(データ, 2)　あるいは　MEDIAN(データ)
第 3 四分位数 Q_3：　　　QUARTILE(データ, 3)
最大値 max：　　　　　　QUARTILE(データ, 4)　あるいは　MAX(データ)
下側 100α%点：　　　　PERCENTILE.INC(データ, α)
最頻値 $mode$：　　　　　　MODE(データ)
平均 (算術平均) m_A：　　AVERAGE(データ)
幾何平均 m_G：　　　　　GEOMEAN(データ)
調和平均 m_H：　　　　　HARMEAN(データ)
$100p$%トリム平均：　　　　TRIMMEAN(データ, p)
標準偏差 s：　　　　　　STDEV(データ)
分　散 s^2：　　　　　　VAR(データ)
歪　度 β_1：　　　　　　SKEW(データ)
尖　度 β_2：　　　　　　KURT(データ)

R ───
要約統計量：　　　　　　`summary(データ)`
箱ひげ図：　　　　　　　`boxplot(データ)`

演習問題 3

3.1 ある大学の学科には 120 人の学生が入学した．演習の授業が 3 つあり，クラスサイズは 80 人，20 人，20 人で，それぞれ 2 人，1 人，1 人の 4 人の教員が担当している (80 人のクラスは 2 人の教員が 80 人全体を担当)．4 人の教員それぞれに自分の担当するクラスの人数をたずねた場合のクラスサイズの平均値はいくらか．

3.2 ある大学で学生の通学時間のアンケートをとり，「全体」「自宅」「自宅以外」で平均値を求めたところ以下のようであった．この大学での自宅生の比率はいくらか．

全体 75 分，　　自宅 90 分，　　自宅以外 30 分

3.3 ある駅では正確に 30 分おきに電車が来る．それに対しバスはバス停に 1 時間に 2 本の割合で来るが時間間隔は一定していない．A さんは駅にランダムな時刻に到着し，B さんはバス停にランダムな時刻に到着するとして，A さんの待ち時間の平均と B さんの待ち時間の平均ではどちらが大きいだろうか．

3.4 右の表は，ある大学における統計学の試験の結果の要約である．

(1) 箱ひげ図を作成せよ．
(2) ヒストグラムの概形を描け．
(3) 四分位範囲 (IQR) および変動係数 (CV) はそれぞれいくらか．

データ数	平均値	標準偏差
86	45.4	22.2

最小値	第 1 四分位	中央値	第 3 四分位	最大値
1	33	44	59	120

(4) 各学生の点数に 10 点ずつを加えると，平均値，標準偏差，5 数要約値，四分位範囲，変動係数はそれぞれどうなるか．

(5) 各学生の点数を 1.2 倍すると，平均値，標準偏差，5 数要約値，四分位範囲，変動係数はそれぞれどうなるか．

3.5 右の表は，ある授業における中間試験と期末試験の結果の要約である．各学生の中間試験の値に 10 点ずつを加え，かつ期末試験の値をすべて 1.2 倍すると，各平均値および標準偏差はどのように変わるか．

	中間	期末
平均値	31.5	44.5
標準偏差	22.4	21.9

4 章

2 変量データの特性

　これまで，1 つの変量 (調査項目) の分布について扱ってきたが，統計の実際の応用では，2 つ (もしくはそれ以上) の変量 (項目) を扱うことが多い．ここでは，2 変量間の関係およびそれらの合成について学習する．

4.1 関係の種類

　2 つの変量を X および Y としたとき，それらの間の関係には，因果，関連，回帰，相関，連関などとよばれるいくつかの種類のものがある．これらを簡単に説明すると以下のようになる．

- **因果** (causality)：　X が原因，Y が結果となるもので一方向的なものである．X の値を変えることにより Y も変わる．たとえば，ある疾患をもつ患者の治療において，X を薬剤の量，Y を病気の治癒率とした場合などである．X を勉強時間，Y をテストの点数とした場合もこれにあたる．X の値が操作可能か否か (人為的に変えることができるかどうか) がひとつのカギとなる．

- **回帰** (regression)：　4.5 節および第 12 章で詳しく論じる回帰分析で想定される関係で，X が大きければ Y も大きいといった X から Y へという一方向的な関係はあるが，それが必ずしも因果関係とは限らないものである．ある予備校において，X を模擬試験の点数，Y を入試の点数とした場合，X から Y へという一方向的な関係であるが，必ずしも因果関係ではない．模擬試験の点数が高い生徒は入試の点数も高いことはいえるが，ある特定の生徒の模擬試験の点数を高くすれば入試の点数も高くなるかどうかは定かではない．しかしいずれにせよ，X は Y の予測には有用である．

- **相関** (correlation)：　X と Y の間には関係があるが，一方向的でないものをいう．入学試験における理科と数学の試験の点数などがこれにあたる．もちろん因果関係ではありえない．

4.2 カテゴリカルデータ間の関係

- **関連，連関** (association)： やや曖昧に用いられる用語であり，因果関係でない関係の総称でもある．血液型と性格の関係は，もしあるとすれば，これにあたる．

関係の強さを表す尺度はいくつかある．しかし，関係の種類と強さを正しく解釈するためには，データの背景情報 (誰がいつどこでどのようにとったのかなど) を知り，適切な尺度を選択しなければならない．データをコンピュータに入力すれば，関連性の尺度の値が出力されるが，それらを実際に生かせるかどうかは，データの素性に関する情報いかんにかかってくる．標語的に書けば

$$データ = 数値 + 背景情報$$

であることを忘れてはならない．

4.2 カテゴリカルデータ間の関係

2つのカテゴリカル変数 (項目) の間の関係を調べる．議論を一般的にするため，記号を導入する．2.4節と同じく，2つのカテゴリカル変数を A および B とし，A は r 個のカテゴリー $A_1, \ldots, A_r$ をもち，B は c 個のカテゴリー $B_1, \ldots, B_c$ をもつとする．そして (A_j, B_k) となった同時セル度数を f_{jk} とし，A_j の周辺度数を $n_j^{(A)} = f_{j1} + \cdots + f_{jc}$, B_k の周辺度数を $n_k^{(B)} = f_{1k} + \cdots + f_{rk}$, 全度数を n とする (表 4.2.1 参照)．そして，各セルの相対度数を $p_{jk} = f_{jk}/n$ とし，A_j の周辺相対度数を $p_j^{(A)} = n_j^{(A)}/n$, B_k の周辺相対度数を $p_k^{(B)} = n_k^{(B)}/n$ とする．

表 4.2.1　クロス集計表の同時セル度数と周辺度数

	B_1	$\cdots$	B_c	計
A_1	f_{11}	$\cdots$	f_{1c}	$n_1^{(A)}$
$\vdots$	$\vdots$	$\cdots$	$\vdots$	$\vdots$
A_r	f_{r1}	$\cdots$	f_{rc}	$n_r^{(A)}$
計	$n_1^{(B)}$	$\cdots$	$n_c^{(B)}$	n

さらに 2.4 節同様，A_j のなかでの B_k の条件付き相対度数を $p_{k|j}^{(B|A)} = f_{jk}/n_j^{(A)}$ と定義し，B_k のなかでの A_j の条件付き相対度数を $p_{j|k}^{(A|B)} = f_{jk}/n_k^{(B)}$ と定義する．

2つのカテゴリー変数 A と B の間の関係のなかでもっとも重要なものは「無関係」という関係であることから、まず「無関係」とは何かを定義し、そこからの乖離の度合いで関係の強さを測る。A と B とが無関係のことを統計学では独立という。

定義 4.2.1 (独立性) すべての j および k に対し
$$p_{jk} = p_j^{(A)} p_k^{(B)} \tag{4.2.1}$$
が成り立つとき、A と B は**互いに独立** (mutually independent) であるという。

独立性は本来、確率変数 (第 6 章参照) を用いて定義されるべきものであり、実際のデータでは、(4.2.1) は近似的にしか成り立たないことに注意する。度数で表現すると、
$$f_{jk} = \frac{n_j^{(A)} n_k^{(B)}}{n} \tag{4.2.2}$$
となる。(4.2.2) の条件は、表 4.2.1 の各行もしくは各列の同時セル度数が比例関係にあることを意味する。一般に、同時セル度数から周辺度数は計算できるが、その逆は必ずしも真ではない。しかし独立な場合には、すべてのセル度数が周辺度数から (4.2.2) により計算できることになる。

2.4.2 項で議論した、A の各カテゴリー $A_1, \ldots, A_r$ が実験などでの r 種類の条件の異なる設定、$B_1, \ldots, B_c$ が c 種類のカテゴリカルな結果変数のときは、(4.2.2) の独立性の条件は、A_j における B_k の条件付き相対度数が
$$p_{k|j}^{(B|A)} = \frac{f_{jk}}{n_j^{(A)}} = \frac{n_k^{(B)}}{n} \;(\text{一定}) \quad (k = 1, \ldots, c) \tag{4.2.3}$$
と表されることとなる。すなわち独立性は、表 4.2.1 の各行の度数が比例関係にあり、条件付き相対度数が各行で同じであることを意味している。

もし A と B が無関係 (独立) であれば、各度数と周辺度数との間には、近似的に、(4.2.2) の関係が成り立っているはずである。そこで、独立であるかどうかの判断には、実測値 f_{jk} と (4.2.2) の右辺の計算値 (独立な場合の**期待値**という) との差をみればよいことになる。このために、
$$Y = \sum_{j=1}^{r} \sum_{k=1}^{c} \frac{(f_{jk} - n_j^{(A)} n_k^{(B)}/n)^2}{n_j^{(A)} n_k^{(B)}/n} \tag{4.2.4}$$

4.2 カテゴリカルデータ間の関係　　　　　　　　　　　　　　　　57

を計算する．この Y を χ^2 (カイ2乗) 統計量とよぶ (10.4 節で詳述)．そして Y の値が大きいときには A と B との間に関係があると判断する．

◯例 **4.2.1** (独立性の評価)　表 4.2.2 は 1.5 節のアンケートデータのうち，B 女子大の「血液型」と「携帯キャリア」の人数 (度数) と，それらの全体に対する相対度数を表にまとめたものである (2.4 節の表 2.4.2 の再掲)．もし，血液型と携帯キャリアの選択が独立であるとしたら，各セルの期待値 ((4.2.2) の右辺の値) は表 4.2.3 (a) のようになるはずであり，(4.2.4) の χ^2 統計量 Y は，表 4.2.3 (b) の計算により $Y = 15.19$ と求められる．この Y の値は小さいとはいえないので (後に詳述するが，自由度 6 の χ^2 分布の上側 5% 点の 12.59 よりも大きいときには独立でないと判断する)，血液型と携帯キャリアの選択には関係があるといえそうである，との結論になる．(O 型, docomo) の学生が一人もいないことが大きな原因であるが，その理由は定かではない．　□

表 **4.2.2**　血液型と携帯キャリアのクロス集計表

(a) 度　数

血液型	携帯キャリア			計
	docomo	au	SoftBank	
A	7	6	2	15
B	4	1	3	8
O	0	9	6	15
AB	3	0	2	5
計	14	16	13	43

(b) 相対度数

血液型	携帯キャリア			計
	docomo	au	SoftBank	
A	16%	14%	5%	35%
B	9%	2%	7%	19%
O	0%	21%	14%	35%
AB	7%	0%	5%	12%
計	33%	37%	30%	100%

表 **4.2.3**　独立性のもとでの期待値と χ^2 統計量の計算

(a) 期待値

血液型	携帯キャリア			計
	docomo	au	SoftBank	
A	4.9	5.6	4.5	15
B	2.6	3.0	2.4	8
O	4.9	5.6	4.5	15
AB	1.6	1.9	1.5	5
計	14	16	13	43

(b) χ^2 統計量

血液型	携帯キャリア			計
	docomo	au	SoftBank	
A	0.92	0.03	1.42	2.37
B	0.75	1.31	0.14	2.20
O	4.88	2.09	0.47	7.45
AB	1.16	1.86	0.16	3.17
計	7.70	5.30	2.19	15.19

行および列の数がともに 2 であり，各度数を 2.4 節の表 2.4.4 のように定義すると，(4.2.4) は

$$Y = \frac{N(ad-bc)^2}{mnst} \qquad (4.2.5)$$

と簡潔に表現される (確かめられたい)．(4.2.5) の分子の $ad - bc$ は，表 2.4.4 の度数表を 2×2 行列とみたときの行列式である．カテゴリカル変数の A と B

が独立なとき，2×2 分割表を 2×2 行列とみると，その行もしくは列が比例関係にあるので，行列式は 0 になる．よって，(4.2.5) の Y は 2×2 分割表における関係の強さを測る尺度であるが，それは数学的には，2×2 行列の非正則性を測る尺度でもある．また，2.4.2 項の (2.4.1) で定義したオッズ比 $(ad)/(bc)$ は，A と B が独立なときは 1 になる．

○例 4.2.2 (2×2 分割表における独立性の評価)　2.4.2 項の例 2.4.2 の表 2.4.5 (a) および (b) のそれぞれに対し，(4.2.5) の Y を計算すると以下のようになる．(a) も (b) もともに，各行の条件付き相対度数の値はそれぞれ 0.7 と 0.5 と異なるので，行分類 (薬剤の種類) と列分類 (病気の治癒) とは独立ではなく，新薬のほうが既存薬に比べて治癒率が高い．治癒率は (a) と (b) で同じであるが，(4.2.5) の Y の値は (b) のほうが大きい．これは，(b) のほうが総データ数が多いので，独立性からの乖離がより大きいと判断されるためである．

$$(a): Y = \frac{200(70 \times 50 - 30 \times 50)^2}{100 \times 100 \times 120 \times 80} = 8.333$$

$$(b): Y = \frac{300(140 \times 50 - 60 \times 50)^2}{200 \times 100 \times 190 \times 110} = 11.483$$

オッズ比は，例 2.4.2 でも述べたように (a) でも (b) でも $\frac{7}{3}$ と同じになる．オッズ比はデータ数によらない尺度である (ただし，推定精度はデータ数が大きいほど大きい)．□

4.3　連続データ間の関係

2 変量の連続型データが $(x_1, y_1), \ldots, (x_n, y_n)$ と n 組与えられている場合には，2.5 節で示したように，それらを x-y 平面上に n 個の点としてプロットした散布図を描くのが第一歩であったが，関係の強さを数値で表現することも重要である．x および y それぞれ 1 変量の特性値としては，第 3 章でみたように平均，分散，標準偏差があった．ここではそれらをそれぞれ以下のように定義する．

$$\bar{x} = \frac{1}{n} \sum_{i=1}^{n} x_i, \quad s_x^2 = \frac{1}{n-1} \sum_{i=1}^{n} (x_i - \bar{x})^2, \quad s_x = \sqrt{s_x^2},$$

$$\bar{y} = \frac{1}{n} \sum_{i=1}^{n} y_i, \quad s_y^2 = \frac{1}{n-1} \sum_{i=1}^{n} (y_i - \bar{y})^2, \quad s_y = \sqrt{s_y^2}.$$

2 変量間の関係を表す量としては**共分散** (covariance)

$$s_{xy} = \frac{1}{n-1} \sum_{i=1}^{n} (x_i - \bar{x})(y_i - \bar{y}) \tag{4.3.1}$$

4.3 連続データ間の関係

がある[1]．共分散は，x の値が大きいほど y の値も大きいとき (散布図でデータが右上がりのとき) に正の値をとり，逆に，x の値が大きいほど y の値が小さいとき (散布図でデータが右下がりのとき) に負の値となる．

ここで変数 x および y に対し，

$$x_i^* = ax_i + b, \quad y_i^* = cy_i + d \quad (ac > 0) \tag{4.3.2}$$

と変換すると，共分散の値は ac 倍になる．(4.3.2) の変換は，たとえば摂氏から華氏，km からマイルなどの単位の変換として用いられるが，単位を変えただけで関係の強さが変わるわけではないので，2 変量間の関係の強さの指標としては (4.3.2) の変換の影響を受けないものが望ましい．それが次に定義する相関係数である．

定義 4.3.1 (相関係数)　x と y の標準偏差をそれぞれ s_x, s_y とし，x と y の共分散を s_{xy} としたとき，

$$r = \frac{s_{xy}}{s_x s_y} \tag{4.3.3}$$

を，x と y の間の**相関係数** (correlation coefficient) という．

(4.3.3) の相関係数は，4.4 節で示す他の相関係数と区別するため，**積率相関係数**もしくは**ピアソン** (Pearson) **の積率相関係数**，あるいは単にピアソン相関係数ということもある．

定理 4.3.1 (相関係数の性質)　相関係数は以下の 3 つの性質をもつ．
 (a) $-1 \leq r \leq 1$
 (b) $r = 1 \ (-1) \iff$ データがすべて右上がり (右下がり) の直線上にある．
 (c) $x_i^* = ax_i + b, y_i^* = cy_i + d \ (ac > 0)$ と変換しても相関係数の値は変わらない ($ac < 0$ のときは絶対値はそのままで符号のみが変わる)．

図 4.3.1 に相関係数の値と対応する散布図の例を示している．これにより，相関係数の値がいくらのときに，2 変数の関係の強さがどの程度かのイメージをつかんでほしい．$r = \pm 1$ のときはすべてのデータ点が直線上に並ぶことから，

---

[1] Excel では **COVARIANCE.S** (x データ, y データ) によって求められる (ただし，以前から使われていた関数 **COVAR** では，除数が (4.3.1) のような $n-1$ ではなく n であるので注意が必要)．R では，データの格納されている変数を biv とすると，cov(biv) で求められる．R では除数を $n-1$ とした (4.3.1) の値が返される．

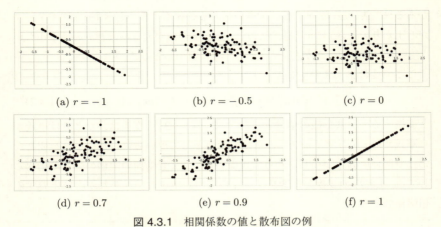

図 4.3.1　相関係数の値と散布図の例

相関係数は 2 変量間の直線的な関係の強さを表す指標ということができる.

相関係数の値が 0 のときは**無相関**といい, ±1 のときは完全な相関 (直線関係) であるので半分程度の相関は 0.5 と思いがちであるが, 図 4.3.1 (b) 程度では半分には満たないという印象ではないだろうか. $r = 0.7$ で半分程度という印象である. 実際, 2 変量間の関係の強さを評価する際, 相関係数は 2 乗して判断すべきである, という考え方もある (根拠もある). $(0.7)^2 \approx 0.5$ であるので, 直感とも合うであろう[2].

上述したように, 相関係数は 2 変量間の直線的な関係の強さを測る尺度であるので, 曲線的な関係があっても $r = 0$ となりうる. たとえば図 4.3.2 では, 2 変量間に 2 次関数 (放物線) 的な関係があるが, 相関係数は 0 となる. データのプロット全体を見ると, 右上がりでも右下がりでもないためである.

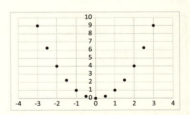

図 4.3.2　関係はあるが相関係数は 0

さらに, 相関係数は外れ値の影響を強く受ける. 図 4.3.3 (a) では相関係数の値はほぼ 0 であるが, それらに $(x = 3, y = 3)$ の 1 点を加えた (b) では相関係数の値は 0.56 になる.

---

[2] 人文社会科学の分野では $r = 0.3$ 程度のことも多いようであるが, $(0.3)^2 < 0.1$ であるので, 1 割にも満たない関係の強さということもできる.

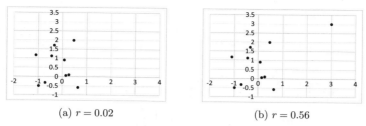

(a) $r = 0.02$ (b) $r = 0.56$

図 4.3.3 外れ値の影響

このように，相関係数は2変量間の関係の強さを1つの数値で表す便利な指標であるが，その解釈には注意が必要となる．できる限り散布図を描いてデータ全体の分布の様子をつかむようにすべきであろう．

4.4 種々の相関係数

4.3節では，2つの連続変量間の関係の強さを表す尺度として相関係数を導入した．相関係数は，連続変数だけでなくカテゴリカル変数 (ダミー変数) に対しても形式的に定義される．ここでは，ダミー変数の相関係数がどのような尺度と対応するのかをみる．また，観測値そのものではなくその順位を用いる順位相関係数も紹介する．本節では，4.3節とは若干記号を変えて，2変量データは N 組あるとし，それぞれの平均と分散，共分散などを，4.3節の n の代わりに N として定義する．

4.4.1 片方がダミー変数の場合

1つの変数 $x = (0, 1)$ がダミー変数，y が連続的な変数とする．$x = 0$ の個数を m とし，$x = 1$ の個数を n として $(m + n = N)$，x と y の相関係数の2乗を形式的に計算する．各平均は $\bar{x} = \dfrac{n}{N}$, $\bar{y} = \dfrac{1}{N} \sum_{i=1}^{N} y_i$ であり，分散はそれぞれ $s_x^2 = \dfrac{mn}{N(N-1)}$, $s_y^2 = \dfrac{1}{N-1} \sum_{i=1}^{N} (y_i - \bar{y})^2$ となる．また，y の $x = 0$ および $x = 1$ に対応した部分をそれぞれ $y_1, \ldots, y_m$ および $y_{m+1}, \ldots, y_N$ とし，それぞれに対応した y の平均を

$$\bar{y}^{(0)} = \frac{1}{m} \sum_{i=1}^{m} y_i, \quad \bar{y}^{(1)} = \frac{1}{n} \sum_{i=m+1}^{N} y_i$$

とすると，共分散は

$$
\begin{aligned}
s_{xy} &= \frac{1}{N-1}\left(\sum_{i=1}^{N} x_i y_i - N\bar{x}\bar{y}\right) = \frac{1}{N-1}\left(\sum_{i=m+1}^{N} y_i - n \times \frac{1}{N}\sum_{i=1}^{N} y_i\right) \\
&= \frac{1}{N-1}\left\{\sum_{i=m+1}^{N} y_i - \frac{n}{N}\left(\sum_{i=1}^{m} y_i + \sum_{i=m+1}^{N} y_i\right)\right\} \\
&= \frac{1}{N-1}\left\{n\bar{y}^{(1)} - \frac{n}{N}\left(m\bar{y}^{(0)} + n\bar{y}^{(1)}\right)\right\} \\
&= \frac{1}{N(N-1)}\{n(m+n)\bar{y}^{(1)} - n(m\bar{y}^{(0)} + n\bar{y}^{(1)})\} \\
&= \frac{mn}{N(N-1)}(\bar{y}^{(1)} - \bar{y}^{(0)})
\end{aligned}
$$

であるので，相関係数 r の 2 乗は

$$
\begin{aligned}
r^2 &= \frac{\{mn(\bar{y}^{(1)} - \bar{y}^{(0)})\}^2 / \{N(N-1)\}^2}{[mn/\{N(N-1)\}]s_y^2} \\
&= \frac{mn}{N(N-1)}\left(\frac{\bar{y}^{(1)} - \bar{y}^{(0)}}{s_y}\right)^2 \quad (4.4.1)
\end{aligned}
$$

となる．分散および共分散の除数を，ともに $N-1$ ではなく N とすると，(4.4.1)
は，$r^{(0)} = m/N$ および $r^{(1)} = n/N$ として，

$$
r^2 = \frac{mn}{N^2}\frac{(\bar{y}^{(1)} - \bar{y}^{(0)})^2}{s_y^2} = r^{(0)}r^{(1)}\left(\frac{\bar{y}^{(1)} - \bar{y}^{(0)}}{s_y}\right) \quad (4.4.2)
$$

と表現される．(4.4.1) および (4.4.2) のカッコの中の $\dfrac{\bar{y}^{(1)} - \bar{y}^{(0)}}{s_y}$ は，ダミー変数の 0, 1 に対応した部分での y の平均の標準化した差であり，平均が等しいことと相関係数が 0 であることが対応している．そして，平均間の差が大きくなればなるほど相関係数 r が大きくなることになる．

4.4.2　両方がダミー変数の場合

2 変数がともにダミー変数 $x = (0, 1)$, $y = (0, 1)$ からなる 2 変量データは，表 4.4.1 のような 2×2 のクロス集計表で表される．これは，2.4.2 項の表 2.4.4 と同じものである．このデータから x と y の相関係数の 2 乗を形式的に求めると次のようになる．まず各平均は

$$
\bar{x} = \frac{1}{N}\sum_{i=1}^{N} x_i = \frac{n}{N} = \frac{c+d}{N}, \qquad \bar{y} = \frac{1}{N}\sum_{i=1}^{N} y_i = \frac{t}{N} = \frac{b+d}{N}
$$

4.4 種々の相関係数

表 4.4.1 2×2 クロス集計表

	$y=0$	$y=1$	計
$x=0$	a	b	m
$x=1$	c	d	n
計	s	t	N

となる．分散は，

$$s_x^2 = \frac{1}{N-1}\left\{\sum_{i=1}^{N} x_i^2 - N(\bar{x})^2\right\} = \frac{1}{N-1}\left(n - \frac{n^2}{N}\right) = \frac{1}{N-1}n\left(1 - \frac{n}{N}\right)$$

$$= \frac{mn}{N(N-1)} = \frac{(a+b)(c+d)}{N(N-1)},$$

および

$$s_y^2 = \frac{1}{N-1}\left\{\sum_{i=1}^{N} y_i^2 - N(\bar{y})^2\right\} = \frac{1}{N-1}\left(t - \frac{t^2}{N}\right) = \frac{1}{N-1}t\left(1 - \frac{t}{N}\right)$$

$$= \frac{st}{N(N-1)} = \frac{(a+c)(b+d)}{N(N-1)}$$

であり，共分散は

$$s_{xy} = \frac{1}{N-1}\left(\sum_{i=1}^{N} x_i y_i - N\bar{x}\bar{y}\right) = \frac{1}{N-1}\left(d - \frac{nt}{N}\right)$$

$$= \frac{(a+b+c+d)d - (c+d)(b+d)}{N(N-1)} = \frac{ad-bc}{N(N-1)}$$

であるので，ピアソンの積率相関係数は

$$r = \frac{(ad-bc)/\{N(N-1)\}}{\sqrt{mnst/\{N(N-1)\}^2}}$$

$$= \frac{ad-bc}{\sqrt{mnst}} = \frac{ad-bc}{\sqrt{(a+b)(c+d)(a+c)(b+d)}} \quad (4.4.3)$$

となる．これは**四分位相関係数**(四分点相関係数)，もしくは ϕ **係数**ともいう．$ad - bc = 0$，すなわち，行と列が独立で $a:b = c:d$ のとき $r = 0$ となり，$b = c = 0$ のとき $r = 1$, $a = d = 0$ のとき $r = -1$ となる．また，各周辺度数を固定したとき，$b = m-a, c = s-a, d = t-m+a$ であるので，(4.4.3) の分子は

$$ad - bc = a(t-m+a) - (m-a)(s-a) = Na - ms = N\left(a - \frac{ms}{N}\right)$$

となる．行と列が独立のときは，第 $(1,1)$ セルの期待値は ms/N であるので，

相関係数 r は，2×2 分割表の行と列の独立性からの乖離の程度を測る尺度であることが確認できる．四分位相関係数の2乗は

$$r^2 = \frac{(ad-bc)^2}{mnst} = \frac{(ad-bc)^2}{(a+b)(c+d)(a+c)(b+d)} \qquad (4.4.4)$$

となり，これは，4.2節の (4.2.5) で定義した統計量 Y の $1/N$ 倍である (逆に，Y は (4.4.4) の r^2 の N 倍といったほうがよい)．

4.4.3 順位相関係数

観測値 (x_i, y_i) $(i=1,\ldots,N)$ に対し，それらの**順位** (rank) を (r_i, s_i) とする．すなわち，全部で N 個の観測値に対し，x_i は x の小さいほうから r_i 番目，y_i は y の小さいほうから s_i 番目であるとする．観測値の中に同じ値をとるもの (**タイ**) があった場合はそれらの平均順位を用いる．実際の観測値の代わりにその順位を用いて計算した相関係数を ρ (ギリシャ文字のロー) と書き，**スピアマン** (Spearman) **の順位相関係数** (rank correlation)，あるいは簡単に**スピアマンのロー**という．これは，順位の差を $D_i = r_i - s_i$ $(i=1,\ldots,n)$ として，

$$\rho = 1 - \frac{6}{N(N-1)(N+1)} \sum_{i=1}^{N} D_i^2 \qquad (4.4.5)$$

としても求められる．

もう一つの順位相関係数に，ケンドールのタウがある．x の第 i 順位の組 (r_i, s_i) に対し，$j > i$ である j $(j=i+1,\ldots,N)$ で $s_j > s_i$ となったものの個数を P_i とし，$s_j < s_i$ となったものの個数を Q_j とする．そしてそれらの和を $P = P_1 + \cdots + P_{N-1}$, $Q = Q_1 + \cdots + Q_{N-1}$ として，

$$\tau = \frac{P-Q}{N(N-1)/2} \qquad (4.4.6)$$

とする．これを**ケンドール** (Kendall) **の順位相関係数**，あるいは単に**ケンドールのタウ**という．

順位相関係数は，その名のとおり各観測値の値そのものではなく，それらの順位に基づく統計量であることから，通常の連続データに対するピアソンの積率相関係数 (4.4.3) が，各観測値が一直線上にのる場合に限りその値が ± 1 となるのに対し，順位相関係数は，x の順位と y の順位が一致すれば値が1に，まったく逆順位になれば -1 となる．また，観測値そのものの値を用いないことから，外れ値があるような場合には，それらの影響を受けにくいという性質をもつ．

○例 **4.4.1** (順位相関係数の計算)　簡単のため，$N=5$ として順位相関係数の計算法をみる (表 4.4.2)．

表 4.4.2　順位相関係数の計算例

i	x_i	y_i	r_i	s_i	D_i	D_i^2	P_i	Q_i
1	11	15	1	2	-1	1	3	1
2	12	18	2	3	-1	1	2	1
3	15	12	3	1	2	4	2	0
4	18	23	4	5	-1	1	0	1
5	20	22	5	4	1	1		

表 4.4.2 の第 2 列 (x_i) と第 3 列 (y_i) が観測値であるとすると，それらの順位は第 4 列 (r_i) と第 5 列 (s_i) のようになる．そして順位の差が第 6 列 ($D_i = r_i - s_i$)，その 2 乗が第 7 列 (D_i^2) である．第 8 列は，ケンドールのタウの計算のための P_i であり，第 9 列は Q_i である ($i=2$ では，$s_i=3$ よりも大きな $j>i$ での順位は $s_4=5$ と $s_5=4$ であるので $P_2=2$ となり，小さな順位は $s_3=1$ のみであるので $Q_2=1$ となる)．スピアマンのローは，(4.4.5) より

$$\rho = 1 - \frac{6}{5 \times 4 \times 6}(1+1+4+1+1) = 1 - \frac{8}{20} = 0.6$$

と求められる．また，ケンドールのタウは，$P=3+2+2+0=8$, $Q=1+1+0+1=3$ であるので，(4.4.6) より

$$\tau = \frac{7-3}{5 \times 4/2} = 0.4$$

となる．　□

○例 **4.4.2** (外れ値と順位相関係数)　4.3 節の図 4.3.3 では，1 つの外れ値がピアソン相関係数に対し大きな影響を与えることをみた．図 4.3.3 と同じデータに対し，順位相関係数を計算すると次のようになる (比較のためピアソン相関係数の値も示す)．

　　　　ピアソン相関係数：　(a) 0.025,　　(b) 0.559
　　　　スピアマンのロー：　(a) -0.055,　(b) 0.209
　　　　ケンドールのタウ：　(a) 0.000,　　(b) 0.164

順位相関係数の値は，外れ値を入れると変化するとはいうものの，変化の大きさはピアソン相関係数ほどではないことがわかる．　□

4.5　回帰分析

4.3 節では 2 変量 (x,y) 間の関係の大きさを表す量として相関係数を導入した．相関関係は双方向的なものであるが，一方向的な関係の分析には回帰分析が用いられる．回帰分析は，**回帰直線** (regression line)

$$y = a + bx \qquad (4.5.1)$$

によって x と y の間の関係を表す (横軸が x, 縦軸が y である)[3]. 回帰直線は, 2 変量データの散布図にもっともよく合う直線である. (4.5.1) の定数項 a は y 切片 (intercept) で, b は直線の傾き (slope) である. b は**回帰係数** (regression coefficient) ともいう[4].

本節では回帰分析の概略を示すにとどめる. 回帰分析にまつわる種々の関係式の導出などの詳細は第 12 章を参照されたい.

○**例 4.5.1** (回帰直線の例) 2.5 節の例 2.5.2 の模試と入試の散布図の図 2.5.1 とそれに回帰直線を描き入れたものが図 4.5.1 (左) である. Excel では, 散布図を描いた後で, データ点を右クリックし,「近似曲線の追加」を選択することにより容易に回帰直線を引くことができる.「グラフに数式を表示する」をクリックすると数式が表示される. 加えて「グラフに R-2 乗値を表示する」もクリックしておくのがよい.

R では, 変数 mogi と nyushi にデータが格納されているとして,

```
kekka <- lm(nyushi ~ mogi)
plot (mogi, nyushi)
abline (kekka)
```

のようにする (lm は線形モデル (linear model) の略). この場合の回帰直線は $y = 21.012 + 0.657x$ である (小数第 3 位まで表示). □

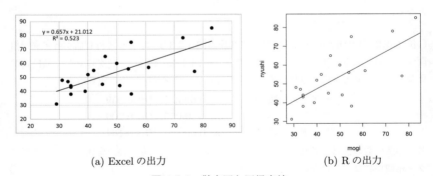

(a) Excel の出力 (b) R の出力

図 4.5.1 散布図と回帰直線

[3) 統計学では, 回帰直線は (4.5.1) のように定数項を先に書いて表現する. これは, $y = a + b_1 x + b_2 x^2 + b_3 x^3 + \cdots$ のように多項式をあてはめたり, $y = a + b_1 x_1 + b_2 x_2 + \cdots$ のように複数個の説明変数を用いたりする場合への拡張が容易なためである.

4) これらの値は, Excel では
$$a = \text{INTERCEPT}\,(x \text{ データ}, y \text{ データ}), \qquad b = \text{SLOPE}\,(x \text{ データ}, y \text{ データ})$$
によって求めることができる.

4.5 回帰分析

　回帰直線はデータにもっともよく合う直線であるが，その意味と具体的な計算式は以下のようである．まず，「もっともよく合う」の定義は，n 組のデータ $(x_1, y_1), \ldots, (x_n, y_n)$ に直線 $y = a + bx$ をあてはめるとして，各データ点と直線上の点との距離の 2 乗 (**最小 2 乗基準**) を

$$Q = \sum_{i=1}^{n} \{y_i - (a + bx_i)\}^2 \tag{4.5.2}$$

とし，この Q を最小にすることとする．(4.5.2) の Q では，各データ点と直線との距離を y 軸に平行に測っている点に注意する．この Q を最小にするような a と b とを求める方法を，距離の 2 乗和を最小にするという意味で，**最小 2 乗法**といい，求められた直線を**最小 2 乗直線**という (導出の詳細は 12.1 節を参照).

　各変量の平均をそれぞれ $\bar{x}, \bar{y}$ とすると，$a = \bar{y} - b\bar{x}$ なる関係式が得られ，回帰直線 (4.5.1) は

$$y = \bar{y} + b(x - \bar{x}) \tag{4.5.3}$$

とも表現される．(4.5.3) より，回帰直線は各変量の平均を表す点 $(\bar{x}, \bar{y})$ を通ることがわかる (定数項を 0 とおいた回帰直線 $y = bx$ のあてはめでは，回帰直線は通常 $(\bar{x}, \bar{y})$ を通らないことに注意). 定数項 (y 切片) a は $x = 0$ のときの y の値であるが，回帰分析では $x = 0$ に本質的な意味がある場合はほとんどないので，a の値そのものには実際上の意味がない場合が多く，その意味で，回帰直線は (4.5.3) のように表現しておいたほうが望ましいともいえる．

　回帰直線のあてはまりの良さは，以下に定義される重相関係数 R，あるいはその 2 乗の決定係数 R^2 で判断する．求められた回帰直線による y_i の予測値 (回帰直線上の値) を

$$\widehat{y}_i = a + bx_i \quad (i = 1, \ldots, n) \tag{4.5.4}$$

とする．回帰直線がデータによくあてはまっていれば $\widehat{y}_i$ は実測値 y_i に近く，$(\widehat{y}_i, y_i)$ を平面上にプロットすると，それらは 45° の直線のまわりで分布するはずである．図 4.5.2 は例 4.5.1 のデータに関する $\widehat{y}_i$ と y_i との散布図である．そこで，y_i と $\widehat{y}_i$ の相関係数を

$$R = \frac{\sum_{i=1}^{n}(y_i - \bar{y})(\widehat{y}_i - \bar{y})}{\sqrt{\sum_{i=1}^{n}(y_i - \bar{y})^2}\sqrt{\sum_{i=1}^{n}(\widehat{y}_i - \bar{y})^2}} \tag{4.5.5}$$

とし，この R を**重相関係数**という．ここで，y_i の平均と $\widehat{y}_i$ の平均とは等しくなることを用いている．そして，R の 2 乗 R^2 を**決定係数**という．データが一

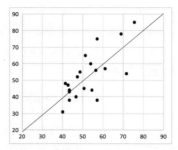

図 4.5.2 例 4.5.1 のデータの予測値 (横軸) と実測値 (縦軸) の散布図

直線上にあれば (すなわち $\widehat{y_i} = y_i$ であれば), $R = 1$ となる. ただし, R もしくは R^2 が大きくて直線のあてはまりがいいといっても, それは必ずしも因果関係の強さを示すものではないことには注意しよう (第 5 章参照).

○例 4.5.2 (例 4.5.1 の続き) 図 4.5.1 のデータでは, 回帰直線は
$$y = 21.012 + 0.657x \tag{4.5.6}$$
となる. (4.5.3) の表現では
$$y = 52.75 + 0.657(x - 48.3) \tag{4.5.7}$$
である. 図 4.5.1 からもわかるように $x = 0$ の人はおらず, 模擬試験で 0 点の人が入試で何点とるかには興味はないであろうことから, (4.5.6) の y 切片の 21.012 には実質上の意味はない. それに対し (4.5.7) では, 模試の点数 x が模試の平均 48.3 からどの程度離れると入試の点数がその平均 52.75 よりもどのくらい上下するのかが一目でわかり都合がよい. □

4.6 変量の和と差

2 変量 x, y を組み合わせて新しい変量をつくる場合も多い. たとえば, TOEIC 試験における listening の点数が x, reading の点数が y のとき, $t = x + y$ は合計の点数となる. 体重減少のためのダイエットでは, x をダイエット前の体重, y をダイエット後の体重とすれば, 差 $d = x - y$ はダイエットによる体重の減少分を表す. 一般に, a, b を定数として, $w = ax + by$ とした結果を定理の形で示す.

定理 4.6.1 (変量の 1 次結合) 2 変量データ (x, y) に対し, x の平均と分散をそれぞれ $\bar{x}, s_x^2$, y の平均と分散をそれぞれ $\bar{y}, s_y^2$ とし, x と y の間の共

4.6 変量の和と差

分散を s_{xy} としたとき，1次結合 $w = ax + by$ の平均と分散は，それぞれ

$$\bar{w} = a\bar{x} + b\bar{y}, \quad s_w^2 = a^2 s_x^2 + b^2 s_y^2 + 2ab s_{xy} \quad (4.6.1)$$

となる．

証明は，平均と分散の定義から容易に得られる．和 $t = x+y$ および差 $d = x-y$ は，それぞれ (4.6.1) において $a = b = 1$ および $a = -1, b = 1$ とした場合であるが，重要な結果であるので系として明示的に示しておく．

系（和と差） 2変量 (x, y) に対し，和 $t = x + y$ および差 $d = x - y$ の平均と分散はそれぞれ

$$\bar{t} = \bar{x} + \bar{y}, \quad s_t^2 = s_x^2 + s_y^2 + 2s_{xy}, \quad (4.6.2)$$

$$\bar{d} = \bar{x} - \bar{y}, \quad s_d^2 = s_x^2 + s_y^2 - 2s_{xy} \quad (4.6.3)$$

で与えられる．

特に，x と y が独立な場合には $s_{xy} = 0$ であるので，各変量の和と差の分散は

$$s_t^2 = s_d^2 = s_x^2 + s_y^2 \quad (4.6.4)$$

となる．変量の和の場合も差の場合も，それらの分散はそれぞれの変量の分散の和になることに注意されたい．

○**例 4.6.1**（和と差の平均と分散） 2.7節の例 2.7.1 では，学生に2回実施した TOEIC 試験の結果が散布図行列で示されている．それぞれの平均と分散および共分散は表 4.6.1 のようであった．2回の試験の合計点 (和) をそれぞれ $T(04) = L(04) + R(04), T(12) =$

表 4.6.1 各試験の平均と分散

	$L(04)$	$R(04)$	$L(12)$	$R(12)$
平均	164.12	133.46	181.49	130.92
分散	2273.56	1490.32	2753.07	2015.74
共分散	856.16		1537.33	

表 4.6.2 和と差の平均と分散

(a) 和

	$T(04)$	$T(12)$
平均	297.58	312.41
分散	5476.21	7843.47

(b) 差

	$D(04)$	$D(12)$
平均	30.66	50.57
分散	2051.55	1694.15

$L(12) + R(12)$ とすると,それらの平均と分散は (4.6.2) より表 4.6.2 (a) のようであり,差 $D(04) = L(04) - R(04)$, $D(12) = L(12) - R(12)$ の平均と分散は (4.6.3) より表 4.6.2 (b) となる. □

演習問題 4

4.1 右の表は,ある大学の授業の履修者の携帯電話会社を男女別に集計したものである.

	d 社	a 社	S 社	計
男子	47	27	10	84
女子	5	6	0	11
計	52	33	10	95

(1) 男女で差がないという条件のもとで各セルの期待値 $e_{jk} = n_j m_k / N$ を求めよ.

(2) χ^2 統計量 $y = \sum_{j=1}^{2} \sum_{k=1}^{3} \frac{(x_{jk} - e_{jk})^2}{e_{jk}}$ の値を計算せよ.

4.2 2×2 のクロス集計表 (分割表) から求めた χ^2 統計量は $Y = \dfrac{N(ad-bc)^2}{mnst}$ となることを示せ.

	B_1	B_2	計
A_1	a	b	m
A_2	c	d	n
計	s	t	N

4.3 右のデータは,ある大学の各学科における女子学生の比率 (x) と英語能力試験の平均点 (y) をまとめたものである.

(1) 女子比率 (x) を横軸に,平均点 (y) を縦軸にとった散布図を描け.

(2) 問 (1) で描いた散布図に回帰直線 $y = a + bx$ を描き入れよ.切片 a と傾き b の値はいくらか.

(3) 女子比率 (x) と平均点 (y) との間の相関係数を求めよ.

(4) この結果から,女子のほうが英語ができると結論づけてよいかを議論せよ.

学科	女子比率	平均点
A	0.34	417.0
B	0.29	405.0
C	0.35	401.6
D	0.77	521.3
E	0.71	386.0
F	0.79	448.2
G	0.73	422.4
H	0.30	330.3
I	0.18	313.3
J	0.04	294.1

4.4 次の 2 変量間の関係は,因果関係,回帰関係,相関関係のいずれであるか.

(a) 大学の授業における中間試験の点数と期末試験の点数
(b) ラットに摂取させた餌の量と体重の増加分
(c) 体力測定における背筋力と握力
(d) 高校生の自宅学習の時間とスマートフォンに費やす時間
(e) コンビニエンスストアでのアイスクリームの売り上げとビールの売り上げ
(f) 問 4.3 の女子学生の比率と英語試験の平均値

5 章
研究の種類とデータ収集法

　データ解析は，データが集まってから行うだけではない．データ解析の結果を正しく解釈するためには，研究の目的を踏まえたうえで，データの収集法を工夫しなければならない．データがすでにある場合であっても，それらがどのようにして収集されたのかの情報は，解析結果を今後に生かすために重要である．ここでは，**研究の種類**を概観し，研究目的にあった**データ収集法**を議論する．

5.1 研究の種類

　統計的な研究 (あるいは業務) は，いくつかの種類に分けられることを知り，データ解析の結果を有効に使うためにも，今現在の研究がどの種類のものであるのかを自覚しておくことが大切である．研究の種類分けにはいくつかの観点があるが，その目的とデータの取得法の観点から，実験研究 (experimental study)，観察研究 (observational study)，調査 (survey) の三種類に分類される．

　まず，データ分析の目的が，ある処置の効果の立証であるかどうかが問題となる．たとえば，新しく開発した薬が疾患に対し有効であるかどうかを調べる，ある環境物質への曝露がその後の体調不良をもたらしたかどうかを知る，新しい教育方法は生徒の学力を向上させるかを調べる，などは**処置効果**の立証のタイプの研究である．処置効果の立証が目的であるとき，研究は，実験研究と観察研究とに分けられる．処置効果の立証を意図しない研究は調査である．

　処置効果の立証では，その処置を施した群 (処置群) と，処置を施さなかったか，あるいは別の標準的な処置を施した群 (対照群) との比較が不可欠である．比較なくして効果の立証はない．**実験研究**とは，被験者の選択や被験者の処置群と対照群への振り分けなどの実験条件の設定が，研究者自らの手で，あるいは研究者の指示により実施されるもののことをいう．それに対し**観察研究**は，被験者の選択や被験者に施される処置の選択が，研究者によるのではなく，別の要因あるいは被験者自らの手に委ねられているもののことをいう．心理学で

は，観察研究を準実験 (quasi-experiment) ともいう．

さらに，処置効果の立証では，処置と結果以外の第三の変量の存在が問題となる．第三の変量は一般に**共変量** (covariate) と称されることが多いが，共変量のうちで処置と結果の両方に影響を与える変量を**交絡因子** (confounding factor) あるいは交絡要因という．交絡因子があると，処置効果の立証が難しくなる．

〇例 5.1.1 (処置効果の立証と交絡因子)　ある高額な授業料をとる学習塾では，塾に通った生徒は学力テストで良い点をとることができると宣伝している．この場合，「塾に通うこと」が処置であり，「テストの点数」が結果である．この処置効果の立証のためには何をどのようにすればよいであろうか．塾に通っている生徒に対し，テストの点数を調査すればよいだろうか．仮にテストの点数が平均点以上であったとしても，それが塾によるものかどうかはわからない．塾に通っている生徒と通っていない生徒間での比較が必要である．

では，塾に通っている生徒と通っていない生徒をそれぞれ集めて比較すればよいだろうか．塾に通うためにはある程度の資金が必要となり，裕福な家庭の子供しか塾に通えないかもしれない．そして親の財力は子供のテストの点数に影響を及ぼすと考えられる．すなわち，親の財力が塾に通うという処置とテストの点数という結果の両方に影響を与え，交絡因子となるのである．この交絡因子を排除したうえで塾の効果を評価しなくてはならない．そのためには，注意深い実験デザインが必要となる．　　　□

〇例 5.1.2 (研究の種類)　ある健康食品がコレステロール低下作用を有するかどうかを調べるとする．「一定数の被験者をランダムにこの食品を摂取する群と摂取しない群に分けたうえで，一定期間後にコレステロールを計測する」のは実験研究である．「この健康食品をすでに摂取している人たちと，これまで摂取していない人たちから何人かを選び，彼らのコレステロール値を比較する」のは，実験ではなく観察研究である．「この健康食品を摂取している人の集団のみからランダムに数十人を抽出してコレステロール値を計測する」のは調査である．　　　□

処置効果の立証のためには，交絡因子の影響を排除して，処置が結果に及ぼす効果を立証する必要がある．後述するように，実験研究ではそれが可能であることから，実験研究は処置効果の立証のためのゴールドスタンダードとみなされる．しかし，人間を対象とする研究や，社会科学における多くの研究では，倫理的な問題や時間や費用の制約により実験が不可能であり，観察研究がほぼ唯一の研究手段であることが多い．その際には，観察研究のどの部分が実験研究に類似で，どの部分が異なるかを意識しつつデータ解析の結果を解釈しなくてはならない．

5.2 実験研究

処置効果の立証のための実験研究では，処置群と対照群との比較が必須である．その際，両群間では処置の違い以外の条件はなるべく均一にするのが望ましいが，自然界で行う農事試験や人間を対象とした臨床試験や心理実験などでは望むべくもない要請である．実験の場の統制が難しい場でも処置効果の立証のための実験が可能であるとし，その方法論を確立したパイオニアが，英国の統計学者・遺伝学者であるフィッシャーであった．フィッシャーは，妥当かつ効率的な実験のためのフィッシャーの **3 原則**を提唱した．それらは，ランダム化，反復，局所管理の 3 つである．以下，これらについて簡単に説明を与える．

- **ランダム化** (無作為化)(randomization)：被験者を処置群と対照群にランダムに割り付ける (振り分ける) ことにより，交絡因子の影響を排除し，処置効果の偏りのない推定を可能にする．あるいは，実験の順序をランダムにし，順序による効果を排除する．恣意的な割付けや実験順序では，容易に予期できる偏りは排除できても予期せぬ偏りまでは排除できるという保証がない．ランダム化は，予期できる偏りに加え，予期せぬ偏りまでを排除するための唯一の方法である．またランダム化は，ランダム化に基づく確率計算によって統計的な推測の妥当性を保証するという意味ももつ．

- **反復** (replication)：データにはばらつきがつきものであるが，そのばらつきの大きさを見積もるため，実験を繰り返す必要がある．ばらつきを超えての処置効果の存在を主張しなくてはいけない．

- **局所管理** (local control)：可能な限り環境条件を均一にする努力が必要であり，それを達成するのが局所管理である．実験の環境が均一な場を**ブロック** (block) といい，ブロックごとに実験を繰り返すことにより，処置効果の推定の精度を高めることができる．

代表的な実験計画には以下のようなものがある．

(a) **単純無作為割付け**：すべての個体を処置群あるいは対照群のいずれかに確率 $p : 1 - p$ でランダムに割り付ける．

(b) **乱塊法**：実験の場をいくつかのブロックに分け，同一ブロック内で個体をランダムに処置群もしくは対照群に割り付ける．

(c) **一対比較**：背景因子が同じもしくは類似の個体を 2 つ選び出し (マッチングさせ)，片方に処置群をもう片方に対照群をランダムに割り付ける．これは (b) のブロックのサイズを 2 にした場合でもある．

これらのうち，(a)の単純無作為割付けがもっとも簡単な実験計画法であるが，偶然に処置群と対照群とで性別や年齢などの背景因子が異なる可能性がある．仮に年齢が処置効果に大きな影響を与えるような場合には，これは好ましくない．そこで，処置効果に影響を及ぼすことが想定できる因子に関しては，あらかじめ両群でバランスさせることが推奨される．

人間や自然を対象とした試験では，処置群と対照群での背景因子がまったく同一であることはありえない．しかし，両群間で背景因子に系統的な偏り（インバランス）が生じると，両群間での比較可能性が担保されず，処置効果の評価が困難になる．個体のランダム割付けは，そのような系統的な両群間の違いを排除できる唯一の方法であり，このことが，実験研究が因果関係確立のためのゴールドスタンダードであるといわれる所以である．

○例 5.2.1 (サプリメントの効果の評価) カルシウムサプリメントの摂取が女性の骨密度に与える影響を研究したい．実験への参加の承諾を得た一定数の女性に対し，彼女らのある割合をランダムに選び出してカルシウムサプリメントを摂取させ，残りの女性には摂取させず，一定期間後に骨密度を計測して比較する．この場合「カルシウムサプリメントの摂取の有無」が処置となり，「骨密度」が結果変数である．さらに効果的な比較では，サプリメントを摂取させない代わりに，サプリメントと見かけ上区別がつかないが有効成分の入っていないもの（プラセボ）を用意し，それを摂取させることも考えられる． □

新薬開発の臨床試験では，上記のフィッシャーの3原則の他に，偏りを排除するためいくつかの工夫がなされている．その一つが**盲検化** (blinding) である．盲検化とは，被験者に，自分が処置と対照のどちらであるかを隠すことである．被験者が自分の受けている処置を知ることによる偏りを排除するための方策である．また，被験者自身に加え，被験者を評価する評価者（たとえば医師）にも被験者がどの処置を受けているかを知らせない方法を**二重盲検化** (double blind) という．評価にともなう偏りを排除するためである．二重盲検ランダム化比較試験がもっともエビデンスの高い試験計画であるといわれている．

5.3 観察研究

観察研究の目的は，5.1節で述べたように，実験研究と同じく，ある処置の効果の評価である．実験研究と違い，処置群と対照群への振り分けが，研究者によって行われるのではなく，被験者自らの判断もしくは選択によるので，その

判断・選択に影響を与える可能性のある交絡因子の影響を何らかの形で除去する必要がある．

交絡因子の除去(交絡の調整ともいう)は，研究の計画段階とデータの解析段階のいずれか，あるいは両方で行われる．

計画段階では，処置群と対照群で交絡要因と目される変量(項目)の分布が同じになるように個体を選び出すことが考えられる．多くの場合，処置群の個体数のほうが少ないので，処置群と類似の個体を対照群からマッチングさせて選び出すことになる．もう一つの方法は**層化**もしくは**層別** (stratification) である．背景因子の似た個体を層に分け，層ごとに結果を観察する．マッチングは処置群の各個体について，1つあるいは複数個の個体を対照群から選び出すのに対し，層別は，粗いマッチングとみなすこともできる．

データの解析段階での代表的な手法が回帰分析，あるいはその拡張形である**共分散分析** (analysis of covariance) である．いずれも交絡因子をモデル内に取り込んで処置効果の評価を行う手法である(第12章で詳述)．

いずれにせよ観察研究では，交絡因子を特定し，その影響を除去する手立てが必要となる．そのための手法が近年盛んに研究されている(たとえば，岩崎 (2015) を参照)．

5.4 調　　査

情報を収集したい全体の集団を**母集団** (population) という．母集団は具体的な場合もあれば抽象的な場合もある．たとえば「ある市での有権者全体」とか「ある大学の学生全体」は具体的な母集団の例である．それに対し，「ある病気にかかっている人全体」は，何となくイメージはできるものの具体的に特定するのは困難である．「世界中での20歳の女性全体」は具体的なようでいて確定は不可能であろう．また，「工場の生産ラインで作られる製品全体」という母集団では，今後生産される製品も含むことから具体的な特定はできない．しかし，それらが研究対象とならないわけではない．

母集団に対し，具体的に調査されデータとして与えられるものを**標本** (sample) という．標本は母集団の一部であり，我々が実際に知ることができるものである．標本からいかに全体の集団である母集団の性質を知るか，そのためには標本をどのようにとればよいかが問題となる．

母集団をすべて調査することを**全数調査**，または**センサス** (census) という．

しかし，完璧な全数調査は非常に難しく，膨大な時間と経費がかかる．日本で5年に1度行われる国勢調査は全数調査の典型的な例であるが，調査対象の不在や回答拒否によって実際上全数調査とはなっていない．

一方，母集団の全部ではなくその一部分を取り出して調査することを**標本調査** (sample survey) という．この場合，母集団の構造や特性を変化させることなく情報を収集しなくてはならない．また，以下に示すような調査の**偏り** (bias) に注意する必要がある．偏りをなくすための方法として何らかの無作為性をデータの収集に取り入れるのがよい．標本調査では**無作為抽出**がよいとされる．無作為抽出は，5.2節の実験研究におけるランダム化と同様，既知および未知の偏りの要因をなくす効果がある．

標本は観測値の集まりを意味し，そこでの観測値の個数を標本の**大きさ**，あるいは**サンプルサイズ**という．「1つの標本」といった場合には，観測値が1つという意味ではなく，たとえば，100人分の観測値からなる一組のデータの集まり，という意味である．一般にサンプルサイズが大きいほどより良い結果が得られる (と信じられている)．データの収集法の質が同じであればサンプルサイズが大きいほどより良い結果が得られるが，往々にして観測値数が増えるとデータの質が悪くなったりする．また注意すべきは，母集団がある程度大きな場合には，観測値の「個数」が重要なのであって，その「比率」ではないことである．たとえば，10万人の母集団から得られた500人の標本と100万人の母集団から得られた500人の標本はどちらも精度的には同じとみなされる．

母集団が特定され，そこから標本を得るというのが原則であるが，場合によってはすでにデータがとられていることもあろう．その場合には，「その標本が代表する母集団は何か」の考察も必要となる．標本から母集団へという一般化可能性を担保するためである．

標本抽出のカギは，いかにして母集団の忠実な縮図となる良い標本を得るかである．標本抽出法のなかでもっとも基本となるのが**単純無作為抽出** (simple random sampling : SRS) であり，それは母集団のいかなるサイズの個体の集合も等しく選ばれる可能性があるような抽出法である．すなわち，母集団のどの1人をとっても，それぞれが標本として抽出される確率が同じであるだけでなく，母集団内のどのk人をとっても，それらの集団が選ばれる確率が同じとなるような抽出法である．全調査対象に一連番号を振り，乱数を用いるなどして対象となる個体を抽出するのがもっともわかりやすい抽出法であるが，母集団が大きくなると現実的な方策ではない．

5.4 調査

標本調査法の基本は単純無作為抽出であるが、母集団によってはそれが現実的でないこともある。その際には、以下に述べるような工夫された抽出法が用いられる。

- **系統抽出法：** ある法則に従って母集団の個体をリスト化し、ランダムに開始点を選んでそこから決めた数ごとに抽出する方法。リストが調査項目と関連していなければうまくいく。
- **層化抽出法：** 母集団を、その中では均一な層 (strata) に分け、各層から一定数の個体を抽出する。層の大きさに比例した数だけ抽出する**比例抽出法**もある。
- **集落 (クラスター) 抽出法：** 母集団がいくつかの集落 (クラスター) に分かれているとき、まずクラスターをランダムに抽出し、選ばれたクラスターの全数を調査する方法である。たとえば、ある都市の高校3年生に対する調査で、各高校のクラスがクラスターとなり、クラスをランダムに選んで、選ばれたクラスの生徒全員を調査するような場合がこれにあたる。
- **多段抽出法：** いくつかの段階をふんで調査を行う。日本全体からいくつかの県をランダムに選び、選ばれた県の中からいくつかの市をランダムに選んだうえで、その市から個人を無作為抽出するなどである。

これらはすべて単純無作為抽出された標本ではない。

○**例 5.4.1** (各種抽出法) ある大学には5000人の学生がいるが、この中から100人選んで安全保障についてどう考えるかを調査する。この場合、以下のような調査法が考えられる。
- 単純無作為抽出：全学生分の名前のあるリストからコンピュータの乱数を用いるなどしてランダムに100人を選ぶ。
- 系統抽出法：全体の学生名簿からランダムに1名選び、そこから数えて、たとえば50番目ごとに学生を選ぶ。
- 層化抽出法：各学年から25名ずつをランダムに選ぶ。
- 多段抽出法：学生が学科ごとに別れているとき、大学全体からランダムに5つの学科を選び、各学科から20名ずつの学生をランダムに選ぶ。
- 比例抽出法：男女に分け、それぞれから男女の比率に応じて人数を選ぶ。 □

良い調査法は、標本の抽出にあたり何がしかの無作為性を用いる。しかし、無作為性だけでは十分とはいえない。調査に**無回答** (nonresponse) は避けられず、得られなかったデータを**欠測値** (missing value) もしくは欠損値、欠落値というが、無回答を除いて実際に得られた標本が母集団のどの部分を代表しているの

かの考察は必須である．また，アンケートや質問表などの言葉遣いも考慮すべきである．余分な表現やあいまいな表現を含めず中立的な質問法でなければならない．

調査によって知りたい母集団に関するある値を**パラメータ** (parameter) とよぶ．調査ごとに標本となる個体は異なるであろうことから，標本から得られるパラメータの推定値は調査ごとに異なる値となる．標本抽出にともなうこの不可避的なばらつきを**標本誤差** (sampling error) という．調査の質が同じであるならば，サンプルサイズが大きいほど標本誤差は小さくなる．一般に，サンプルサイズを n とすると標本誤差はおおむね $1/\sqrt{n}$ に比例する．

さらに，標本調査では偏りに注意する必要がある．標本調査に限らずすべての統計的手法の敵は偏りとばらつきである．ばらつきはデータをみればわかるが，偏りはそうでない．古くなって伸びた巻き尺でいくら正確に距離を測っても正しい値は得られない．偏りは，標本のとり方の吟味によってのみ知ることができるのである．

以下に偏りの種類をいくつかあげておく．これらは**非標本誤差**ともよばれる．標本誤差は標本調査には不可避であるが，非標本誤差は，適切な調査の設計によって，完全になくならないまでも極力小さくすることは可能である．

・**選択の偏り**： 選んだ標本が母集団の全体ではなく，一部分しか代表していないことによる偏り．

・**無回答の偏り**： 調査への回答者と無回答者が異なる特性をもつことによる偏り．

・**意図しない偏り**： 標本抽出の際，意図せずに調査しやすい対象からデータを得てしまったりすることによる偏り．

・**回答の偏り**： 質問票が不適切だった場合に起こる偏り．無回答の偏りにも通じる．

・**調査漏れによる偏り**： 調査方法の不備のため，調査対象にならない集団があることによる偏り．

5.5 前向き研究と後ろ向き研究

データ取得の時間順序によっても研究は分類される．データを時間の順に観測する**前向き研究** (prospective study)，現在から過去にさかのぼる**後ろ向き研究** (retrospective study)，および一時点で複数種類のデータを得る**横断研究**

5.5 前向き研究と後ろ向き研究

(cross-sectional study) とがある．実験研究はつねに前向き研究である．

後ろ向き研究としては，**ケース・コントロール研究** (case-control study) がある．症例対照研究ともいう．この研究デザインでは，ある事象 B の生起した被験者 (症例，ケース) を特定し，それらと背景因子が類似しているが当該事象の発生していない被験者 (対照，コントロールとよぶ) を選び，彼らが過去にある要因 A に曝露していたかどうかを調べることにより，A が B の原因であるかどうかを評価する．

5.1 節で，実験研究，観察研究は処置の効果の立証を目的とすると述べたが，このケース・コントロール研究は逆に，結果からその要因を探る研究であるとの位置づけができる．結果変数が薬剤の重篤な有害作用のような稀な事象のときは，前向き研究では事象の生起した個体数の集積に時間と費用がかかることから，実行可能性を考慮するとケース・コントロール研究はほとんど唯一の研究手段である．ケース・コントロール研究では，実験研究とは時間的に逆の順序による研究であるため，そこで得られた結論が真に因果関係となっているかどうかについてはさらなる検討が必要となる．

○例 5.5.1 (ケース・コントロール研究)　ある環境物質への曝露がその後のある疾病を引き起こすかどうかを調べるためデータをとり，表 5.5.1 のような結果が得られたとする．最初に曝露ありと曝露なしの人を 150 名ずつ集め，疾病が生じるかどうかを観測したのであれば，正しい評価指標は，行ごとの条件付き相対度数 $\frac{60}{150}$ と $\frac{40}{150}$ である．そうではなく，疾病ありであった 100 名と疾病なしであった 200 名を選び，過去にさかのぼって環境物質への曝露の有無を調べたのであれば，適切な比較指標は，列ごとの条件付き相対度数の $\frac{60}{100}$ と $\frac{90}{200}$ である．

表 5.5.1　曝露と疾病の有無

	疾病あり	疾病なし	計
曝露あり	60	90	150
曝露なし	40	110	150
計	100	200	300

前向き研究とした場合のオッズ比 (2.4.2 項の (2.4.1) 参照) は $\frac{60/90}{40/110} = \frac{60 \times 110}{90 \times 40} = 1.833$ であり，後ろ向き研究とした場合のオッズ比は $\frac{60/40}{90/110} = \frac{60 \times 110}{90 \times 40} = 1.833$ と値が同じになる (定義も同じである)．　□

後ろ向き研究 (疾病の有無から曝露の有無を評価) であっても，実際に知りたいのは前向き研究での曝露の効果 (曝露の有無から疾病の有無を予測) である．

その意味では，この例 5.5.1 のように，前向き研究でのオッズ比と後ろ向き研究でのオッズ比の値が同じになることは，後ろ向き研究での評価指標を前向き研究のように使うことができることから，オッズ比は後ろ向き研究での研究結果を表す量として適していることを意味する．

演習問題 5

5.1 以下の各問に答えよ．

(1) 世論調査で用いられる **RDD** (Random digit Dialing) とは何か．その利点および問題点をあげよ．

(2) インターネットマーケティングにおける **A/B テスト**とは何か．それを実施するための注意点を述べよ．

(3) 実験研究と観察研究との違いを述べ，それぞれの例をあげよ．

(4) 前向き研究と後ろ向き研究の違いを述べ，それぞれの例をあげよ．

5.2 近年，ネット上で意識調査が行われる．以下は，インターネット上の仮想通貨に関する WEB 調査の質問とその回答結果である．

> インターネット上の仮想通貨への信用は？
> インターネット上の仮想通貨の取引サイトを運営する M 社が民事再生法を申請．公的な後ろ盾がない仮想通貨のリスクを指摘する金融アナリストも．あなたは，ネット上の仮想通貨取引に不安を感じますか？
> 　　　(a) とても感じる　　(b) 少し感じる　　(c) 感じない
> 　　　(d) わからない／どちらともいえない

結果：(a) 46,544 票 (73.6％)，(b) 12,676 票 (20％)，(c) 2,263 票 (3.6％)，(d) 1,752 票 (2.8％)

(1) この結果をどう解釈したらよいか．

(2) 質問法は妥当か．もし妥当でないとしたらどのような質問をしたらよいかを示せ．

5.3 子供のいる家庭では平均何人の子供がいるかを調べたいとする．右の表は，ある大学のクラスにおいて，クラスの学生に，自分は，自分を含め，何人兄弟(姉妹)かを聞いたものである．このデータは母集団全体の縮図であると想定し，子供のいる家庭での平均子供数を推定せよ．推定できるとすれば何人くらいであるかを答えよ．推定できないとすればその理由と，推定できるため追加的な情報は何かを答えよ．

兄弟数	度数	比率
1	4	6.0％
2	35	52.2％
3	24	35.8％
4	2	3.0％
5	2	3.0％
6	0	0.0％
計	67	100.0％

6章 確率と確率分布

確率は，不確定，不確実な事象に対し，その不確定さの程度を表す量であり，日常生活にも普通に用いられているが，統計的データ解析においても，その解釈において中心的な役割を果たす．本章では，確率とその性質，および現象のモデル化で重要なはたらきを示す確率変数と確率分布について学ぶ．第2章では観測値の集計とグラフ化の方法を学んだが，本章ではそれらの理論的な根拠を示している．

6.1 事象と確率

確率を数学的対象として定義し，その理論的な考察に用いるいくつかの用語を準備した後，確率に関するいくつかの性質を導く．

6.1.1 確率の定義と性質

実験や調査などのデータを得る行為を総称して**試行** (trial) といい，試行によって得られる結果全体の集合を**標本空間** (sample space) という．標本空間はギリシャ文字の Ω (オメガ) で表すことが多い．試行によって得られる結果のうち，ある特性をもつものを**事象** (event) という．事象は標本空間の部分集合であり，事象を集合としてとらえることにより，集合の演算が自然に定義される．

2つの事象 A および B に対し，A または B のいずれか (あるいは両方) に属するすべての要素からなる集合を A と B の**和事象**とよび，$A \cup B$ で表す．また，A と B の両方に属するすべての要素からなる集合を A と B の**積事象**もしくは**共通部分**といい，$A \cap B$ と表す．さらに，標本空間 Ω のなかで A に属さない要素全体からなる集合を**余事象**とよび，A^c と表す．要素 x が A に属することを $x \in A$ と表し，A が B の部分事象であることは $A \subseteq B$ と表す．そして，要素を何も含まない事象を**空事象**とよび，$\emptyset$ と表す．$\emptyset = \Omega^c$ である．

事象は集合であるので，その性質の理解には図 6.1.1 のようなベン図が有用である．

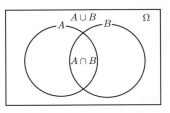

図 6.1.1　ベン図

○**例 6.1.1** (標本空間と事象)　正六面体のさいころを 1 度振り，出た目を観測する試行を考える．このときの標本空間は $\Omega = \{1, 2, 3, 4, 5, 6\}$ である．4 以下の目の出る事象を A とし，偶数の目の出る事象を B とする．すなわち，$A = \{1, 2, 3, 4\}$, $B = \{2, 4, 6\}$ である．このとき，$A \cap B = \{2, 4\}$, $A \cup B = \{1, 2, 3, 4, 6\}$ である．B^c は奇数の目が出る事象を表し，$B^c = \{1, 3, 5\}$ である．　□

2 つの事象 A, B が同時には起こりえない，すなわち $A \cap B = \emptyset$ のとき，事象 A と事象 B は**互いに排反** (disjoint) であるという．これらの準備のもと，確率を数学的に定義する．

> **定義 6.1.1** (確率の公理)　標本空間 Ω の任意の事象 A に対し，次の 3 条件を満たす実数 $P(A)$ を事象 A の生起する**確率** (probability) という．
> (1) $0 \leq P(A) \leq 1$
> (2) $P(\Omega) = 1$
> (3) 互いに排反な事象 $A_1, A_2, \ldots$, すなわち $A_i \cap A_j = \emptyset \ (i \neq j)$ に対し，$P(A_1 \cup A_2 \cup \cdots) = P(A_1) + P(A_2) + \cdots$ ．

確率と同じ性質をもつものに**比率** (proportion) があり，確率と混同されることも多い．ある集団で特性 A をもつものの比率が p であるとき，この集団から無作為に抽出した 1 つの個体が特性 A をもつ確率は p である，という使い分けをする．また，事象 A が生じる確率と生じない確率の比 $\dfrac{P(A)}{1 - P(A)}$ を A の**オッズ** (odds) という．

確率のもつ性質をいくつか与える．直感的な証明は図 6.1.1 のようなベン図によって得られるが，数学的な証明は定義 6.1.1 の確率の 3 条件のみから求める必要があり，自明というわけではない．

> **定理 6.1.1** (加法定理)　2 つの事象 A, B に対し，次が成り立つ．
> $$P(A \cup B) = P(A) + P(B) - P(A \cap B) \qquad (6.1.1)$$

6.1 事象と確率

証明 図 6.1.1 において，$P(A)$ と $P(B)$ を加えると $P(A\cap B)$ が 2 回足されるので，$P(A\cap B)$ を 1 つ引いて (6.1.1) を得る，というのが直感的な証明である．

定義 6.1.1 を用いる場合には，まず，

$$A = (A\cap B) \cup (A\cap B^c), \quad B = (A\cap B) \cup (A^c\cap B),$$
$$A\cup B = (A\cap B) \cup (A\cap B^c) \cup (A^c\cap B)$$

であり，$(A\cap B)$ と $(A\cap B^c)$ と $(A^c\cap B)$ はそれぞれ互いに排反であるので，定義 6.1.1 (3) より

$$P(A) = P(A\cap B) + P(A\cap B^c), \quad P(B) = P(A\cap B) + P(A^c\cap B),$$
$$P(A\cup B) = P(A\cap B) + P(A\cap B^c) + P(A^c\cap B)$$

となる．これらより (6.1.1) が示される． ∎

関係式 (6.1.1) で $P(A\cap B) \geq 0$ に注意すると，2 つの事象 A と B に対し，

$$P(A\cup B) \leq P(A) + P(B) \tag{6.1.2}$$

が成り立つことがわかる．これを**ボンフェロニの不等式** (Bonferroni's inequality) という．ここで，等号は A と B が排反のときのみ成り立つ．この不等式 (6.1.2) は，$P(A\cup B)$ の値は不明であるが $P(A)$ および $P(B)$ はわかる場合に $P(A\cup B)$ の上限を与えることから，実用上便利な不等式である．

次に，確率計算のうえで重要な概念である独立性の定義を与える．

定義 6.1.2 (事象の独立) 2 つの事象 A, B に対し，

$$P(A\cap B) = P(A)P(B) \tag{6.1.3}$$

となるとき，A と B は**互いに独立** (mutually independent) であるという[1]．独立でないとき**従属** (dependent) であるという．

定義 6.1.2 の独立性と事象の排反とは混同されがちである．事象 A と B が互いに排反であれば $P(A\cap B) = 0$ であるので，$P(A) \neq 0$ かつ $P(B) \neq 0$ であれば A と B とは独立ではありえない．つまり，A と B が互いに排反のときは，A が生起すれば必ず B が生起しないので，A と B との間には強い関係があるといえる．

○**例 6.1.2** (独立事象) 例 6.1.1 の 2 つの事象 A, B では，$P(A) = \frac{2}{3}$, $P(B) = \frac{1}{2}$ であり，$P(A\cap B) = \frac{1}{3}$ である．$P(A\cap B) = P(A)P(B)$ が成り立つので，事象 A と B

---

[1] 積事象の確率 $P(A\cap B)$ は $P(A, B)$ と表すこともある．

は互いに独立である.

独立性は，事象間の関係でなく，むしろ試行間の関係ととらえることが多い．すなわち，2種類の試行 A および B の標本空間がそれぞれ $\{A_1, A_2, \dots\}$, $\{B_1, B_2, \dots\}$ であるとき，すべての j および k に対し，

$$P(A_j \cap B_k) = P(A_j)P(B_k)$$

のとき，**試行 A と B とは独立**であるという.

○例 6.1.3 (独立試行)　中身の見えない箱の中に白玉3個と赤玉2個が入っていて，この箱からランダムに2回玉を抽出してその色を記録するという試行を考える．**復元抽出**，すなわち1回目に取り出した玉を箱に戻して2回目の抽出を行うとき，2回の試行は独立となる．**非復元抽出**，すなわち1回目に取り出した玉はもとに戻さずに2回目を抽出するときは，試行は独立ではない.

○例 6.1.4 (有害事象の検出)　ある製薬メーカーは，市販されている自社の薬の服用により，ある稀な有害事象が発生する理由を調査したい．その有害事象の発生確率を p としたとき，当該事象を1例以上観測する確率を 0.95 以上とするためには何人以上の患者を調査すればよいだろうか.

n 人の患者を調査して有害事象を1例以上観測する事象は，n 人で1例も観測されない事象の余事象であるので，その確率は $1-(1-p)^n$ となる．したがって，

$$1 - (1-p)^n \geq 0.95$$

を n について解けばよい．移項して自然対数をとり，関係式

$$n \log(1-p) \leq \log 0.05$$

を得る．ここで，$\log(1-p) \approx -p$, $\log 0.05 \approx -3$ であるので，$n \geq 3/p$ なる簡単な結果を得る．$p = 0.001$ であれば3000人以上の患者を調べればよいことになる.

6.1.2　条件付き確率とベイズの定理

確率計算では，対象となる事象に関連した別の事象の情報により，さらに精密な結果が得られることがある.

2つの事象 A, B に対し，$P(A) > 0$ のとき

$$P(B \mid A) = \frac{P(A \cap B)}{P(A)} \tag{6.1.4}$$

を，A が与えられたときの B の**条件付き確率** (conditional probability of B given A) という．(6.1.4) の左辺の確率の記号の縦棒 (|) の前が確率を求めようとす

6.1 事象と確率

る事象，後ろが与えられた条件である．条件付き確率を考える場合には，条件となる事象 ((6.1.4) であれば A) の生起確率は 0 より大きいこと ($P(A) > 0$) を暗黙の了解とする．

事象 A, B が独立のとき，

$$P(B \mid A) = P(B) \qquad (6.1.5a)$$

および

$$P(A \mid B) = P(A) \qquad (6.1.5b)$$

が成り立つ．なぜならば，事象 A, B が独立の場合には，$P(A \cap B) = P(A)P(B)$ であるので，条件付き確率の定義より

$$P(B \mid A) = \frac{P(A \cap B)}{P(A)} = \frac{P(A)P(B)}{P(A)} = P(B)$$

となり，(6.1.5a) が示される．同様にして (6.1.5b) も示すことができる．

さらに，(6.1.5a) に加え，

$$P(B \mid A^c) = P(B) \qquad (6.1.6)$$

も

$$P(B \mid A^c) = \frac{P(A^c \cap B)}{P(A^c)}$$
$$= \frac{P(B) - P(A \cap B)}{P(A^c)} = \frac{P(B) - P(A)P(B)}{1 - P(A)} = P(B)$$

のように示される．(6.1.5a) と (6.1.6) から，事象 B の生起する確率は，事象 A の生起によらず同じ，すなわち，A の生起が B の生起に何ら影響を与えていないこととなる．これが，2 つの事象 A および B が互いに独立，すなわち無関係であることの意味である．

事象の独立性は (6.1.3) により定義したが，(6.1.5a) もしくは (6.1.5b) によって定義することも可能である．(6.1.5a) のほうが，B の生起に対し A が影響を与えていないという意味がわかりやすいが，(6.1.3) では A と B は対称的であり「互いに」が自明であるのに対し，(6.1.5a) では一見 A と B の役割は対称的でないので，「互いに」の部分がみえにくい．

定理 6.1.2 (乗法定理) 条件付き確率の定義式から，2 つの事象 A, B の積事象に対し，次が成り立つ．

$$P(A \cap B) = P(B \mid A)P(A) = P(A \mid B)P(B) \qquad (6.1.7)$$

これは，$P(A \cap B) = P(B \cap A)$ であること，および条件付き確率の定義 (6.1.4) より明らかである．

○例 **6.1.5** (乗法定理による確率計算)　例 6.1.3 の状況で，1 回目の試行で白玉を取り出す事象を W_1 とし，2 回目の試行で白玉を取り出す事象を W_2 としたとき，非復元抽出では，$P(W_1) = \frac{3}{5}$, $P(W_2 \mid W_1) = \frac{1}{2}$ であり，$P(W_1^c) = \frac{2}{5}$, $P(W_2 \mid W_1^c) = \frac{3}{4}$ である．$P(W_2 \mid W_1) \neq P(W_2 \mid W_1^c)$ であるので，W_1 と W_2 は独立ではないことが示される．W_2 の生起確率は，1 回目の試行で W_1 であるか否かに依存している (復元抽出であれば独立)．このとき，乗法定理により

$$P(W_1 \cap W_2) = P(W_2 \mid W_1)P(W_1) = \frac{1}{2} \times \frac{3}{5} = \frac{3}{10}$$

となる．非復元抽出のときの $W_1 \cap W_2$ は，玉を同時に 2 つ取り出したときに 2 つとも白玉である事象と同等であるので，組合せの計算により，

$$P(W_1 \cap W_2) = \frac{{}_3C_2 \times {}_2C_0}{{}_5C_2} = \frac{3 \times 1}{10} = \frac{3}{10}$$

としても同じ結果を得る．　□

条件付き確率に関する次の定理は，実用上も歴史的にも重要である．

定理 6.1.3 (**ベイズの定理** (Bayes' theorem))　2 つの事象 A および B に対し，次が成り立つ．

$$\begin{aligned} P(A \mid B) &= \frac{P(B \mid A)P(A)}{P(B)} \\ &= \frac{P(B \mid A)P(A)}{P(B \mid A)P(A) + P(B \mid A^c)P(A^c)} \end{aligned} \quad (6.1.8)$$

定理の証明は (6.1.4) と (6.1.7) および $P(B) = P(B \cap A) + P(B \cap A^c)$ より容易に示される．ベイズの定理は証明も容易で簡単な定理ではあるが，その意味は重要で，少なくとも次の 2 つの解釈ができる．

(i) 事象 B が観測される前での事象 A の生起確率 (これを**事前確率** (prior probability) という) $P(A)$ が，事象 B が生起したという情報により条件付き確率 (これを**事後確率** (posterior probability) という) $P(A \mid B)$ に $\dfrac{P(B \mid A)}{P(B)}$ 倍だけ変化する．すなわち，「事象 B が A の生起確率に及ぼす影響の大きさを知る」定理である．

(ii) 事象 B を何らかの結果としたとき，結果 B の原因が A である確率 ((6.1.8)

の左辺) を，A が原因で B が生起する確率 $P(B \mid A)$ および A が原因でなく B が生起する確率 $P(B \mid A^c)$ ((6.1.8) の右辺) により表現する．すなわち，「結果をみてその原因を探る」定理である．

○例 **6.1.6** (検査の有効性)　ある重篤な病気に対し，それの検査があるとする．病気にかかっていることを D，正常であることを N，検査で陽性となることを $+$，検査で陰性となることを $-$ で表す (検査での陽性は病気の可能性を示唆している)．このとき，$P(+ \mid D)$ を検査の**感度** (sensitivity)，$P(- \mid N)$ を検査の**特異度** (specificity) という．$P(D) = 0.002$，すなわち病気の有病率を 0.2% とし，検査の感度を $P(+ \mid D) = 0.95$，特異度を $P(- \mid N) = 0.9$ としたとき，検査で陽性だった人がこの病気にかかっている確率 $P(D \mid +)$ はいくらになるであろうか．

$$P(D \mid +) = \frac{P(D \cap +)}{P(+)}$$ であるので，$P(D \cap +)$ および $P(+)$ を求める．

$$P(D \cap +) = P(+ \mid D)P(D) = 0.95 \times 0.002 = 0.0019,$$
$$P(+) = P(+ \mid D)P(D) + P(+ \mid N)P(N)$$
$$= 0.95 \times 0.002 + (1 - 0.9) \times (1 - 0.002) = 0.1017$$

であるので，求める確率は

$$P(D \mid +) = \frac{P(D \cap +)}{P(+)} = \frac{0.0019}{0.1017} \approx 0.0187$$

となる．ここでの確率の計算を表にまとめると表 6.1.1 のようである．　□

表 6.1.1　確率の表

	$+$	$-$	計
D	0.0019	0.0001	0.002
N	0.0998	0.8982	0.998
計	0.1017	0.8983	1

6.2 確率変数と確率分布

確率計算および確率事象のモデル化を数学的に行うため，確率変数とその確率分布を導入する．

6.2.1　1 変量確率変数と確率分布

確率変数 (random variable) とは，数学的な変数であるが，そのとりうる値に対し，各値をとる確率を考えあわせたものである．確率変数はアルファベット

の大文字で，確率変数が具体的にとる値はアルファベットの小文字で表す習慣がある．たとえば $P(X=x)$ は，確率変数 X がある値 x をとる確率を表し，$P(a \leq Y \leq b)$ は，確率変数 Y が定数 a 以上 b 以下の値をとる確率を表す．確率変数 X は，試行前にその結果として何が起こるかを表現していると考えればよい．すなわち $X=x$ は，まだ観測されていない試行結果 X の具体的な値が x と観測されたことを意味する．

確率変数には**離散型** (discrete) と**連続型** (continuous) の 2 種類がある．離散型確率変数は，そのとりうる値が整数などのとびとびの値であるものをいい，連続型確率変数はとりうる値が実数であるものをいう．

離散型確率変数 X のとりうる値が (有限個あるいは無限個の) $x_1, x_2, \ldots$ のとき，X が x_i となる確率を

$$p(x_i) = P(X = x_i) \qquad (i = 1, 2, \ldots) \tag{6.2.1}$$

とし，これらの確率の集まり $\{p(x_i),\ i=1,2,\ldots\}$ を X の**確率分布** (probability distribution) あるいは単に X の**分布**という．また，関数 $p(x_i)$ を**確率関数** (probability function) とよぶ．確率関数 $p(x_i)$ は確率を表すことから

$$p(x_i) \geq 0, \quad \sum_{i=1}^{\infty} p(x_i) = 1 \tag{6.2.2}$$

が成り立つ．X のとりうる値が有限個 (m 個) のときは，(6.2.2) の和は $i=1,\ldots,m$ となる．X のとりうる値の集合 $\{x_1, x_2, \ldots\}$ の部分集合を A としたとき，X が A のいずれかの値をとる確率は

$$P(X \in A) = \sum_{x_i \in A} p(x_i)$$

で与えられる．

一方，連続型確率変数では 1 点 x をとる確率は 0 であるので，離散型確率変数と異なる扱いが必要となる．連続型確率変数 X が区間 (a,b) に入る確率が

$$P(a < X < b) = \int_a^b f(x)\,dx \tag{6.2.3}$$

のように，ある関数 $f(x)$ の定積分で与えられるとき，関数 $f(x)$ を X の**確率密度関数** (probability density function : pdf) という．なお，(6.2.3) の左辺の不等式の不等号に等号が含まれていてもいなくても確率は同じであることに注意する[2]．

---

2) これは，連続スケール上では 1 点の長さは 0 であることに対応している．

6.2 確率変数と確率分布

確率密度関数については

$$f(x) \geq 0, \quad \int_{-\infty}^{\infty} f(x)\,dx = 1 \tag{6.2.4}$$

が成り立つ．確率変数 X の定義域が有限の場合には，その範囲外での $f(x)$ の値は 0 とし，積分範囲もその定義域とする．

離散型確率変数の場合，$p(x_i)$ の値は，(6.2.1) で定義したように，確率そのものであるため 1 を超えることはない．しかし連続型の場合は，確率は確率密度関数 $f(x)$ の値そのものではなく，$f(x)$ と x 軸との間の面積で与えられることから，関数 $f(x)$ の値そのものは 1 を超えることがある．連続型の場合に離散型の確率に対応するのは，dx を x 軸上の微小区間としたときの $f(x)\,dx$ である．これを **確率要素** という．(6.2.4) の定積分は，$f(x)\,dx$ の無限和を表していて，(6.2.2) の確率の和に対応していることに注意されたい．

確率密度関数は，2.3.2 項で議論したヒストグラムに対応した概念である．ある測定項目の母集団全体での分布の形状は確率密度関数で表現されるが，それはデータの数がきわめて多い場合のヒストグラムに対応している．逆にいえば，確率密度関数で表される母集団分布からランダムに抽出した観測値をもとに描いたグラフがヒストグラムであり，それは確率密度関数に類似の形状となるであろう．

離散型あるいは連続型の確率変数 X が，ある値 x 以下となる確率 (下側累積確率) を x の関数とみた

$$F(x) = P(X \leq x) \tag{6.2.5}$$

を，X の **累積分布関数** (cumulative distribution function : cdf)，あるいは単に **分布関数** という．累積分布関数を用いると，

$$P(a < X \leq b) = P(X \leq b) - P(X \leq a) = F(b) - F(a)$$

のように X の区間での確率が計算される．

累積分布関数 $F(x)$ は
 (a) x の非減少関数： すなわち，$x < x' \Rightarrow F(x) \leq F(x')$，
 (b) $\displaystyle\lim_{x \to -\infty} F(x) = 0, \quad \lim_{x \to \infty} F(x) = 1$，
 (c) 右連続： x の不連続点では右から近づいたときの値をとる，
の 3 条件を満たす．

確率関数 $p(x_i)$ をもつ離散型確率変数 X の累積分布関数は

$$F(x) = \sum_{x_i \leq x} p(x_i)$$

と計算され，これは X のとりうる値 x_i でその値をとる確率 $p(x_i)$ だけジャンプする階段関数となる．一方，確率密度関数 $f(x)$ をもつ連続型確率変数 X の累積分布関数 $F(x)$ は，確率が積分で表されるので，

$$F(x) = \int_{-\infty}^{x} f(x)\, dx$$

となる．すなわち，$F(x)$ は $f(x)$ の不定積分 (原始関数) であり，逆に確率密度関数は累積分布関数の導関数 $f(x) = \dfrac{dF(x)}{dx}$ となる．したがって，累積分布関数 $F(x)$ が与えられれば，確率 $P(a < X \leq b)$ は

$$P(a < X \leq b) = \int_{a}^{b} f(x)\, dx = F(b) - F(a) \qquad (6.2.6)$$

のように求められる．定積分の性質から，(6.2.6) の左辺の不等号に等号がついていてもいなくても同じ確率値を与える．

○例 **6.2.1** (離散型確率分布の例)　歪みのないコインを独立に3回続けて投げ，表の出た回数を表す確率変数を X とすると，X の確率分布は

$$P(X = 0) = \frac{1}{8},$$
$$P(X = 1) = \frac{3}{8},$$
$$P(X = 2) = \frac{3}{8},$$
$$P(X = 3) = \frac{1}{8}$$

となり，X の累積分布関数 $F(x)$ の形状は図 6.2.1 のような階段関数になる．　□

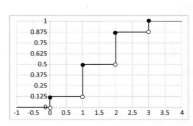

図 **6.2.1**　離散型確率変数の累積分布関数の例

○例 **6.2.2** (連続型確率変数の例)　連続型確率変数 X は非負の値のみをとり，その確率密度関数が

$$f(x) = \begin{cases} xe^{-x} & (x \geq 0) \\ 0 & (x < 0) \end{cases}$$

であるとすると，累積分布関数は

$$F(x) = \int_{0}^{x} xe^{-x}\, dx = 1 - (1 + x)e^{-x}$$

となる．確率密度関数および累積分布関数のグラフは図 6.2.2 のようである．　□

6.2 確率変数と確率分布

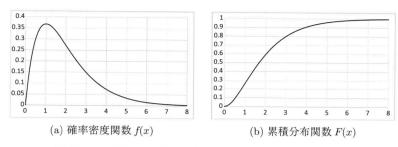

(a) 確率密度関数 $f(x)$　　　(b) 累積分布関数 $F(x)$

図 **6.2.2**　連続型確率分布の確率密度関数と累積分布関数の例

6.2.2　2変量離散型分布

これまでは1つの確率変数の分布を扱ったが，ここでは2変量の確率分布を定義する．本項ではまず離散型分布を扱い，6.2.3項で連続型分布を議論する．(X,Y) を2つの離散型確率変数の組とするとき，

$$p(x_i, y_j) = P(X = x_i, Y = y_j) \quad (i, j = 1, 2, \dots) \quad (6.2.7)$$

で表される確率分布を2変量離散型確率変数 (X,Y) の**同時確率分布** (joint probability distribution) あるいは簡単に**同時分布**といい，関数 $p(x_i, y_j)$ を**同時確率関数**とよぶ．同時確率関数 $p(x_i, y_j)$ は確率であるので，$p(x_i, y_j) \geq 0$ であり，すべての i, j に関する $p(x_i, y_j)$ の和は1になる．また，A をある集合としたとき，(X,Y) が A に属する確率は

$$P((X,Y) \in A) = \sum_{(x_i, y_j) \in A} p(x_i, y_j)$$

により与えられる．

同時分布に対し，X あるいは Y のみに関する1変量の確率分布を，それぞれの確率変数の**周辺確率分布**という．$X = x_i$ となる確率 $P(X = x_i)$ は (6.2.7) の確率 $P(X = x_i, Y = y_j)$ をすべての y_j に対して加えて得られる．すなわち，X の周辺確率関数 $p_1(x_i)$ は

$$p_1(x_i) = P(X = x_i) = \sum_{j=1}^{\infty} p(x_i, y_j) \quad (i = 1, 2, \dots)$$

となる．同様に，Y の周辺確率関数 $p_2(y_j)$ も

$$p_2(y_j) = P(Y = y_j) = \sum_{i=1}^{\infty} p(x_i, y_j) \quad (j = 1, 2, \dots)$$

と計算される．

$Y = y_j$ が与えられたときの X の条件付き確率関数を

$$p_1(x_i \mid y_j) = \frac{P(X = x_i, Y = y_j)}{P(Y = y_j)} = \frac{p(x_i, y_j)}{p_2(y_j)}$$

と定義し，これらの集まりである X の確率分布を，$Y = y_j$ が与えられたときの X の**条件付き分布** (conditional distribution) という．同様に，$X = x_i$ が与えられたときの Y の条件付き分布の確率関数は

$$p_2(y_j \mid x_i) = \frac{P(X = x_i, Y = y_j)}{P(X = x_i)} = \frac{p(x_i, y_j)}{p_1(x_i)}$$

で定義される．

離散型確率変数 X と Y のとりうる値すべての同時確率がそれぞれの周辺確率の積になるとき，すなわち，すべての (x_i, y_j) に対し

$$p(x_i, y_j) = p_1(x_i) p_2(y_j) \tag{6.2.8}$$

が成り立つとき，確率変数 X と Y は**互いに独立** (mutually independent) であるという．

X と Y が独立なとき，すべての x_i および y_j に対し

$$p_1(x_i \mid y_j) = \frac{p(x_i, y_j)}{p_2(y_j)} = \frac{p_1(x_i) p_2(y_j)}{p_2(y_j)} = p_1(x_i),$$

$$p_2(y_j \mid x_i) = \frac{p(x_i, y_j)}{p_1(x_i)} = \frac{p_1(x_i) p_2(y_j)}{p_1(x_i)} = p_2(y_j)$$

と，条件付き分布がそれぞれの周辺分布と等しくなる．すなわち，片方の確率変数のとる値の確率は，もう片方の確率変数がどのような値をとったかに無関係に定まる．

〇例 **6.2.3** (2 変量離散型分布の例) 2.4 節の例 2.4.1 では，B 女子大でアンケートに回答した 43 名の「血液型」と「携帯キャリア」の人数 (度数) と，それらの全体に対する相対度数を表にまとめた．ここでは仮に，B 女子大全体 (母集団) での相対度数が表 6.2.1 のようになっているとする．この母集団からランダムに学生を 1 人選んで血液型と携帯キャリアを調査した場合の各組合せの確率は表 6.2.1 に与えられている．たとえば，学生が (A 型, docomo) である確率は 0.15 である．その意味で，表 6.2.1 を 2 変量同時確率分布とみなす．独立性の条件 (6.2.8) を満たしていないので，血液型と携帯キャリアとは独立ではない．

条件付き確率分布は表 6.2.2 のように与えられる．どちらの項目で条件を付けたかは，計の部分を見ればわかる．表 6.2.2 (a) では血液型で条件を付けていて，各血液型での

6.2 確率変数と確率分布

表 6.2.1　母集団全体での比率

		携帯キャリア			計
		docomo	au	SoftBank	
血液型	A	0.15	0.15	0.05	0.35
	B	0.10	0.05	0.05	0.20
	O	0.05	0.15	0.10	0.30
	AB	0.05	0.05	0.05	0.15
	計	0.35	0.40	0.25	1

携帯キャリアの条件付き確率を算出している．したがって，血液型ごとに携帯キャリアの確率を加えると1になる．表 6.2.2 (b) では逆に，携帯キャリアで条件を付けている．仮に血液型と携帯キャリアとが独立であるとすると，各セルの同時確率は表 6.2.3 のようになるはずである．このときは同時確率が行あるいは列で比例関係にあることがみてとれるであろう． □

表 6.2.2　条件付き確率分布

(a) 行ごとの条件付き分布

		携帯キャリア			計
		docomo	au	SoftBank	
血液型	A	0.429	0.429	0.143	1
	B	0.500	0.250	0.250	1
	O	0.167	0.500	0.333	1
	AB	0.333	0.333	0.333	1

(b) 列ごとの条件付き分布

		携帯キャリア		
		docomo	au	SoftBank
血液型	A	0.429	0.375	0.200
	B	0.286	0.125	0.200
	O	0.143	0.375	0.400
	AB	0.143	0.125	0.200
	計	1	1	1

表 6.2.3　独立な場合

		携帯キャリア			計
		docomo	au	SoftBank	
血液型	A	0.1225	0.1400	0.0875	0.35
	B	0.0700	0.0800	0.0500	0.20
	O	0.1050	0.1200	0.0750	0.30
	AB	0.0525	0.0600	0.0375	0.15
	計	0.35	0.40	0.25	1

6.2.3　2変量連続型分布

2つの連続型確率変数の組 (X, Y) に関し，それらが2次元平面上のある領域 A の値をとる確率が

$$P((X, Y) \in A) = \iint_A f(x, y)\, dxdy \tag{6.2.9}$$

と，ある関数 $f(x,y)$ の2重積分で表されるとき，関数 $f(x,y)$ を2変量確率変数 (X,Y) の**同時確率密度関数**という．同時確率密度関数 $f(x,y)$ は1変数の確率密度関数と同様

$$f(x,y) \geq 0, \quad \int_{-\infty}^{\infty}\int_{-\infty}^{\infty} f(x,y)\,dxdy = 1$$

を満たす．$a \leq X \leq b$ かつ $c \leq Y \leq d$ となる確率は定積分 $\int_a^b \int_c^d f(x,y)\,dxdy$ で求められる．また，定数 k に対し $f(x,y) = k$ となる (x,y) の軌跡を $f(x,y)$ の**等密度曲線**という．

同時確率密度関数に対し，X のみの1変量の分布の確率密度関数 $f_1(x)$ を X の**周辺確率密度関数**といい，

$$f_1(x) = \int_{-\infty}^{\infty} f(x,y)\,dy$$

となる．同じく Y の周辺確率密度関数 $f_2(y)$ は

$$f_2(y) = \int_{-\infty}^{\infty} f(x,y)\,dx$$

で与えられる．$Y = y$ が与えられたときの X の条件付き確率密度関数は

$$f_1(x \mid y) = \frac{f(x,y)}{f_2(y)}$$

と定義され，同様に，$X = x$ が与えられたときの Y の条件付き確率密度関数は

$$f_2(y \mid x) = \frac{f(x,y)}{f_1(x)}$$

となる．

2つの連続型確率変数 X, Y に対し，すべての (x,y) に関して，

$$f(x,y) = f_1(x)f_2(y)$$

が成り立つとき，確率変数 X と Y は**互いに独立**であるという．このとき，離散型確率変数と同様，条件付き確率密度関数は周辺確率密度関数に等しくなる．

○例 **6.2.4** (2変量連続型分布の例)　連続型確率変数 X および Y はそれぞれ区間 $(0,1)$ 内の値をとり，同時確率密度関数が

$$f(x,y) = \frac{\pi}{2}(x+y)\sin(\pi x) \qquad (0 < x, y < 1)$$

6.2 確率変数と確率分布

で与えられるとする．このとき，X および Y の周辺確率密度関数 $f_1(x)$, $f_2(y)$ は，簡単な計算により，$(0,1)$ の範囲でそれぞれ

$$f_1(x) = \frac{\pi}{2} \int_0^1 (x+y) \sin(\pi x)\, dy = \frac{\pi}{4}(2x+1)\sin(\pi x),$$

および

$$f_2(y) = \int_0^1 \frac{\pi}{2}(x+y)\sin(\pi x)\, dx = \frac{1}{2}(1+2y)$$

となる．これは，独立性の条件 $f(x,y) = f_1(x) f_2(y)$ を満たさないので，X と Y は独立ではない．さらに，$X = x$ で条件を付けた Y の条件付き確率密度関数は

$$f_2(y \mid x) = \frac{f(x,y)}{f_1(x)} = \frac{\frac{\pi}{2}(x+y)\sin(\pi x)}{\frac{\pi}{4}(2x+1)\sin(\pi x)} = \frac{2(x+y)}{2x+1}$$

となる．X と Y は独立でないので，Y の条件付き確率密度関数は条件を付けた x の値に依存する．各周辺確率密度関数のグラフは図 6.2.3 のようである． □

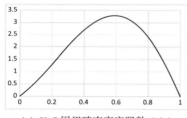
(a) X の周辺確率密度関数 $f_1(x)$

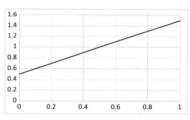
(b) Y の周辺確率密度関数 $f_2(y)$

図 6.2.3　周辺確率密度関数

6.2.4 変数変換

ここでは，確率変数 X を $Y = h(X)$ と変数変換すると，確率分布はどのように変わるかをみる．

まず，離散型分布について考察する．変換 h が狭義単調関数であるときは，h^{-1} を h の逆関数として，Y の確率関数 $p_Y(y)$ は，X の確率関数を $p_X(x)$ とすると，

$$p_Y(y) = P(Y = y) = P(h(X) = y) = P(X = h^{-1}(y)) = p_X(h^{-1}(y))$$

により与えられる．変換 h が狭義単調ではないときは，

$$p_Y(y) = \sum_{h(x_i) = y} p_X(x_i) \tag{6.2.10}$$

となる．

X が連続型である場合は多少やっかいである．変換 h が狭義単調増加のときは h^{-1} を h の逆関数とし，Y の累積分布関数を $F_Y(y)$，確率密度関数を $f_Y(y)$，X の累積分布関数を $F_X(x)$，確率密度関数を $f_X(x)$ として，次が成り立つ．

$$F_Y(y) = P(Y \le y) = P(h(X) \le y) = P(X \le h^{-1}(y)) = F_X(h^{-1}(y)),$$
$$f_Y(y) = \frac{d}{dy} F_Y(y) = f_X(h^{-1}(y)) |\{h^{-1}(y)\}'|. \tag{6.2.11}$$

一方，変換 h が狭義単調でないときは，狭義単調である部分に分割し，それぞれにおいて (6.2.11) のような計算を行い，それらをすべて足し上げて確率密度関数 $f_Y(y)$ を求める．特に，$Y = h(X) = aX + b$ とすると，$X = h^{-1}(Y) = \dfrac{Y-b}{a}$ であるので，$\{h^{-1}(y)\}' = \left\{\dfrac{y-b}{a}\right\}' = \dfrac{1}{a}$ であることより，(6.2.11) は

$$f_Y(y) = \frac{1}{a} f_X\left(\frac{y-b}{a}\right) \tag{6.2.12}$$

となる．

6.3 確率分布の特性値

確率分布を特徴づける特性値を**パラメータ** (parameter) とよぶ．ここでは，確率分布の特性値を定義し，それらが確率変数の変数変換によりどのように変化するかをみる．

6.3.1 期待値，分散，標準偏差，モーメント

まず，確率分布でもっとも重要な期待値と分散および標準偏差を，離散型分布と連続型分布のそれぞれに対して定義する．

確率変数 X が離散型で，その確率関数が $p(x_i)$ のとき，

$$E[X] = \sum_{i=1}^{\infty} x_i p(x_i) \tag{6.3.1}$$

で定義される定数 $E[X]$ を確率変数 X の**期待値** (expectation) あるいは**平均** (mean) という．(6.3.1) は X の確率分布の期待値（平均）ともいう（連続型の場合も同様）．一般に，X のある関数 $g(X)$ の期待値を

$$E[g(X)] = \sum_{i=1}^{\infty} g(x_i) p(x_i) \tag{6.3.2}$$

6.3 確率分布の特性値

により定義する．確率変数 X が連続型で確率密度関数 $f(x)$ をもつ場合は，X の期待値を

$$E[X] = \int_{-\infty}^{\infty} x f(x)\, dx \tag{6.3.3}$$

で定義し，X のある関数 $g(X)$ の期待値も

$$E[g(X)] = \int_{-\infty}^{\infty} g(x) f(x)\, dx \tag{6.3.4}$$

と定義する[3]．

確率変数 X に対し，期待値を $\mu = E[X]$ とするとき，(6.3.2) もしくは (6.3.4) で $g(x) = (x-\mu)^2$ として

$$V[X] = E[(X-\mu)^2] = \begin{cases} \sum_{i=1}^{\infty}(x_i-\mu)^2 p(x_i) & \text{(離散型)} \\ \int_{-\infty}^{\infty}(x-\mu)^2 f(x)\, dx & \text{(連続型)} \end{cases} \tag{6.3.5}$$

で定義される値 $V[X]$ を確率変数 X (もしくは X の確率分布) の**分散** (variance) といい，その正の平方根

$$SD[X] = \sqrt{V[X]} \tag{6.3.6}$$

を X の**標準偏差** (standard deviation : SD) という[4]．分散に関しては

$$V[X] = E[X^2] - (E[X])^2 \tag{6.3.7}$$

が成り立つ．この結果の証明は分散の定義から容易に得られる．

期待値は，確率分布をその点で支えるとバランスするという物理的な性質をもつ (図 3.2.2 参照)．また，確率変数 X の確率分布が 1 点分布，つまりばらつきが皆無で X はつねに同じ値をとるときに限り，分散 (標準偏差) は 0 となる．すなわち，期待値は確率分布の位置を，標準偏差および分散はともに分布のばらつきの大きさを表す尺度である．

実際のデータ解析では，観測値は何らかの測定単位をもつ．したがって，つねに単位は何であるかを考えることは重要である．期待値は観測値の測定単位

---

[3] 期待値の記号の E は expectation の頭文字である．期待値は，平均 mean の m に対応するギリシャ文字 μ (ミュー) で表されることもある．
[4] 分散はギリシャ文字の σ^2 (シグマ 2 乗) で，標準偏差は σ (シグマ) で表されることが多い．

と同じ単位をもつ．ところが，分散は (6.3.5) の定義式からもわかるように，測定単位の 2 乗の単位となる．標準偏差はその平方根であるので，単位は測定単位と同じである．したがって，ばらつきの大きさの尺度としては標準偏差のほうが望ましい．また，正の値をとる確率変数に対し，標準偏差と期待値の比

$$CV[X] = \frac{SD[X]}{E[X]} \qquad (6.3.8)$$

を**変動係数** (coefficient of variation : CV) という．変動係数は無名数 (単位をもたない数) である．

期待値や分散の拡張として，一般にモーメント (積率) が次のように定義される．確率変数 X に対し，

$$\mu'_k = E[X^k] = \begin{cases} \sum_{i=1}^{\infty} x_i^k p(x_i) & (離散型) \\ \int_{-\infty}^{\infty} x^k f(x)\, dx & (連続型) \end{cases} \qquad (6.3.9)$$

を原点まわりの **k 次のモーメント** (積率) という．また，$\mu = E[X]$ として，

$$\mu_k = E[(X-\mu)^k] = \begin{cases} \sum_{i=1}^{\infty} (x_i-\mu)^k p(x_i) & (離散型) \\ \int_{-\infty}^{\infty} (x-\mu)^k f(x)\, dx & (連続型) \end{cases} \qquad (6.3.10)$$

を平均まわりの **k 次のモーメント** (積率) という．つまり，期待値 (平均) は原点まわりの 1 次のモーメント，分散は平均まわりの 2 次のモーメントである．また，

$$\mu_{[k]} = E[X(X-1)\cdots(X-k+1)]$$
$$= \begin{cases} \sum_{i=1}^{\infty} x_i(x_i-1)\cdots(x_i-k+1) p(x_i) & (離散型) \\ \int_{-\infty}^{\infty} x(x-1)\cdots(x-k+1) f(x)\, dx & (連続型) \end{cases} \qquad (6.3.11)$$

で定義される $\mu_{[k]}$ を **k 次の階乗モーメント**という．階乗モーメントは，確率関数の定義に階乗が現れる分布でのモーメントの計算に有用である．

モーメントに関連して，(6.3.2) あるいは (6.3.4) で $g(X) = e^{tX}$ として t の関数とみたもの

6.3 確率分布の特性値

$$M(t) = E[e^{tX}] = \begin{cases} \sum_{i=1}^{\infty} e^{tx_i} p(x_i) & (離散型) \\ \int_{-\infty}^{\infty} e^{tx} f(x)\,dx & (連続型) \end{cases} \quad (6.3.12)$$

を，右辺の無限和あるいは広義積分が収束するとき，**モーメント母関数** (積率母関数) (moment generating function : mgf) という．指数関数 e^x は

$$e^x = 1 + x + \frac{1}{2!}x^2 + \cdots = \sum_{k=0}^{\infty} \frac{x^k}{k!}$$

とテーラー展開されるので，

$$M(t) = E[e^{tX}] = E\left[\sum_{k=0}^{\infty} \frac{(tX)^t}{k!}\right] = \sum_{k=0}^{\infty} \frac{t^k}{k!} E[X^k] = \sum_{k=0}^{\infty} \frac{t^k}{k!} \mu'_k$$

より，モーメント母関数 $M(t)$ の t に関する多項式展開での $t^k/k!$ の係数として原点まわりのモーメント (6.3.9) が得られる．モーメント母関数と確率分布とは，適当な数学的な条件のもとで，1 対 1 に対応する．すなわち，同じモーメント母関数をもつ確率分布は一意的に定まる．

X のモーメント母関数を $M_X(t)$ としたとき，$T = aX + b$ と変数変換した T のモーメント母関数 $M_T(t)$ は

$$M_T(t) = E[e^{t(aX+b)}] = e^{bt} E[e^{(at)X}] = e^{bt} M_X(at)$$

となる．また，X と Y を互いに独立な確率変数とし，それらのモーメント母関数をそれぞれ $M_X(t), M_Y(t)$ としたとき，和 $W = X + Y$ のモーメント母関数 $M_W(t)$ は，(X, Y) の同時確率密度関数が X と Y それぞれの確率密度関数の積になることより，

$$M_W(t) = E[e^{t(X+Y)}] = E[e^{tX}] E[e^{tY}] = M_X(t) M_Y(t)$$

とそれぞれのモーメント母関数の積になる．

確率変数 X のモーメント母関数を $M(t)$ としたとき，その自然対数をとった

$$\psi(t) = \log M(t)$$

を X の**キュムラント母関数**といい，その多項式展開

$$\psi(t) = \kappa_1 t + \kappa_2 \frac{t^2}{2!} + \kappa_3 \frac{t^3}{3!} + \cdots$$

の $t^k/k!$ の係数 κ_k を k 次の**キュムラント** (cumulant) あるいは**半不変数**という．

互いに独立な確率変数の和のモーメント母関数はそれぞれのモーメント母関数の積であるので,独立な確率変数の和のキュムラント母関数は,それぞれの確率変数のキュムラント母関数の和になる.

期待値や分散などの計算例は第7章で取り上げる.

6.3.2 その他の特性値

6.3.1 項では,分布の位置とばらつきの尺度として平均と分散,標準偏差を定義したが,それ以外にも分布を特徴づける特性値がある.

モーメントで定義される特性値として,確率変数 X に対し,$\mu = E[X]$ として,

$$\beta_1 = \frac{E[(X-\mu)^3]}{(SD[X])^3}, \quad \beta_2 = \frac{E[(X-\mu)^4]}{(SD[X])^4} - 3 \qquad (6.3.13)$$

をそれぞれ X の**歪度** (skewness),**尖度** (kurtosis) という[5]. 歪度と尖度はそれぞれ 3 次,4 次の平均まわりのモーメントを標準偏差の 3 乗および 4 乗で基準化したもので,いずれも無名数である.これらは確率分布の形状を表すパラメータとして用いられる.

また,モーメントで定義される特性値以外に次のようなものがある.確率変数 X の累積分布関数を $F(x) = P(X \leq x)$ とし,α を確率値としたとき,

$$F(c(\alpha)) = P(X \leq c(\alpha)) = \alpha$$

となる点 $c(\alpha)$ を分布の**下側 100α%点**という.累積分布関数 $F(x)$ が狭義単調増加であれば,F^{-1} を F の逆関数として,$c(\alpha) = F^{-1}(\alpha)$ となる.逆に,

$$Q(d(\alpha)) = P(d(\alpha) \leq X) = \alpha$$

となる点 $d(\alpha)$ を分布の**上側 100α%点**という.$d(\alpha) = F^{-1}(1-\alpha)$ である.特に $\alpha = 0.5$ のときの $c(0.5)$ を**中央値** (median) といい,$c(0.25), c(0.75) (= d(0.25))$ をそれぞれ**下側四分位点** (lower quartile),**上側四分位点** (upper quartile) という.

離散型の場合の確率関数 $p(x)$ あるいは連続型での確率密度関数 $f(x)$ の最大値を与える点を**最頻値** (mode) という.連続的な場合の最頻値は $\dfrac{df(x)}{dx} = 0$ の解として求められる.分布が左右対称で山が 1 つの場合には期待値,中央値,

---

[5] 尖度の定義として 3 を引かない流儀もある.

6.3 確率分布の特性値

最頻値は一致するが，分布が歪んでいる場合にはそれらは一般に一致せず，どれを分布の代表値とすべきかは問題による．

6.3.3 変数変換

確率変数の変数変換により，これまでで定義した特性値がどのように変化するかをみる．有用な結果であるので，定理の形で述べる．

> **定理 6.3.1 (変数変換)** 確率変数 X に対し，a, b を定数として $Y = aX + b$ と変換すると，
> $$E[Y] = E[aX + b] = aE[X] + b,$$
> $$V[Y] = V[aX + b] = a^2 V[X],$$
> $$SD[Y] = SD[aX + b] = |a|\, SD[X]$$
> となる．歪度の絶対値と尖度はこの変換によって値が変わらない．

証明 X が連続型として証明する．離散型の場合には積分が和となる．
まず期待値については，その定義より

$$E[aX + b] = \int_{-\infty}^{\infty} (ax + b) f(x)\, dx$$
$$= a \int_{-\infty}^{\infty} x f(x)\, dx + b \int_{-\infty}^{\infty} f(x)\, dx = aE[X] + b$$

を得る．分散についても，$\mu = E[X]$ とすると

$$V[aX + b] = \int_{-\infty}^{\infty} \{(ax + b) - E[aX + b]\}^2 f(x)\, dx$$
$$= \int_{-\infty}^{\infty} \{(ax + b) - (a\mu + b)\}^2 f(x)\, dx = \int_{-\infty}^{\infty} \{a(x - \mu)\}^2 f(x)\, dx$$
$$= a^2 \int_{-\infty}^{\infty} (x - \mu)^2 f(x)\, dx = a^2 E[(X - \mu)^2] = a^2 V[X]$$

となる．標準偏差は分散の平方根であるので，

$$SD[aX + b] = |a|\, SD[X]$$

も成り立つ．一般に k 次の平均まわりのモーメントに対し，

$$E[(Y - E[Y])^k] = a^k E[(X - E[X])^k]$$

が成り立ち，これより，歪度 β_1 の絶対値および尖度 β_2 は値が変わらないことが示される．∎

定理 6.3.1 で $a = 0$ とすると,定数の期待値は定数,すなわち $E[b] = b$ が得られる.また,$a = 1/\sigma, b = -\mu/\sigma$ とすることにより次の系が得られる.

> **系 (標準化変換)** 確率変数 X に対し,$\mu = E[X]$, $\sigma^2 = V[X]$ ($\sigma = SD[X]$) のとき,$Z = \dfrac{X - \mu}{\sigma}$ と変換すると (これを**標準化変換**という) $E[Z] = 0, V[Z] = 1$ となる.
>
> 逆に,$E[Z] = 0, V[Z] = 1$ のとき $X = \sigma Z + \mu$ とすると $E[X] = \mu, V[X] = \sigma^2$ となる.特に $T = 10Z + 50$ とすると $E[T] = 50, V[T] = 10^2$ ($SD[T] = 10$) となり,このときの T は**偏差値**とよばれる.

6.3.4 2 変量分布の特性値

次に,確率変数の組 (X, Y) の同時分布における X と Y の関係の強さに関する特性値を定義する.確率変数の組 (X, Y) に関する 2 変数関数 $g(X, Y)$ の期待値 $E[g(X, Y)]$ を,X および Y がともに離散型確率変数で同時確率関数 $p(x_i, y_j)$ をもつときは

$$E[g(X, Y)] = \sum_{i=1}^{\infty} \sum_{j=1}^{\infty} g(x_i, y_j) p(x_i, y_j) \tag{6.3.14}$$

で定義し,ともに連続型確率変数で同時確率密度関数 $f(x, y)$ をもつときは

$$E[g(X, Y)] = \int_{-\infty}^{\infty} \int_{-\infty}^{\infty} g(x, y) f(x, y) \, dx dy \tag{6.3.15}$$

により定義する.

確率変数の組 (X, Y) において,$\mu_X = E[X], \mu_Y = E[Y]$ としたとき,積 $(X - \mu_X)(Y - \mu_Y)$ の期待値

$$\begin{aligned} Cov[X, Y] &= E[(X - \mu_X)(Y - \mu_Y)] \\ &= \begin{cases} \displaystyle\sum_{i=1}^{\infty} \sum_{j=1}^{\infty} (x_i - \mu_X)(y_j - \mu_Y) p(x_i, y_j) & \text{(離散型)} \\ \displaystyle\int_{-\infty}^{\infty} \int_{-\infty}^{\infty} (x - \mu_X)(y - \mu_Y) f(x, y) \, dx dy & \text{(連続型)} \end{cases} \end{aligned} \tag{6.3.16}$$

を X と Y の間の**共分散** (covariance) という.共分散について,

$$Cov[X, Y] = E[XY] - E[X]E[Y] \tag{6.3.17}$$

が成り立つことがその定義より示される.また,a, b, c, d を定数とするとき,

6.3 確率分布の特性値

$$Cov[aX+b, cY+d] = ac\, Cov[X,Y] \quad (6.3.18)$$

となる．

共分散は，(6.3.18) の左辺のような変換によって値が変化する．左辺の変換は，たとえば気温の摂氏から華氏への変換のような単位の変更でみられるものである．単位を変えても関係の強さは変わらないので，この種の変換により変化しない値によって変量間の関係を定義するのが望ましい．そのため，確率変数 X, Y に対し，共分散をそれぞれの標準偏差の積で割って

$$R[X,Y] = \frac{Cov[X,Y]}{SD[X]\,SD[Y]} \quad (6.3.19)$$

とし，これを X と Y の間の**相関係数** (correlation coefficient) という．相関係数は ρ (ロー) と書くことが多い．$R[X,Y] = 0$ のとき X と Y は**無相関**であるという．

X と Y の相関係数について，以下が成り立つ．

(a) $-1 \leq R[X,Y] \leq 1$

(b) a および b を定数として

$$R[X,Y] = \pm 1 \iff Y = aX + b$$

となる (符号は，a が正のときは $+$，負のときは $-$ である)．

(c) a, b, c, d を定数とするとき，

$$R[aX+b, cY+d] = \pm R[X,Y]$$

となる．符号は，$ac > 0$ のとき正，$ac < 0$ のとき負である．

6.3.5 確率変数の和の期待値と分散

2つの確率変数 X および Y の和の期待値と分散ならびに積の期待値は，実用上重要である．ここでは，確率変数が連続型であるとして証明を与えるが離散型でも同様である．

2つの確率変数 X, Y に対し，$E[X+Y] = E[X] + E[Y]$，すなわち「和の期待値は期待値の和」が成り立つ．一般に，a および b を定数として，

$$E[aX + bY] = aE[X] + bE[Y]$$

となる．実際，(6.3.15) の定義式で $g(x,y) = ax + by$ とすると

$$E[aX+bY] = \int_{-\infty}^{\infty} \int_{-\infty}^{\infty} (ax+by) f(x,y)\, dxdy$$

$$= \int_{-\infty}^{\infty}\int_{-\infty}^{\infty} axf(x,y)\,dxdy + \int_{-\infty}^{\infty}\int_{-\infty}^{\infty} byf(x,y)\,dxdy$$

$$= a\int_{-\infty}^{\infty} x\left[\int_{-\infty}^{\infty} f(x,y)\,dy\right]dx + b\int_{-\infty}^{\infty} y\left[\int_{-\infty}^{\infty} f(x,y)\,dx\right]dy$$

$$= a\int_{-\infty}^{\infty} xf_1(x)\,dx + b\int_{-\infty}^{\infty} yf_2(y)\,dy = aE[X] + bE[Y]$$

を得る．ここで，$f_1(x)$, $f_2(y)$ はそれぞれ X および Y の周辺確率密度関数である．$a = b = 1$ とすれば $E[X+Y] = E[X] + E[Y]$ が得られる．

次に確率変数の積の期待値については，確率変数 X と Y が互いに独立のとき，$E[XY] = E[X]E[Y]$ が成り立ち，$Cov[X,Y] = 0$ となる．X と Y の積の期待値は (6.3.14) の定義式で $g(x,y) = xy$ とおいて

$$E[XY] = \int_{-\infty}^{\infty}\int_{-\infty}^{\infty} xyf(x,y)\,dxdy$$

となるが，一般にはこれ以上簡単な形にはならない．しかし，X と Y が互いに独立であれば，同時確率密度関数はそれぞれの周辺確率密度関数の積になるので，

$$E[XY] = \int_{-\infty}^{\infty}\int_{-\infty}^{\infty} xyf_1(x)f_2(y)\,dxdy$$

$$= \left(\int_{-\infty}^{\infty} xf_1(x)\,dx\right)\left(\int_{-\infty}^{\infty} yf_2(y)\,dy\right) = E[X]E[Y]$$

となる．ゆえに，(6.3.17) より $Cov[X,Y] = E[XY] - E[X]E[Y] = 0$ となる．X と Y が独立のとき $Cov[X,Y] = 0$ であるが，その対偶より「$Cov[X,Y] \neq 0$ のとき X と Y は独立ではない」が成り立つ．これより，共分散 $Cov[X,Y]$ が X と Y の間の関係の強さを測る尺度として妥当であることがわかる．

さらに，2つの確率変数 X, Y に対し，それらの和の分散は

$$V[X+Y] = V[X] + V[Y] + 2Cov[X,Y] \tag{6.3.20}$$

となる．特に X と Y が独立なときは $V[X+Y] = V[X] + V[Y]$，すなわち「和の分散は分散の和」が成り立つ．証明は，分散の定義より

$$V[X+Y] = E[\{(X+Y) - E[X+Y]\}^2]$$

$$= E[\{(X+Y) - (\mu_X + \mu_Y)\}^2]$$

$$= E[\{(X - \mu_X) + (Y - \mu_Y)\}^2]$$

$$= E[(X-\mu_X)^2 + (Y-\mu_Y)^2 + 2(X-\mu_X)(Y-\mu_Y)]$$
$$= E[(X-\mu_X)^2] + E[(Y-\mu_Y)^2] + 2E[(X-\mu_X)(Y-\mu_Y)]$$
$$= V[X] + V[Y] + 2Cov[X,Y]$$

となる．X と Y が独立であれば (6.3.20) で $Cov[X,Y] = 0$ であるので，$V[X+Y] = V[X] + V[Y]$ となる．

このように，「和の分散は分散の和」が成り立つためには X と Y の独立性 (正確には無相関性) が必要であったが，「和の期待値は期待値の和」は X と Y の間に相関があってもつねに成り立つ．

演習問題 6

6.1 カードが n 枚あり，それぞれのカードの表には 1 から n までの数字が 1 つずつ書かれ，裏には何も書かれていない．これら n 枚のカードを机の上に同時に投げたとき，表が出たカードに書かれた数字の和を S_n とする．ここで，各カードの表もしくは裏が出る確率はそれぞれ 0.5 であり，すべてのカードが裏の場合には $S_n = 0$ とする．

(1) $n = 5$ のとき，$S_5 \leq 6$ となる場合の数は何通りあるか．
(2) $n = 5$ のとき，$P(S_5 \leq 6)$ はいくらか．
(3) $P(S_n \leq 6)$ が 0.1 以下となるのは n がいくつ以上のときか．

6.2 箱の中にそれぞれ A，B，C と書かれたカードが 1 枚ずつ入っている．この箱の中から無作為に 1 枚カードを取り出して記号を記録し，それをもとに戻してまた取り出して記号を記録するという試行を繰り返すとき，3 つの記号すべてが記録されるまでに要した試行回数を X とする (同じ記号が何回取り出されてもよい)．このとき，$P(X = 3)$，$P(X = 4)$，$P(X \geq 5)$ をそれぞれ求めよ．

6.3 右図は 4 つのさいころの展開図である．2 つのさいころを同時に振り，片方の出た目がもう片方の出た目よりも大きいときに「勝ち」とする．明らかに $P(\text{A が B に勝つ}) = \frac{2}{3}$ である．

(1) 以下の各確率を求めよ．

$$P(\text{B が C に勝つ}),$$
$$P(\text{C が D に勝つ}),$$
$$P(\text{D が A に勝つ}).$$

	4			3			2			5	
0	4	0	3	3	3	6	2	6	1	1	1
	4			3			2			5	
	4			3			2			5	

A　　　　**B**　　　　**C**　　　　**D**

	A	B	C	D
A	−	2/3		
B	1/3	−		
C			−	
D				−

(2) 以上の結果に加え，$P(\text{A が C に勝つ})$，$P(\text{A が D に勝つ})$，$P(\text{B が D に勝つ})$ を求め，右の確率の表を完成させよ．なお，表での確率は表側のさいころが表頭のさい

ころに勝つ確率である．どのさいころが一番勝つ確率が高いであろうか．

(3) 4つのさいころを同時に振るとき，各さいころがもっとも大きな目が出て勝つ確率をそれぞれ求めよ．どのさいころが勝つ確率が一番高いか．

6.4 ある大学のクラスには N 人の学生がいる．彼らの誕生日は 365 日で一様に分布しているとする．彼らのなかで誕生日が同じ組が少なくとも 1 組以上ある確率が 0.5 を超えるためには N はいくつ以上であればよいか．

6.5 あるクラスのテストで，第 1 問目に正答する事象を Q_1 とし，第 2 問目に正答する事象を Q_2 としたとき，各正答率は $P(Q_1) = 0.6, P(Q_2) = 0.8$ であったという．これだけの情報から，このクラスから任意に選んだ 1 人が第 1 問目と第 2 問目にともに正解していた確率 $P(Q_1 \cap Q_2)$ の存在範囲，および，第 1 問目と第 2 問目にともに不正解であった確率 $P(Q_1^c \cap Q_2^c)$ の存在範囲を求めよ．また，テスト結果が独立であるとき，任意に選んだ学生が両問ともに正解していた確率 $P(Q_1 \cap Q_2)$ はいくらか．

6.6 連続型確率変数 X の確率密度関数が k を定数として

$$f(x) = \begin{cases} k \sin x & (0 \leq x \leq \pi) \\ 0 & (その他) \end{cases}$$

で与えられるとする．以下の各問に答えよ．

(1) 定数 k の値はいくらか．
(2) 累積分布関数 $F(x) = P(X \leq x)$ を求めよ．

6.7 確率変数の組 (X, Y) の同時確率密度関数を

$$f(x, y) = \begin{cases} 4xy & (0 < x, y < 1) \\ 0 & (その他) \end{cases}$$

とする．このとき，X の周辺確率密度関数 $f_1(x)$ を求めよ．また，X と Y は互いに独立であるか．

6.8 連続型確率変数 X の確率密度関数が

$$f(x) = \begin{cases} \dfrac{3}{4} x(2-x) & (0 \leq x \leq 2) \\ 0 & (その他) \end{cases}$$

であるとき，X の期待値 $E[X]$ と分散 $V[X]$ を求めよ．

6.9 確率変数の組 (X, Y) の同時確率密度関数が

$$f(x, y) = \begin{cases} x + y & (0 \leq x, y \leq 1) \\ 0 & (その他) \end{cases}$$

で与えられるとき，以下の各問に答えよ．

(1) X の周辺確率密度関数を求め，その期待値と分散を計算せよ．
(2) X と Y の間の共分散および相関係数を求めよ．
(3) $X + Y$ の期待値と分散を求めよ．

7章

種々の確率分布

確率的な事象をモデル化するためには,それを確率分布で表現する必要がある.はじめに,統計的データ解析でもっとも重要な役割を果たす正規分布について述べ,次に代表的な離散型分布,最後に正規分布以外の連続型分布の順に議論する.

7.1 正規分布

正規分布 (normal distribution) は**ガウス分布** (Gaussian distribution) ともよばれ,統計的データ解析のあらゆる場面でもっとも多く用いられる重要な分布である.ここではまず正規分布を定義し,その性質と確率の計算法を述べる.その後,2変量正規分布を定義する.

7.1.1 正規分布の定義

連続型確率変数 X が,$(-\infty, \infty)$ で定義され,その確率密度関数 $f(x)$ が

$$f(x) = \frac{1}{\sqrt{2\pi}\sigma} \exp\left[-\frac{(x-\mu)^2}{2\sigma^2}\right] \tag{7.1.1}$$

で与えられるとき,X の従う分布をパラメータ μ および σ^2 の**正規分布**という.ここで,$\exp[y]$ は指数関数 e^y を表す記号である (e は自然対数の底).後に示すように,正規分布のパラメータ μ, σ^2 はそれぞれ正規分布の期待値 (平均) と分散であり,標準偏差は σ となる.正規分布はこれら2つのパラメータにより形状が一意的に定まることから,記号で $N(\mu, \sigma^2)$ と表す[1].そして,確率変数 X が $N(\mu, \sigma^2)$ に従うことを

$$X \sim N(\mu, \sigma^2)$$

---

[1] N は normal の頭文字.ここでは正規分布を,期待値 μ と分散 σ^2 を用いて $N(\mu, \sigma^2)$ としたが,近年,特に米国のテキストなどでは,期待値 μ と標準偏差 σ を用いて $N(\mu, \sigma)$ とする流儀もでてきているので注意が必要である.$N(5, 2^2)$ とすればほぼ紛れはないが,$N(5, 4)$ とした場合,4 が分散なのか標準偏差なのかが判然としない.

と書く．特に，期待値 0，分散 1 の正規分布を**標準正規分布**といい，$N(0,1)$ で表す．$N(0,1)$ の確率密度関数は，z を変数とすると

$$\varphi(z) = \frac{1}{\sqrt{2\pi}} \exp\left[-\frac{z^2}{2}\right] \tag{7.1.2}$$

となる．

図 7.1.1 に $N(0,1)$，$N(2,1)$ および $N(0,2^2)$ の確率密度関数の形状を示す．図からもわかるように，正規分布は μ を中心にしたひと山型の左右対称の分布であり，μ から左右に離れるに従って確率密度関数の値は急速に 0 に近づく．また，$\mu \pm \sigma$ において変曲点 (2 階微分が 0 となる点) をもち，σ が大きいときは分布の広がりが大きくなる．

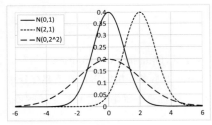

図 7.1.1　正規分布の形状　　図 7.1.2　正規分布の累積分布関数 $F(x)$

正規分布の累積分布関数 (下側確率) $F(x) = P(X \leq x)$ は，(7.1.1) の確率密度関数 $f(x)$ の原始関数 (不定積分) $F(x) = \int_{-\infty}^{x} f(x)\, dx$ となるが，この不定積分は初等関数で表すことはできない．図 7.1.1 の 3 種類の正規分布の累積分布関数は図 7.1.2 のようになる．特に，標準正規分布の累積分布関数は記号 $\Phi(z)$ で表す習慣がある．すなわち

$$\Phi(z) = \int_{-\infty}^{z} \varphi(z)\, dz$$

である (図 7.1.3 参照)．

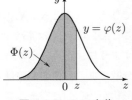

図 7.1.3　Φ の定義

7.1.2　正規分布の性質

標準正規分布の全確率が 1 であること，すなわち，

$$\int_{-\infty}^{\infty} \varphi(z)\, dz = \int_{-\infty}^{\infty} \frac{1}{\sqrt{2\pi}} \exp\left[-\frac{z^2}{2}\right] dz = 1 \tag{7.1.3}$$

7.1 正規分布

を示す．まず $I = \int_{-\infty}^{\infty} \exp\left[-\frac{z^2}{2}\right] dz$ とおき，I^2 を計算する．

$$I^2 = \left(\int_{-\infty}^{\infty} \exp\left[-\frac{z^2}{2}\right] dz\right)\left(\int_{-\infty}^{\infty} \exp\left[-\frac{w^2}{2}\right] dw\right)$$

$$= \int_{-\infty}^{\infty}\int_{-\infty}^{\infty} \exp\left[-\frac{z^2+w^2}{2}\right] dzdw$$

であるが，ここで $z = r\cos\theta$, $w = r\sin\theta$ と極座標変換すると，積分範囲は $r > 0, 0 < \theta < 2\pi$ であり，$z^2 + w^2 = r^2$ であること，および変換のヤコビアン J は $J = \left|\dfrac{\partial(z,w)}{\partial(r,\theta)}\right| = \begin{vmatrix} \cos\theta & \sin\theta \\ -r\sin\theta & r\cos\theta \end{vmatrix} = r$ であることより，

$$I^2 = \int_0^{2\pi}\int_0^{\infty} \exp\left[-\frac{r^2}{2}\right] r\, dr d\theta$$

$$= \left(\int_0^{2\pi} d\theta\right)\left(\int_0^{\infty} r\exp\left[-\frac{r^2}{2}\right] dr\right)$$

$$= 2\pi \times \left[-\exp\left[-\frac{r^2}{2}\right]\right]_0^{\infty} = 2\pi$$

を得る．これより (7.1.3) が示される．

正規分布に関しては次の定理が重要である．

定理 7.1.1 (変数変換) 確率変数 X が $N(\mu, \sigma^2)$ に従うとき，a と b を定数として，$Y = aX + b$ は $N(a\mu + b, a^2\sigma^2)$ に従う．特に，$Z = \dfrac{X - \mu}{\sigma}$ とすると，Z は標準正規分布 $N(0,1)$ に従う．

証明 Y の累積分布関数は

$$G(y) = P(Y \leq y) = P(aX + b \leq y)$$
$$= P\left(X \leq \frac{y-b}{a}\right) = \int_{-\infty}^{(y-b)/a} \frac{1}{\sqrt{2\pi}\sigma} \exp\left[-\frac{(x-\mu)^2}{2\sigma^2}\right] dx$$

である．これを y で微分すると

$$g(y) = G'(y) = \frac{1}{\sqrt{2\pi}\sigma} \exp\left[-\frac{\{(y-b)/a - \mu\}^2}{2\sigma^2}\right] \left(\frac{y-b}{a}\right)'$$

$$= \frac{1}{\sqrt{2\pi}(a\sigma)} \exp\left[-\frac{\{y - (a\mu + b)\}^2}{2(a^2\sigma^2)}\right]$$

となるが，これは $N(a\mu+b, a^2\sigma^2)$ の確率密度関数である．

定理の後半は $a=1/\sigma$, $b=-\mu/\sigma$ とおいて得られる． ∎

この定理 7.1.1 より，$Z \sim N(0,1)$ のとき $X = \sigma Z + \mu \sim N(\mu, \sigma^2)$ であることがわかる．また，一般の $N(\mu, \sigma^2)$ に対して全確率が 1 であることが，$N(0,1)$ のときの証明に帰着して示される．

次に，$X \sim N(\mu, \sigma^2)$ のとき，μ が X の期待値であり，σ^2 が X の分散であることを示す．これは，$N(0,1)$ の期待値が 0，分散が 1 であることをいえば，定理 7.1.1 より示される．実際，

$$E[Z] = \int_{-\infty}^{\infty} z \cdot \frac{1}{\sqrt{2\pi}} \exp\left[-\frac{z^2}{2}\right] dz$$

において，$z \exp\left[-\frac{z^2}{2}\right]$ は奇関数であり，その 0 以上の定積分は

$$\int_0^{\infty} z \exp\left[-\frac{z^2}{2}\right] dz = \left[-\exp\left[-\frac{z^2}{2}\right]\right]_0^{\infty} = 1$$

と有限確定であるので，$E[Z] = 0$ が示される．また，

$$V[Z] = \int_{-\infty}^{\infty} z^2 \cdot \frac{1}{\sqrt{2\pi}} \exp\left[-\frac{z^2}{2}\right] dz$$

の被積分関数は偶関数であることから，部分積分により

$$\begin{aligned} V[Z] &= 2 \times \frac{1}{\sqrt{2\pi}} \int_0^{\infty} z \cdot z \exp\left[-\frac{z^2}{2}\right] dz \\ &= 2 \times \frac{1}{\sqrt{2\pi}} \left[-z\exp\left[-\frac{z^2}{2}\right]\right]_0^{\infty} + 2 \times \frac{1}{\sqrt{2\pi}} \int_0^{\infty} \exp\left[-\frac{z^2}{2}\right] dx \\ &= 0 + 2 \times \frac{1}{2} = 1 \end{aligned}$$

となる．

正規分布での確率計算は，$N(\mu, \sigma^2)$ に従う X に対しては，定理 7.1.1 より $Z = \dfrac{X-\mu}{\sigma} \sim N(0,1)$ であるので，

$$P(X \leq a) = P\left(\frac{X-\mu}{\sigma} \leq \frac{a-\mu}{\sigma}\right) = P\left(Z \leq \frac{a-\mu}{\sigma}\right)$$

のように，標準正規分布 $N(0,1)$ での確率計算に帰着させることができる．正規分布の確率密度関数および累積確率の実際の計算は，数表を用いるかあるい

7.1 正規分布

はコンピュータソフトで行う[2]．

○例 **7.1.1** (確率の計算) $N(0,1)$ で $c=1.5$ における確率密度関数の値は，Excel および R では

$\varphi(1.5) =$ NORM.DIST(1.5, 0, 1, 0) = 0.129518

```
dnorm(1.5,0,1) = 0.1295176
```

と求められる．下側累積確率は

$F(1.5) = P(Z \leq 1.5) =$ NORM.DIST(1.5, 0, 1, 1) = 0.933193

```
pnorm(1.5,0,1) = 0.9331928
```

となる．$N(1,2^2)$ で $a=4$ とすると，

$f(4) =$ NORM.DIST(4, 1, 2, 0) = 0.064759

```
dnorm(4,1,2) = 0.0647588
```

および

$F(4) = P(X \leq 4) =$ NORM.DIST(4, 1, 2, 1) = 0.933193

```
pnorm(4,1,2) = 0.9331928
```

となる．$P(X \leq 4) = P((X-1)/2 \leq (4-1)/2) = P(Z \leq 1.5)$ に注意．

$N(50, 10^2)$ で $P(X \leq a) = 0.8$ となる値 $a = F^{-1}(0.8)$ は

NORM.INV(0.8, 50, 10) = 58.41621

```
qnorm(0.8,50,10) = 58.41621
```

と求められる． □

---

[2] Excel では NORM.DIST 関数, NORM.INV 関数を用いる．$N(0,1)$ のときは NORM.S.DIST 関数，NORM.S.INV 関数も用いられる．それぞれの設定法は以下のようである．
確率密度関数の値は，$N(0,1)$ では
$$\varphi(z) = \text{NORM.S.DIST}(z,0) = \text{NORM.DIST}(z,0,1,0)$$
で求められ，$N(\mu, \sigma^2)$ では
$$f(x) = \text{NORM.DIST}(x, \mu, \sigma, 0)$$
とする．下側累積確率 (累積分布関数の値) は，$Z \sim N(0,1)$ のとき，$p = \Phi(c) = P(Z \leq c)$ とし，c から p を求める，もしくは p から c を求めるには，
$$p = \text{NORM.S.DIST}(c) = \text{NORM.DIST}(c, 0, 1, 1)$$
$$c = \text{NORM.S.INV}(p) = \text{NORM.S.INV}(p, 0, 1)$$
とする．$X \sim N(\mu, \sigma^2)$ のとき，$p = F(a) = P(X \leq a)$ において，a から p を求める，もしくは p から $a = F^{-1}(p)$ を求めるには
$$p = \text{NORM.DIST}(a, \mu, \sigma, 1), \quad a = \text{NORM.INV}(p, \mu, \sigma)$$
とする．上側確率 $q = P(X > a)$ はもちろん $q = 1-p$ とすればよい．
R では，$N(\mu, \sigma^2)$ の確率密度関数の値は
$$f(x) = \text{dnorm}(x, \mu, \sigma)$$
であり，下側累積確率は
$$p = \text{pnorm}(x, \mu, \sigma)$$
と設定する．下側累積確率 p を与える点 a は
$$a = \text{qnorm}(p, \mu, \sigma)$$
によって得られる．p.107 の脚注で，正規分布を表すとき $N(\mu, \sigma)$ とする流儀があると書いたが，その原因はこの確率計算での設定にある．

$X \sim N(\mu, \sigma^2)$ のとき，モーメント母関数は

$$M(t) = E[e^{tX}] = \exp\left[\mu t + \frac{1}{2}\sigma^2 t^2\right] \quad (7.1.4)$$

となる．これは，モーメント母関数の定義より

$$\begin{aligned}
M(t) = E[e^{tX}] &= \int_{-\infty}^{\infty} e^{tX} \frac{1}{\sqrt{2\pi}} \exp\left[-\frac{(x-\mu)^2}{2\sigma^2}\right] dx \\
&= \int_{-\infty}^{\infty} \frac{1}{\sqrt{2\pi}\sigma} \exp\left[-\frac{(x-\mu)^2 - 2\sigma^2 tx}{2\sigma^2}\right] dx \\
&= \exp\left[\mu t + \frac{1}{2}\sigma^2 t^2\right] \times \int_{-\infty}^{\infty} \frac{1}{\sqrt{2\pi}\sigma} \exp\left[-\frac{\{x-(\mu+\sigma^2 t)\}^2}{2\sigma^2}\right] dx
\end{aligned}$$

と変形され，最後の積分は $N(\mu+\sigma^2 t, \sigma^2)$ の全確率であるので1となることから導かれる．キュムラント母関数は

$$\psi(t) = \log M(t) = \mu t + \frac{1}{2}\sigma^2 t^2 \quad (7.1.5)$$

となるので，1次および2次のキュムラントはそれぞれ $\kappa_1 = \mu$, $\kappa_2 = \sigma^2$ であり，3次以降のキュムラントはすべて0になるという著しい性質がある．平均まわりの3次および4次のモーメントは，6.3.1項のモーメント間の関係式から求めると，$\mu_3 = 0$, $\mu_4 = 3\sigma^4$ となる．これより，歪度 $\beta_1 = \mu_3/\sigma^3$, 尖度 $\beta_2 = \mu_4/\sigma^4 - 3$ とも0になる．したがって，「歪度もしくは尖度が0でない分布は正規分布とはいえない」．この事実は，確率分布の正規性の確認の際に用いられる．

○例 **7.1.2** (偏差値)　偏差値とは，母集団全体での点数を平均50, 標準偏差10に基準化したものである．試験の点数 X の分布が $N(\mu, \sigma^2)$ であるとき，$Z = \dfrac{X-\mu}{\sigma} \sim N(0,1)$ であるので，

$$T = 10Z + 50 = 10 \times \frac{X-\mu}{\sigma} + 50 = \frac{10}{\sigma}X + 50 - \frac{10}{\sigma}\mu$$

と変換すると $T \sim N(50, 10^2)$ になる．もとの分布が正規分布でない場合には，点数 X から偏差値 T への変換によっても歪度，尖度の値は変わらないことから，偏差値に変換しても分布そのものの形状は変化せず，正規分布になるということもない．　　□

7.1.3　対数正規分布

正規分布に関連して対数正規分布があり，実際のデータ解析ではよく用いられる．$X \sim N(\mu, \sigma^2)$ のとき，$Y = e^X$ の従う分布をパラメータ μ および σ^2

7.1 正規分布

の**対数正規分布** (lognormal distribution) といい,ここでは $Y \sim LN(\mu, \sigma^2)$ と書く.逆に,$Y \sim LN(\mu, \sigma^2)$ のとき,$X = \log Y$ は $N(\mu, \sigma^2)$ に従う.ここで log は底が e の自然対数である.Y の確率密度関数は,$h(x) = e^x$ とすると $x = h^{-1}(y) = \log y$ であり,$\{h^{-1}(y)\}' = (\log y)' = 1/y$ であるので,6.2.4 項の (6.2.11) より,

$$f_Y(y) = f_X(h^{-1}(y))|\{h^{-1}(y)\}'| = \frac{1}{\sqrt{2\pi}\sigma}\exp\left[-\frac{(\log y - \mu)^2}{2\sigma^2}\right]\frac{1}{y} \tag{7.1.6}$$

となる.いくつかの μ および σ^2 の値に対する対数正規分布の形状は図 7.1.4 のようである.

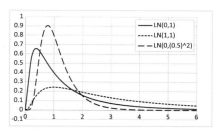

図 7.1.4 対数正規分布の確率密度関数

$Y \sim LN(\mu, \sigma^2)$ のとき,Y の k 次の原点まわりのモーメントは,正規分布のモーメント母関数より,

$$E[Y^k] = E[(e^X)^k] = E[e^{kX}] = \exp\left[k\mu + \frac{k^2\sigma^2}{2}\right] \tag{7.1.7}$$

となる.期待値は,(7.1.7) で $k=1$ として

$$E[Y] = \exp\left[\mu + \frac{\sigma^2}{2}\right]$$

であり,分散は,(7.1.7) で $k=2$ として

$$V[Y] = E[Y^2] - (E[Y])^2 = \exp[2\mu + 2\sigma^2] - \exp[2\mu + \sigma^2]$$
$$= \exp[2\mu + \sigma^2](\exp[\sigma^2] - 1)$$

となる.中央値 (med) は,$X \sim N(\mu, \sigma^2)$ の中央値は μ であるので,$P(X \leq \mu)$ $= P(Y \leq e^\mu)$ より $med = e^\mu$ となる.最頻値 ($mode$) は,確率密度関数 (7.1.6) を y で微分して 0 とおくことにより,$mode = \exp[\mu - \sigma^2]$ と求められる.

7.1.4 2変量正規分布

連続型確率変数の組 (X, Y) の同時確率密度関数 $f(x, y)$ が，μ_X, μ_Y, σ_X^2, σ_Y^2, ρ を定数として，$|\rho| < 1$ の条件のもとで

$$f(x, y) = \frac{1}{2\pi\sigma_X\sigma_Y\sqrt{1-\rho^2}}$$
$$\times \exp\left[-\frac{1}{2(1-\rho^2)}\left\{\frac{(x-\mu_X)^2}{\sigma_X^2} + \frac{(y-\mu_Y)^2}{\sigma_Y^2} - 2\rho\frac{x-\mu_X}{\sigma_X}\frac{y-\mu_Y}{\sigma_Y}\right\}\right]$$
(7.1.8)

となるとき，(X, Y) の従う分布を **2変量正規分布** (bivariate normal distribution) といい，$N_2(\mu_X, \mu_Y, \sigma_X^2, \sigma_Y^2, \sigma_{XY})$ と表す．ここで $\sigma_{XY} = \sigma_X\sigma_Y\rho$ である．特に，$\mu_X = \mu_Y = 0$, $\sigma_X^2 = \sigma_Y^2 = 1$ のときの $N_2(0, 0, 1, 1, \rho)$ を**標準形**という．すべてのパラメータ値に対し等密度曲線は楕円となり，$\rho > 0$ のときは右上がり，$\rho < 0$ では右下がりとなる．$f(x, y)$ は $(x, y) = (\mu_X, \mu_Y)$ で最大値をとるひと山型の形状をしている．

同時確率密度関数 (7.1.8) を y で積分することにより，X の周辺分布は $N(\mu_X, \sigma_X^2)$ であることが示される．同様に x での積分により，Y の周辺分布は $N(\mu_Y, \sigma_Y^2)$ となる．すなわち，2変量正規分布の5つのパラメータのうち，μ_X および σ_X^2 は X の期待値と分散，μ_Y および σ_Y^2 は Y の期待値と分散である．また，$E[XY]$ の計算により，σ_{XY} は X と Y の間の共分散であり，ρ は相関係数であることが示される．同時密度関数 (7.1.8) で $\rho = 0$ とすると，

$$f(x, y) = \frac{1}{2\pi\sigma_X\sigma_Y}\exp\left[-\frac{1}{2}\left\{\frac{(x-\mu_X)^2}{\sigma_X^2} + \frac{(y-\mu_Y)^2}{\sigma_Y^2}\right\}\right]$$
$$= \frac{1}{\sqrt{2\pi}\sigma_X}\exp\left[-\frac{(x-\mu_X)^2}{2\sigma_X^2}\right] \times \frac{1}{\sqrt{2\pi}\sigma_Y}\exp\left[-\frac{(y-\mu_Y)^2}{2\sigma_Y^2}\right]$$
$$= f_X(x)f_Y(y)$$

と X と Y の確率密度関数の積となるので，X と Y は独立になる．一般に独立性は無相関性より強い概念である (独立ならば無相関がいえる) が，2変量正規分布の場合にはそれらが同値となる．独立性の立証は困難であるが無相関性の評価は簡単であることから，正規分布は実際上扱いやすい分布である．

$X = x$ が与えられたときの Y の条件付き分布は，$f(x, y)/f_X(x)$ の計算により $N(\alpha + \beta x, \sigma^2)$ となることが示される．ここで，$\alpha = \mu_Y - \beta\mu_X$, $\beta = \sigma_{XY}/\sigma_X^2$, $\sigma^2 = \sigma_Y^2(1-\rho^2)$ である．Y の条件付き期待値は，条件を与えた x の1次関数

(直線) であり，これを**回帰直線**という．x の係数 β は**回帰係数**とよばれる．Y の条件付き分散 σ^2 が x によらず一定であるのも著しい性質である．$|\rho| < 1$ であるので，条件付き分散 σ^2 はつねに Y の周辺分布の分散 σ_Y^2 よりも小さく，分散の減少は相関係数 ρ が ± 1 に近いほど顕著である．

$W = aX + bY + c$ とすると，W は正規分布 $N(\mu_W, \sigma_W^2)$ に従う．ここで，$\mu_W = a\mu_X + b\mu_Y + c$ および $\sigma_W^2 = a^2\sigma_X^2 + b^2\sigma_Y^2 + 2ab\sigma_{XY}$ である．特に，$X + Y \sim N(\mu_X + \mu_Y, \sigma_X^2 + \sigma_Y^2 + 2\sigma_{XY})$ であり，$X - Y \sim N(\mu_X - \mu_Y, \sigma_X^2 + \sigma_Y^2 - 2\sigma_{XY})$ である．正規変量の和がまた正規分布になることは，和のモーメント母関数がもとの変量のモーメント母関数の積であり，それが正規分布のモーメント母関数になることより示される．X と Y の任意の 1 次結合がまた正規分布になるのも 2 変量正規分布に特徴的な性質である．この性質のため，変量の合成が簡単にでき，データ解析が容易になる．

以上，ここでは 2 変量正規分布を扱ったが，一般に多変量正規分布が定義され，ここで述べた性質がすべて成り立つことが示される．

7.2 代表的な離散型分布

離散型分布は，そのとりうる値が 0 以上の整数値のことが多い．ここでは，実際のデータ解析でよくみられる分布について，その基本的な性質をみる．特に二項分布はその応用範囲が広い．

7.2.1 離散一様分布

さいころの目のように，試行結果が同様に確からしいというのは，確率現象を表すもっとも簡単なモデルであると同時に，無作為抽出というデータ解析で重要な概念の基礎となる．

試行結果は m 種類の $a_1, \ldots, a_m$ のいずれかであり，そのどれも同様に確からしいとする．これらの値をとる離散型確率変数 X の確率分布を**離散一様分布** (discrete uniform distribution) という．すなわち

$$P(X = a_k) = \frac{1}{m} \qquad (k = 1, \ldots, m) \tag{7.2.1}$$

である．A をカテゴリー $\{a_1, \ldots, a_m\}$ のある部分集合としたとき，$P(X \in A)$ は，A の中の要素数が l の場合には l/m で与えられる．

とりうる値が自然数 $1,\ldots,m$ である離散一様分布に従う確率変数 X の期待値と分散はそれぞれ

$$E[X] = \frac{m+1}{2}, \qquad V[X] = \frac{(m-1)(m+1)}{12} \qquad (7.2.2)$$

で与えられる．実際，期待値は，定義に従って計算すると

$$E[X] = \sum_{k=1}^{m} k \times P(X=k) = \sum_{k=1}^{m} k \times \frac{1}{m} = \frac{m(m+1)}{2} \times \frac{1}{m} = \frac{m+1}{2}$$

となり，分散は

$$V[X] = E[X^2] - (E[X])^2 = \sum_{k=1}^{m} k^2 \times \frac{1}{m} - \left(\frac{m+1}{2}\right)^2$$

$$= \frac{m(m+1)(2m+1)}{6} \times \frac{1}{m} - \left(\frac{m+1}{2}\right)^2 = \frac{(m-1)(m+1)}{12}$$

と求められる．とりうる値が $1,\ldots,m$ の離散一様分布は中点 $(m+1)/2$ を中心に左右対称であるので，期待値は $(m+1)/2$ であることが理解される．m が大きいほど分布のばらつきが大きくなり，それを分散 $(m-1)(m+1)/12$ が表現している．期待値を中心に左右対称であるので，歪度 β_1 は 0 である．

○例 **7.2.1** (さいころを振って出る目)　歪みのないさいころを 1 回振って出た目を X とすると，X のとりうる値は $1,\ldots,6$ であり，それらはすべて等確率 $(\frac{1}{6})$ であるので，X は離散一様分布に従う．X の期待値と分散は (7.2.2) より，それぞれ $E[X] = \frac{6+1}{2} = 3.5$ および $V[X] = \frac{(6-1)(6+1)}{12} = \frac{35}{12}$ となる．　□

○例 **7.2.2** (無作為抽出)　全部で N 人からなる集団の中から n 人を選ぶ．異なる選び方は全部で ${}_N C_n = \dfrac{N!}{n!(N-n)!}$ 通りあり，それらが同様に確からしいとすると，どの特定の n 人が選ばれる確率もすべて $1/{}_N C_n$ となる．これが**単純無作為抽出**を表す確率モデルである．どの個人も選ばれる確率はすべて等しく n/N であり，公平な選び方といえる．　□

7.2.2　ベルヌーイ分布とベルヌーイ試行

試行の結果は 2 種類であるとし，これらを便宜上「成功」と「失敗」とよぶ．成功の確率を p とし，確率変数 R を

$$R = \begin{cases} 1 & (\text{成功}) \\ 0 & (\text{失敗}) \end{cases}$$

と定義すると，成功の確率は $P(R=1) = p$ と表現され，失敗の確率は $P(R=0) = 1-p$ となる．これらはまとめて

$$P(R=r) = p^r(1-p)^{1-r} \qquad (r=0,1) \tag{7.2.3}$$

と表現できる．この R の確率分布を成功の確率 p の**ベルヌーイ分布** (Bernoulli distribution) という．

確率変数 R が成功の確率 p のベルヌーイ分布に従うとき，R の期待値と分散はそれぞれ

$$E[R] = p, \quad V[R] = p(1-p) \tag{7.2.4}$$

で与えられる．実際，期待値の定義より

$$E[R] = 1 \times P(R=1) + 0 \times P(R=0) = 1 \times p + 0 \times (1-p) = p$$

となり，分散は，

$$E[R^2] = 1^2 \times P(R=1) + 0^2 \times P(R=0) = 1 \times p + 0 \times (1-p) = p$$

であるので，分散に関する関係式より

$$V[R] = E[R^2] - (E[R])^2 = p - p^2 = p(1-p)$$

として得られる．

結果が成功と失敗の2種類である試行の繰り返しが，2条件
 (a) 各試行における成功の確率 p は一定,
 (b) 各試行は互いに独立

を満たすとき，それらの試行を**ベルヌーイ試行** (Bernoulli trials) という．すなわち，$\{R_1, \ldots, R_n\}$ をそれぞれベルヌーイ分布に従う確率変数の組としたとき，$P(R_i = 1) = p$ $(i=1,\ldots,n)$ で，任意の R_i と R_j $(i \neq j)$ が互いに独立のとき，$\{R_1, \ldots, R_n\}$ はベルヌーイ試行となる．

ベルヌーイ試行からはいくつかの重要な分布が導かれる．n 回のベルヌーイ試行における成功の回数の分布は二項分布であり，初めて成功が起こるまでの失敗の回数の分布は幾何分布である．これらについては以下でみていくことにする．

7.2.3 二項分布

成功の確率 p のベルヌーイ試行を n 回繰り返したときの成功の回数 X の確率分布を，試行回数 n，成功の確率（二項確率）p の**二項分布** (binomial distribution) といい $B(n,p)$ と表す．確率変数 X が $B(n,p)$ に従うとき，その確率は

$$p(x) = P(X = x) = {}_n\mathrm{C}_x\, p^x(1-p)^{n-x} \quad (x = 0, 1, \ldots, n) \qquad (7.2.5)$$

となる．$R_1, \ldots, R_n$ を互いに独立にそれぞれが成功の確率 p のベルヌーイ分布に従う確率変数としたとき，$B(n,p)$ に従う確率変数 X はそれらの和 $X = R_1 + \cdots + R_n$ で表される．n 回の試行で x 回成功したとすると $R_1, \ldots, R_n$ のうちの x 個が 1 であり，独立性の仮定からそうなる特定の系列の確率は $p^x(1-p)^{n-x}$ である．その種の系列は全部で ${}_n\mathrm{C}_x$ 個あるので，確率は (7.2.5) で与えられる[3]．

○**例 7.2.3** (確率の計算) 二項分布 $B(5, 0.6)$ での確率は，Excel では，たとえば

$P(X = 2)$ = BINOMDIST(2, 5, 0.6, 0) = 0.23040

$P(X \le 2)$ = BINOMDIST(2, 5, 0.6, 1) = 0.31744

となり，R ではそれぞれ

```
dbinom(2, 5, 0.6) = 0.2304
pbinom(2, 5, 0.6) = 0.31744
```

となる．$B(5, 0.6)$ の確率 $p(x) = P(X = x)$ と下側累積確率 $P(x) = P(X \le x)$ の表，および $p(x)$ のグラフは表 7.2.1 および図 7.2.1 のようである．期待値と分散は，それぞれ $E[X] = 5 \times 0.6 = 3$, $V[X] = 5 \times 0.6 \times 0.4 = 1.2$ である． □

表 7.2.1 $B(5, 0.6)$ の確率の表

x	$p(x)$	$P(x)$
0	0.0102	0.0102
1	0.0768	0.0870
2	0.2304	0.3174
3	0.3456	0.6630
4	0.2592	0.9222
5	0.0778	1.0000

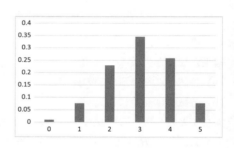

図 7.2.1 $B(5, 0.6)$ の確率 $p(x)$ のグラフ

○**例 7.2.4** (薬剤の有効性) ある病気の患者集団には，ある薬剤の投与により病気が治る患者と，その薬剤を投与しても治らない患者とがいる．薬剤により病気が治る患者の割合が p であり，治らない患者の割合が $1 - p$ のとき，この患者集団からランダムに n 人の患者を抽出して薬剤を投与した場合，病気の治る患者数 X は二項分布 $B(n, p)$ に

---

[3] 二項分布 $B(n, p)$ の確率は，Excel では組み込み関数の BINOMDIST 関数により容易に計算できる．設定法は

$P(X = x)$ = BINOMDIST($x, n, p, 0$) $P(X \le x)$ = BINOMDIST($x, n, p, 1$)

である．R では関数 dbinom および pbinom を用いる．設定法は

$P(X = x)$ = dbinom(x,n,p) $P(X \le x)$ = pbinom(x,n,p)

である．

7.2 代表的な離散型分布

従う．$p = 0.6$, すなわち，薬剤の有効率が 60% であるとき，5 人の患者に投与した場合には平均 3 人の人の病気が治るが，病気の治る人が 2 人以下である確率は表 7.2.1 より 32% 程度あることになる．

患者集団における患者数が少ない場合には，確率は超幾何分布 (7.2.4 項) で与えられるが，通常は患者集団における患者数は十分多いので，二項分布が想定される． □

確率変数 X が二項分布 $B(n, p)$ に従うとき，X の期待値と分散は

$$E[X] = np, \qquad V[X] = np(1-p) \qquad (7.2.6)$$

で与えられる．これは，ベルヌーイ分布の期待値と分散から，期待値は

$$E[X] = E[R_1 + \cdots + R_n] = n \times E[R_i] = np$$

であり，分散も各 $R_1, \ldots, R_n$ が独立であることから

$$V[X] = V[R_1 + \cdots + R_n] = n \times V[R_i] = np(1-p)$$

と求められる．期待値 $E[X] = np$ は成功の確率 p の試行を n 回繰り返すときに期待される成功の回数であるので，直感的にもわかりやすい．分散 $V[X] = np(1-p)$ は $p = 0$ および 1 のときに最小値 0 を，$p = 0.5$ のときに最大値 $n/4$ をとる．$p = 0$ であれば必ず $X = 0$ であり，$p = 1$ であれば必ず $X = n$ であるので分散は 0 になる．$p = 0.5$ のときに X はいろいろな値をとりやすくなることから分散は最大になる．

二項分布のモーメント母関数は，二項定理により

$$M(t) = E[e^{tX}] = \sum_{x=0}^{n} e^{tx} {}_n\mathrm{C}_x p^x (1-p)^{n-x}$$

$$= \sum_{x=0}^{n} {}_n\mathrm{C}_x (pe^t)^x (1-p)^{n-x} = (1 - p + pe^t)^n$$

と求められる．この $M(t)$ の微分によっても期待値などのモーメントが計算できる．たとえば，

$$E[X] = M'(0) = n(1 - p + pe^t)^{n-1} pe^t \big|_{t=0} = np$$

などである．モーメントの計算から二項分布の歪度と尖度は

$$\beta_1 = \frac{1 - 2p}{\sqrt{np(1-p)}}, \qquad \beta_2 = \frac{1 - 6p(1-p)}{np(1-p)}$$

となることが示される．ともに n が大きくなると 0 に近づく．$p = 0.5$ のときは，分布は期待値を中心に左右対称であるので，すべての n で $\beta_1 = 0$ である．

二項分布 $B(n,p)$ の確率の最大値を与える x (モード) は，$(n+1)p$ が整数でないときは $(n+1)p$ を超えない最大の整数で与えられる．また，$(n+1)p$ が整数のときは，$x = (n+1)p - 1$ と $x = (n+1)p$ で確率は同じ最大値をとる．これは，(7.2.5) より，確率の比が $\dfrac{p(x+1)}{p(x)} = \dfrac{n-x}{x+1} \cdot \dfrac{p}{1-p}$ となることから，若干の考察の後に得られる．

2つの確率変数 X と Y が，互いに独立にそれぞれ成功の確率の等しい二項分布 $B(m,p)$ および $B(n,p)$ に従うとき，それらの和 $W = X+Y$ は $B(m+n,p)$ に従う．これを二項分布の**再生性**という．これは，X および Y のモーメント母関数がそれぞれ $M_X(t) = p(1-pe^t)^m$ および $M_Y(t) = p(1-pe^t)^n$ で与えられ，和 W のモーメント母関数はそれらの積 $M_W(t) = p(1-pe^t)^{m+n}$ となり，$M_W(t)$ は $B(m+n,p)$ のモーメント母関数であることから示される．成功の確率が異なる場合には，和は二項分布にはならない．

試行数 n が大きいとき，二項分布は正規分布で近似される．その理由は，二項分布に従う確率変数は互いに独立なベルヌーイ分布に従う確率変数の和で表され，確率変数の和の分布は正規分布で近似できるという中心極限定理 (第8章参照) による．二項確率の計算がたやすくできる現在では，単に確率計算のためだけであれば近似の意義はそう大きくはないが，後の章で議論する二項確率に関する統計的推測では，正規近似が重要な役割を果たす．

具体的には，二項分布 $B(n,p)$ は同じ期待値と分散をもつ正規分布 $N(np, np(1-p))$ で近似される．これを**ラプラスの定理**ともいう．ここで，近似の精度が良いためには，n が大きいだけでなく，np および $np(1-p)$ があまり小さくない必要がある．概ね両方とも5以上であればよいという基準がある．$X \sim B(n,p)$ および $Y \sim N(np, np(1-p))$ としたとき，

$$P(X \leq x) \approx P(Y \leq x), \quad P(X \geq x) \approx P(Y \geq x) \qquad (7.2.7)$$

と近似される．じつは，

$$P(X \leq x) \approx P(Y \leq x+0.5), \quad P(X \geq x) \approx P(Y \geq x-0.5) \qquad (7.2.8)$$

としたほうが近似の精度が良い．正規近似の際の (7.2.8) の補正は，一般に離散分布を連続分布で近似する場合の**連続補正** (continuity correction) もしくは連続修正という．

7.2 代表的な離散型分布

○例 **7.2.5** (連続補正の効果) 二項分布 $B(6, 0.5)$ では，期待値が $np = 3$，分散が $np(1-p) = 1.5$ であるので，それを近似する正規分布は $N(3, 1.5)$ である．図 7.2.2 はそれらを重ねて描いたものである．$X \sim B(6, 0.5)$, $Y \sim N(3, 1.5)$ としたとき，$P(X \leq 2) = 0.34375$ であるのに対し，$P(Y \leq 2) = 0.2071$ である．$np = 3$ と小さいので，連続補正を施さない正規近似はあまり良くない．連続補正を施すと，$P(Y \leq 2.5) = 0.3415$ と $P(X \leq 2)$ にきわめて近くなる．上側確率の場合は，分布は期待値を中心に左右対称であるので，$P(X \geq 4) = 0.34375$ に対し，連続補正を施した近似は $P(Y \geq 3.5) = 0.3415$ となる． □

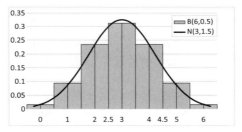

図 7.2.2　二項分布 $B(6, 0.5)$ と近似する正規分布 $N(3, 1.5)$

7.2.4 超幾何分布

母集団は全部で N 個の個体からなり，ある特性 A をもつもの M 個と，もたないもの $(N-M)$ 個で構成されるとする．この母集団から無作為に非復元抽出により n 個の個体を選び，その中で特性 A をもつものの個数を X とする．この X の確率分布を**超幾何分布** (hypergeometric distribution) といい，$H(n, M, N)$ と書く．

超幾何分布 $H(n, M, N)$ の確率関数 $p(x)$ は

$$p(x) = \frac{{}_M C_x \times {}_{N-M} C_{n-x}}{{}_N C_n} \tag{7.2.9}$$

で与えられる．(ここで，x のとりうる値の範囲は $\{\max(0, n-N+M), \ldots, \min(n, M)\}$ である．) なぜならば，全部で N 個の個体から n 個を選ぶ選び方は ${}_N C_n$ 通りある．特性 A をもつ M 個から x 個を選ぶ選び方は ${}_M C_x$ 通りであり，そのそれぞれに対して特性 A をもたない $(N-M)$ 個から $(n-x)$ 個を選ぶ選び方 ${}_{N-M} C_{n-x}$ が対応するので，確率は (7.2.9) で与えられる．x の範囲は，特性をもつ個体もしくはもたない個体がすべて選ばれるという条件から求められる．

超幾何分布は非復元抽出の場合の確率分布であるが，復元抽出とすると $p = M/N$ とした二項分布になる．非復元抽出であっても，母集団の個体数 N および M がきわめて大きい場合には復元抽出に近くなり，二項分布に近似する．すなわち，$N \to \infty$ で $M/N \to p$ のとき超幾何分布 $H(n, M, N)$ は二項分布 $B(n, p)$ に近づく．

超幾何分布 $H(n, M, N)$ の期待値と分散は

$$E[X] = \frac{nM}{N}, \qquad V[X] = \frac{N-n}{N-1} \cdot n \cdot \frac{M}{N}\left(1 - \frac{M}{N}\right) \qquad (7.2.10)$$

となる．実際，期待値は $\sum_x xp(x)$ の計算により得られ，分散は，まず $E[X(X-1)]$ を求め，$V[X] = E[X(X-1)] + E[X] - (E[X])^2$ より計算される．

母集団で特性 A をもつ個体の比率を $p = M/N$ とすると，(7.2.10) の期待値と分散はそれぞれ

$$E[X] = np, \qquad V[X] = \frac{N-n}{N-1} \cdot np(1-p) \qquad (7.2.11)$$

となる．(7.2.11) より，期待値は二項分布の期待値と同じになるが，分散は二項分布の分散よりも小さくなることがわかる[4]．

○例 **7.2.6** (確率の計算) 箱の中に白玉が 4 個，赤玉が 6 個の計 10 個が入っている．この中からランダムに 3 個の玉を取り出したときの白玉の個数は超幾何分布 $H(3, 4, 10)$ に従う．Excel では，たとえば

$P(X = 2)$ = HYPGEOM.DIST(2, 3, 4, 10, 0) = 0.3

$P(X \leq 2)$ = HYPGEOM.DIST(2, 3, 4, 10, 1) = 0.967

となり，R では，

```
dhyper(2,4,6,3) = 0.3
phyper(2,4,6,3) = 0.9666667
```

と計算される． □

○例 **7.2.7** (超幾何分布と二項分布) 自然数 k に対し，箱の中に白玉が $4k$ 個，赤玉が $6k$ 個の計 $10k$ 個が入っている．この中からランダムに 3 個の玉を取り出したとき白玉が 2 個である確率をいくつかの k について求めると，表 7.2.2 のようになる．超幾何分布は $k \to \infty$ とすると二項分布 $B(3, 0.4)$ になることがみてとれる． □

---

[4] 超幾何分布 $H(n, M, N)$ の確率は，Excel では関数 HYPGEOM.DIST で計算できる．設定は
$P(X = x)$ = HYPGEOM.DIST($x, n, M, N,$ 0) $\qquad P(X \leq x)$ = HYPGEOM.DIST($x, n, M, N,$ 1)
である．R では関数 dhyper および phyper を用いて
$P(X = x)$ = dhyper(x, M, N-M, n) $\qquad P(X \leq x)$ = phyper(x, M, N-M, n)
である．R では，Excel とはパラメータの設定法が異なるので注意が必要である．

表 7.2.2 超幾何分布と二項分布

k	M	N	$P(X=2)$
1	4	6	0.30000
10	40	60	0.28942
50	200	300	0.28829
100	400	600	0.28814
1000	4000	6000	0.28801
$B(3, 0.4)$			0.28800

7.2.5 ポアソン分布

ポアソン分布は，稀な事象の生起回数を表す確率分布である．X を 0 以上の整数値をとる離散型確率変数とし，その確率分布が，λ を正の定数として

$$P(X=x) = \frac{\lambda^x}{x!} e^{-\lambda} \qquad (x=0,1,2,\ldots) \qquad (7.2.12)$$

で与えられるとき，これをパラメータ λ の**ポアソン分布** (Poisson distribution) といい，$Poisson(\lambda)$ と書く．確率は

$$P(X=0) = e^{-\lambda}, \quad P(X=1) = \lambda e^{-\lambda}, \quad P(X=2) = \frac{\lambda^2}{2} e^{-\lambda}, \ldots$$

などと計算される．確率すべての和が 1 になることは，指数関数 e^λ のテーラー展開を用いて

$$\sum_{x=0}^{\infty} \frac{\lambda^x}{x!} e^{-\lambda} = e^{-\lambda} \sum_{x=0}^{\infty} \frac{\lambda^x}{x!} = e^{-\lambda} \times e^\lambda = 1$$

より示される．

ポアソン分布 $Poisson(\lambda)$ は，試行回数 n，成功の確率 p の二項分布 $B(n,p)$ において，$\lambda = np$ とおき，$n \to \infty$ $(p \to 0)$ とした極限の分布である．ある事象の生起確率自体はきわめて小さいが試行回数が多いことから，何回かの事象の生起が観測される現象のモデルである．たとえば，ある薬剤を服用した場合の重篤な副作用の件数では，各人が副作用を起こす確率はきわめて小さいが，薬剤を服用する人が多い場合，何件かの事象が観測されることになり，副作用件数はポアソン分布で近似される．同様の理由で，ある地域における交通事故や火事の件数もポアソン分布になる[5]．

---

5) Excel での確率計算は組み込み関数の POISSON(x, λ, c) によって行う．$c=0$ とすると確率 $P(X=x)$ が求められ，$c=1$ とすると下側累積確率 $P(X \leq x)$ が得られる．R では，関数 dpois および ppois を用いる．

パラメータ λ のポアソン分布に従う確率変数 X の期待値と分散は $E[X] = V[X] = \lambda$ となる．これらは次のように示される．

まず，期待値の定義より

$$E[X] = \sum_{x=0}^{\infty} x \times \frac{\lambda^x}{x!} e^{-\lambda} = \sum_{x=1}^{\infty} \frac{\lambda \times \lambda^{x-1}}{(x-1)!} e^{-\lambda} = \lambda \times \sum_{k=1}^{\infty} \frac{\lambda^k}{k!} e^{-\lambda} = \lambda$$

となる．ここで，$k = x - 1$ とおき，ポアソン分布の全確率は 1 になることを用いた．分散に関しては，$l = x - 2$ とおき，

$$E[X(X-1)] = \sum_{x=0}^{\infty} x(x-1) \times \frac{\lambda^x}{x!} e^{-\lambda}$$

$$= \sum_{x=2}^{\infty} \frac{\lambda^2 \times \lambda^{x-2}}{(x-2)!} e^{-\lambda} = \lambda^2 \times \sum_{l=0}^{\infty} \frac{\lambda^l}{l!} e^{-\lambda} = \lambda^2$$

より，

$$V[X] = E[X^2] - (E[X])^2$$
$$= E[X(X-1)] + E[X] - (E[X])^2 = \lambda^2 + \lambda - \lambda^2 = \lambda$$

を得る．期待値と分散が等しいのがポアソン分布の一つの特徴である．

ポアソン分布のモーメント母関数は

$$M(t) = E[e^{tX}] = \sum_{x=0}^{\infty} e^{tx} \frac{\lambda^x}{x!} e^{-\lambda} = \sum_{x=0}^{\infty} \frac{(\lambda e^t)^x}{x!} e^{-\lambda} = \exp[\lambda(e^t - 1)]$$

となる．これより，キュムラント母関数は

$$\psi(t) = \log M(t) = \lambda(e^t - 1) = \lambda \left(t + \frac{t^2}{2!} + \frac{t^3}{3!} + \cdots \right)$$

となるので，すべての次数のキュムラントは λ となる．また，階乗モーメントは

$$\mu_{[k]} = E[X(X-1) \cdots (X-k+1)]$$
$$= \sum_{x=0}^{\infty} x(x-1) \cdots (x-k+1) \times \frac{\lambda^x}{x!} e^{-\lambda} = \lambda^k \sum_{x=k}^{\infty} \frac{\lambda^{x-k}}{(x-k)!} e^{-\lambda} = \lambda^k$$

と簡単な形で与えられる．モーメントの計算から，歪度と尖度は

$$\beta_1 = \frac{1}{\sqrt{\lambda}}, \quad \beta_2 = \frac{1}{\lambda}$$

であることが示される．いずれも λ が大きくなると 0 に近づくので，λ が大きくなると分布は正規分布で近似しうることがわかる．

7.2 代表的な離散型分布

ポアソン分布の相続く確率の比は

$$\frac{p(x+1)}{p(x)} = \frac{\lambda^{x+1}e^{-\lambda}/(x+1)!}{\lambda^x e^{-\lambda}/x!} = \frac{\lambda}{x+1}$$

であり，この式の変形により，$Poisson(\lambda)$ における確率の最大値を与える x (モード) は，λ が整数でない場合には λ を超えない最大の整数で与えられ，λ が整数の場合には，$x = \lambda - 1$ と $x = \lambda$ で確率は同じ最大値をとることが示される．

$X_1, \ldots, X_n$ が互いに独立にそれぞれパラメータ $\lambda_1, \ldots, \lambda_n$ のポアソン分布に従うとき，それらの和 $W = X_1 + \cdots + X_n$ はパラメータ $\lambda_1 + \cdots + \lambda_n$ のポアソン分布に従う．これは，それぞれのモーメント母関数を $M_1(t), \ldots, M_n(t)$ としたとき，和 W のモーメント母関数はそれらの積

$$M_W(t) = \exp[\lambda_1(e^t - 1)] \cdots \exp[\lambda_n(e^t - 1)]$$
$$= \exp[(\lambda_1 + \cdots + \lambda_n)(e^t - 1)]$$

で与えられることから示される．この性質をポアソン分布の**再生性**という．このことは逆に，パラメータ λ のポアソン分布は，互いに独立にパラメータ λ/n のポアソン分布に従う変量の和であるとの解釈もできる．上記で，ポアソン分布は λ が大きいとき正規分布で近似できると述べたが，その理由は，確率変数の和の分布は正規分布で近似できるという中心極限定理 (第 8 章参照) によるものである．

○例 **7.2.8** (ポアソン分布と二項分布の確率の計算)　$\lambda = 3$ のポアソン分布 $Poisson(3)$ の確率計算は，Excel では，たとえば

　　$P(X = 2)$ = POISSON(2, 3, 0) = 0.224042
　　$P(X \leq 2)$ = POISSON(2, 3, 1) = 0.423190

となり，R では

```
dpois(2, 3) = 0.2240418
ppois(2, 3) = 0.4231901
```

となる．図 7.2.3 は $Poisson(3)$ の確率分布を示したものである (10 以上の値もとりうる)．$\lambda = 3$ と λ の値が整数であるので，$x = 2$ と $x = 3$ で確率の最大値を与える．

$Poisson(3)$ と期待値が同じ 3 である 4 種類の二項分布 $B(10, 0.3)$，$B(100, 0.03)$，$B(1000, 0.003)$，$B(10000, 0.0003)$ の確率を比較したのが表 7.2.3 である．n が大きいほど確率が近い様子がみてとれる．　□

図 7.2.3　ポアソン分布 $Poisson(3)$ の確率分布

表 7.2.3　ポアソン分布と二項分布

x	$B(10, 0.3)$	$B(100, 0.03)$	$B(1000, 0.003)$	$B(10000, 0.0003)$	$Poisson(3)$
0	0.02825	0.04755	0.04956	0.04976	0.04979
1	0.12106	0.14707	0.14914	0.14934	0.14936
2	0.23347	0.22515	0.22415	0.22405	0.22404
3	0.26683	0.22747	0.22438	0.22408	0.22404
4	0.20012	0.17061	0.16828	0.16806	0.16803
5	0.10292	0.10131	0.10087	0.10082	0.10082
6	0.03676	0.04961	0.05033	0.05040	0.05041
7	0.00900	0.02060	0.02151	0.02159	0.02160
8	0.00145	0.00741	0.00803	0.00809	0.00810
9	0.00014	0.00234	0.00266	0.00270	0.00270
10	0.00001	0.00066	0.00079	0.00081	0.00081

7.2.6　幾何分布

成功の確率 p のベルヌーイ試行で，初めて成功するまでに要した失敗の回数を表す確率変数を X とする．失敗が x 回続く確率は $(1-p)^x$ であり，$(x+1)$ 回目に成功するので，

$$P(X = x) = p(1-p)^x \qquad (x = 0, 1, 2, \ldots) \qquad (7.2.13)$$

となる．この分布を**幾何分布** (geometric distribution) という．$x = 0, 1, 2, \ldots$ に対し，確率は $p, p(1-p), p(1-p)^2, \ldots$ と幾何数列 (等比数列) になることからその名がある．全確率が 1 になることは，数列の初項が p で公比は $1-p$ であることから，

$$\sum_{x=0}^{\infty} p(1-p)^x = \frac{p}{1-(1-p)} = 1$$

と示される．失敗が x 回よりも多く続く確率は

$$P(x < X) = \sum_{k=x+1}^{\infty} p(1-p)^k = \frac{p(1-p)^{x+1}}{1-(1-p)} = (1-p)^{x+1}$$

7.2 代表的な離散型分布

であるので,失敗が x 回以下である累積確率 (累積分布関数) は

$$F(x) = P(X \leq x) = 1 - P(x < X) = 1 - (1-p)^{x+1} \quad (7.2.14)$$

となる.

成功の確率 p の幾何分布の期待値と分散は

$$E[X] = \frac{1-p}{p}, \quad V[X] = \frac{1-p}{p^2} \quad (7.2.15)$$

となる.まず,期待値を $m = E[X]$ とすると

$$m = \sum_{x=0}^{\infty} xp(1-p)^x = p(1-p) + 2p(1-p)^2 + 3p(1-p)^3 + \cdots$$

であるが,この式の両辺に $(1-p)$ をかけると

$$(1-p)m = \sum_{x=0}^{\infty} xp(1-p)^{x+1} = p(1-p)^2 + 2p(1-p)^3 + 3p(1-p)^4 + \cdots$$

となり,これらの引き算により左辺は $m - (1-p)m = pm$ であり,右辺は

$$p(1-p) + p(1-p)^2 + p(1-p)^3 + \cdots = \frac{p(1-p)}{1-(1-p)} = 1-p$$

であるので,$m = E[X] = \dfrac{1-p}{p}$ を得る.分散も,やや面倒であるが,同様に導出できる.

条件 $X \geq c$ が与えられたときの X の条件付き確率 $P(X \geq c+x \mid X \geq c)$ は,$P(X \geq x) = (1-p)^x$ であること,および $P(\{X \geq c+x\} \cap \{X \geq c\}) = P(X \geq c+x)$ に注意すると,

$$P(X \geq c+x \mid X \geq c) = \frac{(1-p)^{c+x}}{(1-p)^c} = (1-p)^x = P(X \geq x)$$

となる.すなわち,最初から c 回失敗し続けたときに,さらに x 回以上失敗する確率は,最初から x 回以上失敗する確率に等しいことを意味する.この性質は,離散型分布のなかでは幾何分布に特徴的なものであり (連続型分布では指数分布にこの性質がある),最初に c 回失敗したという記憶を失っていることから,**無記憶性**とよばれる.

ここでは幾何分布を,初めて成功するまでに要した失敗の回数により定義したが,初めて成功するまでに要した試行回数として定義する場合もある.そのときの確率変数を Y とすると $Y = X+1$ であり,確率は

$$P(Y = y) = p(1-p)^{y-1} \quad (y = 1, 2, \ldots) \quad (7.2.16)$$

となる．このときの期待値と分散は，(7.2.15) よりそれぞれ

$$E[Y] = \frac{1}{p}, \quad V[Y] = \frac{1-p}{p^2}$$

で与えられる．

○例 **7.2.9** (さいころの目)　さいころを 6 の目が出るまで投げ続けるとする．6 以外の目が出る回数を X とするとき，3 回目までに 6 の目が出る確率は，失敗が 2 回以下である確率 $P(X \leq 2)$ であるので，

$$P(X \leq 2) = P(X = 0) + P(X = 1) + P(X = 2)$$
$$= \frac{1}{6} + \left(\frac{1}{6}\right)\left(\frac{5}{6}\right) + \left(\frac{1}{6}\right)\left(\frac{5}{6}\right)^2 = 0.421296$$

となる．また，

$$P(X \leq 2) = 1 - P(X > 2) = 1 - \left(\frac{1}{6}\right)^3 = 1 - 0.578704 = 0.421296$$

としても求められる．このとき，

$$E[X] = \frac{1 - \frac{1}{6}}{\frac{1}{6}} = \frac{5/6}{1/6} = 5$$

であるので，平均 5 回は 6 以外の目が出続けることになる．　　□

7.2.7　多項分布

二項分布では試行結果は 2 種類のいずれかであった．ここでは一般に，試行結果が m 種類のいずれかである場合を扱う．試行結果は m 種のカテゴリー $A_1, \ldots, A_m$ のいずれかであり，それぞれが生起する確率を $p_1, \ldots, p_m$ とする．n 回の独立試行で $A_1, \ldots, A_m$ のそれぞれが生じた回数を表す確率変数を $X_1, \ldots, X_m$ とするとき，これらの従う分布を，試行回数 n，確率 $p_1, \ldots, p_m$ の**多項分布** (multinomial distribution) という．

試行回数 n，確率 $p_1, \ldots, p_m$ の多項分布に従う確率変数 $X_1, \ldots, X_m$ に対し，その同時確率は

$$P(X_1 = x_1, \ldots, X_m = x_m) = \frac{n!}{x_1! \cdots x_m!} p_1^{x_1} \cdots p_m^{x_m} \quad (7.2.17)$$

となる．実際，n 回の独立試行の特定の結果が $X_1 = x_1, \ldots, X_m = x_m$ となる確率は，積 $p_1^{x_1} \cdots p_m^{x_m}$ となる．こうなる場合の数は，n 個のものを $x_1, \ldots, x_m$ に分ける組合せの数であり $\dfrac{n!}{x_1! \cdots x_m!}$ となる (これを**多項係数**という)．よっ

7.2 代表的な離散型分布

て (7.2.17) を得る．

多項分布では，確率変数は $X_1,\ldots,X_m$ と m 個あるようにみえるが，それらの和は n と決まっているので，$X_1,\ldots,X_{m-1}$ の値が定まれば X_m は自動的に定まる．よって実質の確率変数は $(m-1)$ 個である．実際，$m=2$ の多項分布では確率変数は 1 つで二項分布になる．また，多項分布において，任意の A_j の生じた回数 X_j の分布は，n 回の試行の結果は A_j かそうでないかの 2 種類であることから，試行回数 n および確率 p_j の二項分布となる．

$X_1,\ldots,X_m$ を，試行回数 n，確率 $p_1,\ldots,p_m$ の多項分布に従う確率変数とするとき，平均，分散，共分散，相関係数はそれぞれ

$$E[X_j] = np_j, \quad V[X_j] = np_j(1-p_j) \qquad (j=1,\ldots,m) \quad (7.2.18)$$

$$Cov[X_j, X_k] = -np_jp_k \qquad (j,k=1,\ldots,m;\ j\neq k) \quad (7.2.19)$$

$$R[X_j, X_k] = -\sqrt{\frac{p_j}{1-p_j} \times \frac{p_k}{1-p_k}} \quad (7.2.20)$$

となる．実際，X_j の周辺分布は試行回数 n，確率 p_j の二項分布であるので，(7.2.18) となる．共分散についてはまず，

$$E[X_jX_k] = \sum x_jx_k \frac{n!}{x_1!\cdots x_m!} p_1^{x_1}\cdots p_m^{x_m}$$
$$= n(n-1)p_jp_k \sum \frac{(n-2)!}{x_1!\cdots(x_j-1)!\cdots(x_k-1)!\cdots x_m!}$$
$$\times p_1^{x_1}\cdots p_j^{x_j-1}\cdots p_k^{x_k-1}\cdots p_m^{x_m}$$

であるが，最後の和は試行回数 $(n-2)$ の多項分布の全確率であるので 1 になり，結局，$E[X_jX_k] = n(n-1)p_jp_k$ を得る．よって，

$$Cov[X_j, X_k] = E[X_jX_k] - E[X_j]E[X_k]$$
$$= n(n-1)p_jp_k - np_j \times np_k = -np_jp_k$$

と (7.2.19) が示される．相関係数 (7.2.20) は，(7.2.18) および (7.2.19) より導かれる．相関係数が A_j と A_k のそれぞれのオッズの相乗平均 (積の平方根) となることは興味深い[6]．

---

[6] 試行回数 n，確率 $p_1,\ldots,p_m$ の多項分布に従う確率変数の値が $x_1,\ldots,x_m$ となる確率は，Excel では，多項係数を計算する関数である **MULTINOMIAL** を用いて
  MULTINOMIAL$(x_1,\ldots,x_m)*(p_1\char`\^x_1)* \ldots *(p_m\char`\^x_m)$
で求められる．R では
  `dmultinom(c(x`$_1$`,...,x`$_m$`),prob=c(p`$_1$`,...,p`$_m$`))`
とする．

○例 **7.2.10** (確率の計算) 箱の中に，赤玉が 2 個，白玉が 3 個，青玉が 5 個入っている．この箱からランダムに復元抽出で球を 5 回取り出し，それらが，赤玉 2 個，白玉 1 個，青玉 2 個である確率は，$\frac{5!}{2! \times 1! \times 2!}(0.2)^2(0.3)^1(0.5)^2 = 0.09$ となる．Excel では

  MULTINOMIAL(2, 1, 2)*(0.2^2)*(0.3^1)*(0.5^2) = 0.09

となり，R では

  dmultinom(c(2,1,2),prob=c(0.2,0.3,0.5)) = 0.09

となる． □

7.3 代表的な連続型分布

ここでは正規分布以外の重要な連続型分布についてみてみよう．

7.3.1 一様分布

確率変数 X は連続型で区間 (a,b) のなかの値のみをとり，区間内のどの値となる確率も同様に確からしいとき，X は区間 (a,b) 上の**一様分布** (uniform distribution) に従うという．X の確率密度関数は

$$f(x) = \begin{cases} \dfrac{1}{b-a} & (a < x < b) \\ 0 & (それ以外) \end{cases}$$

であり，累積分布関数 $F(x) = P(X \leq x)$ は，

$$\int_a^x f(x)\,dx = \frac{1}{b-a}\int_a^x 1\,dx = \frac{1}{b-a}[x]_a^x = \frac{x-a}{b-a}$$

より，

$$F(x) = \begin{cases} 0 & (x \leq a) \\ \dfrac{x-a}{b-a} & (a < x < b) \\ 1 & (b \leq x) \end{cases} \tag{7.3.1}$$

となる (図 7.3.1 (a), (b) 参照)．

特に，$a = 0, b = 1$ とした区間 $(0,1)$ 上の一様分布に従う確率変数は**一様乱数**ともよばれる．X が区間 (a,b) 上の一様分布に従うとき，$Z = \dfrac{X-a}{b-a}$ とすると，Z は区間 $(0,1)$ 上の一様分布に従う．逆に，Z が区間 $(0,1)$ 上の一様分布に従うとき，$X = (b-a)Z + a$ は区間 (a,b) 上の一様分布に従う．一様分布の全確率が 1，すなわち $\int_a^b f(x)\,dx = 1$ となることは，図 7.3.1 (a) でみるよう

7.3 代表的な連続型分布

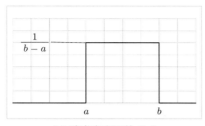
(a) 確率密度関数 $f(x)$

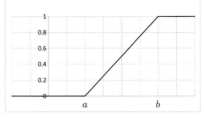
(b) 累積分布関数 $F(x)$

図 7.3.1　一様分布の確率密度関数と累積分布関数

に，$f(x)$ と x 軸とで囲まれる部分が，底辺が $(b-a)$ で高さが $\dfrac{1}{b-a}$ の長方形であることから容易に示される．

区間 (a, b) 上の一様分布に従う確率変数 X の期待値は $E[X] = \dfrac{b+a}{2}$ と区間の中点であり，分散は $V[X] = \dfrac{(b-a)^2}{12}$ と区間幅の 2 次関数となる．これらの結果は，期待値については，定義から

$$E[X] = \int_a^b x \times \frac{1}{b-a}\,dx = \frac{1}{b-a}\left[\frac{x^2}{2}\right]_a^b = \frac{1}{b-a} \times \frac{b^2-a^2}{2} = \frac{b+a}{2}$$

となり，分散は

$$V[X] = \int_a^b \left(x - \frac{b+a}{2}\right)^2 \times \frac{dx}{b-a} = \frac{1}{b-a}\left[\frac{1}{3}\left(x - \frac{b+a}{2}\right)^3\right]_a^b = \frac{(b-a)^2}{12}$$

と得られる．

ある連続型確率変数 X の累積分布関数 $F(x)$ が狭義単調増加であるとき，$U = F(X)$ と変換して得られる U は区間 $(0, 1)$ 上の一様分布に従う．この変換 $U = F(X)$ を**確率積分変換**という．証明は，U の累積分布関数を $G(u) = P(U \leq u)$ とし，$0 \leq u \leq 1$ において，ある u に対し $u = F(x)$ となる値を $x = F^{-1}(u)$ とするとき，

$$G(u) = P(U \leq u) = P(F(X) \leq u)$$
$$= P(X \leq F^{-1}(u)) = P(X \leq x) = F(x) = u$$

であり，$G(u) = u$ は (7.3.1) から区間 $(0, 1)$ 上の一様分布の累積分布関数であることより示される．逆に，U が区間 $(0, 1)$ 上の一様分布に従うとき，$X = F^{-1}(U)$ は $F(x)$ を累積分布関数にもつ確率分布に従う確率変数となる．

○例 **7.3.1** (四捨五入) 大学の校門から教室までの距離を測ったときの計測値を Y とし，それをメートル単位に四捨五入したものを W とする．四捨五入分を $X = Y - W$ とすると，X は区間 $(-0.5, 0.5)$ 上の一様分布に従う（単位：メートル）．このとき，$E[X] = 0$，$V[X] = \frac{1}{12}$ である． □

7.3.2 指数分布

0 以上の実数値をとる確率変数 X の確率密度関数が，μ を正の定数として

$$f(x) = \begin{cases} \dfrac{1}{\mu} e^{-x/\mu} & (0 \leq x) \\ 0 & (x < 0) \end{cases} \qquad (7.3.2)$$

となるとき，X はパラメータ μ の**指数分布** (exponential distribution) に従うという[7]．$x \geq 0$ に対して，

$$P(X \leq x) = \int_0^x \frac{1}{\mu} e^{-x/\mu} \, dx = \left[-e^{-x/\mu} \right]_0^x = 1 - e^{-x/\mu}$$

であるので，累積分布関数は

$$F(x) = \begin{cases} 1 - e^{-x/\mu} & (x \geq 0) \\ 0 & (x < 0) \end{cases} \qquad (7.3.3)$$

となる（図 7.3.2 参照）．(7.3.3) より，X が x よりも大きな値をとる確率は

$$Q(x) = P(X > x) = 1 - F(x) = e^{-x/\mu} \qquad (7.3.4)$$

となる．指数分布は，機械部品などの寿命を表す基本的な分布として広く用いられる．

パラメータ μ の指数分布に従う確率変数 X の期待値と分散は

$$E[X] = \mu, \qquad V[X] = \mu^2$$

で与えられる．実際，期待値は，$\int e^{-x/\mu} dx = -\mu e^{-x/\mu}$ であること，および $\lim_{x \to \infty} x e^{-x/\mu} = 0$ より，部分積分を用いて

$$E[X] = \int_0^\infty x \times \frac{1}{\mu} e^{-x/\mu} \, dx$$

$$= \left[-x e^{-x/\mu} \right]_0^\infty + \int_0^\infty e^{-x/\mu} \, dx = 0 + \left[\mu e^{-x/\mu} \right]_0^\infty = \mu$$

---

[7] ここでは，μ をパラメータとして確率密度関数を (7.3.2) のように定義したが，その逆数を $\lambda = 1/\mu$ とおいて定義し，確率密度関数を，$x > 0$ に対して $f(x) = \lambda e^{-\lambda x}$ とする流儀もある．

7.3 代表的な連続型分布

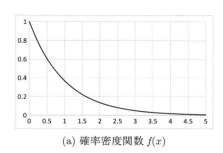
(a) 確率密度関数 $f(x)$

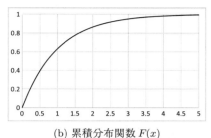
(b) 累積分布関数 $F(x)$

図 7.3.2 $\mu = 1$ の指数分布の確率密度関数と累積分布関数

となる．同じく部分積分により

$$E[X^2] = \int_0^\infty x^2 \times \frac{1}{\mu} e^{-x/\mu} \, dx$$
$$= \left[-x^2 e^{-x/\mu}\right]_0^\infty + 2\int_0^\infty x e^{-x/\mu} \, dx = 0 + 2\mu^2 = 2\mu^2$$

であるので，分散は

$$V[X] = E[X^2] - (E[X])^2 = 2\mu^2 - \mu^2 = \mu^2$$

となる．よって変動係数は $CV = \dfrac{SD[X]}{E[X]} = \dfrac{\mu}{\mu} = 1$ となる．

モーメント母関数は，$t < \mu$ において

$$M(t) = E[e^{tX}] = \int_0^\infty e^{tx} \frac{1}{\mu} e^{-x/\mu} \, dx$$
$$= \frac{1}{\mu} \int_0^\infty e^{-(t-1/\mu)x} \, dx = (1 - \mu t)^{-1} \quad (7.3.5)$$

となる．なお，期待値と分散はモーメント母関数 (7.3.5) の微分からも得られる．

指数分布は，図 7.3.2 にみるようにきわめて歪んだ分布である．パラメータ μ の指数分布の中央値 m は，$F(m) = 1 - e^{-m/\mu} = 0.5$ より $m = \mu \log 2$ となる．$\log 2 \approx 0.7$ であるので，中央値のほうが期待値よりも小さい．ちなみに，X が期待値 μ 以下となる確率は

$$P(X \leq \mu) = F(\mu) = 1 - e^{-1} \approx 1 - 0.368 = 0.632$$

と μ によらず一定である．

幾何分布同様，指数分布でも**無記憶性**が成り立つ．すなわち，c をある定数としたとき，$X > c$ の条件のもとでさらに x だけ加えて $c + x$ より X が大き

くなる条件付き確率 $P(X > c + x \mid X > c)$ は，(7.3.2) より

$$P(X > c + x \mid X > c) = \frac{P(X > c + x)}{P(X > c)} = \frac{e^{-(c+x)/\mu}}{e^{-c/\mu}} = e^{-x/\mu} = P(X > x)$$

と，最初から x よりも大きな値をとる確率に等しくなる．たとえば，機械部品の寿命を観測する試行で，x 時点ではまだ稼動しているが，次の瞬間，すなわち dx を微小時間として区間 $(x, x + dx)$ の間に故障する確率 (瞬間故障率) は，$F(x)$ の導関数が $f(x)$ であることより，

$$P(x < X < x + dx \mid X > x) \approx \frac{f(x)\,dx}{Q(x)} = \frac{\frac{1}{\mu}e^{-x/\mu}}{e^{-x/\mu}} = \frac{1}{\mu}$$

と時点 x に無関係となる．これも指数分布に特有の性質である．

指数分布とポアソン分布とには次のような関係がある．たとえば，ある店への来客や PC に届くメールなどのように，時間を追って生起する事象の相続く生起間の時間間隔が互いに独立にパラメータ μ の指数分布に従うとき，時間 t 内に生起する事象数は，パラメータ $t/\mu\ (= \lambda t)$ のポアソン分布に従う．

7.3.3 ガンマ分布

0 よりも大きな実数 α に対し，積分

$$\Gamma(\alpha) = \int_0^\infty t^{\alpha-1} e^{-t}\,dt \qquad (7.3.6)$$

で定義される α の関数を**ガンマ関数**という．ガンマ関数 $\Gamma(\alpha)$ に対し，α に関する漸化式 $\Gamma(\alpha) = (\alpha - 1)\Gamma(\alpha - 1)$ が成り立つ．特に $\Gamma(1) = 1$, $\Gamma(\frac{1}{2}) = \sqrt{\pi}$ である．また，α が自然数 n のときは $\Gamma(n) = (n-1)!$ となる．すなわち，ガンマ関数は自然数 n の階乗 $n!$ の n を実数 α に拡張したものである[8]．

ガンマ関数 (7.3.6) を用いて，ガンマ分布が定義される．連続型確率変数 X の確率密度関数が，α, β を 0 よりも大きな定数として

$$f(x; \alpha, \beta) = \begin{cases} \dfrac{1}{\Gamma(\alpha)\beta^\alpha} x^{\alpha-1} e^{-x/\beta} & (0 \leq x) \\ 0 & (x < 0) \end{cases} \qquad (7.3.7)$$

で与えられるとき，この確率分布を**ガンマ分布** (gamma distribution) といい，$Gamma(\alpha, \beta)$ と書く．α は分布の形状を表すパラメータ (形状母数)，β は尺

---

[8] Excel にはガンマ関数および対数ガンマ関数を計算する関数 GAMMA および GAMMALN が用意されている．たとえば，$\Gamma(5) = \text{GAMMA}(5) = 24$, $\log \Gamma(5) = \text{GAMMALN}(5) \approx 3.178054$ であり，$\Gamma(5) = \text{EXP}(\text{GAMMALN}(5)) = 24\ (= 4!)$ となる．

7.3 代表的な連続型分布

度を表すパラメータ (尺度母数) である．ガンマ分布で $\alpha = 1$ とすると

$$f(x;\beta) = \begin{cases} \dfrac{1}{\beta}e^{-x/\beta} & (0 \leq x) \\ 0 & (x < 0) \end{cases}$$

となり，これはパラメータ β の指数分布である．すなわち，ガンマ分布は指数分布の拡張である．図 7.3.3 に $\beta = 1$ としたときの $\alpha = 1, \ldots, 5$ の場合の確率密度関数を示す．特に α が正の整数値のときの分布を**アーラン分布** (Erlang distribution) ともいう．これは，後に示すように，同じパラメータをもつ指数分布に従う確率変数の和の分布である．

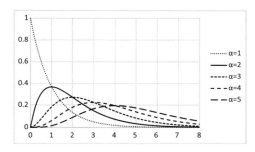

図 7.3.3 ガンマ分布の確率密度関数 $Gamma(\alpha, 1)$

$X \sim Gamma(\alpha, \beta)$ のとき，モーメント母関数は

$$\begin{aligned} M(t) = E[e^{tX}] &= \int_0^\infty e^{tx} \frac{1}{\Gamma(\alpha)\beta^\alpha} x^{\alpha-1} e^{-x/\beta} \, dx \\ &= \frac{1}{\Gamma(\alpha)\beta^\alpha} \int_0^\infty x^{\alpha-1} e^{-\{(1-\beta t)/\beta\}x} \, dx \\ &= (1 - \beta t)^{-\alpha} \end{aligned} \quad (7.3.8)$$

となる．原点まわりの k 次のモーメントは

$$\begin{aligned} \mu_k' = E[X^k] &= \frac{1}{\Gamma(\alpha)\beta^\alpha} \int_0^\infty x^k \cdot x^{\alpha-1} e^{-x/\beta} \, dx \\ &= \frac{1}{\Gamma(\alpha)\beta^\alpha} \int_0^\infty x^{(\alpha+k)-1} e^{-x/\beta} \, dx = \beta^k \frac{\Gamma(\alpha+k)}{\Gamma(\alpha)} \end{aligned}$$

となることが示される．これは (7.3.8) の $M(t)$ の微分によっても得られる．期待値と分散は

$$E[X] = \alpha\beta, \qquad V[X] = \alpha\beta^2$$

である．歪度と尖度は，モーメントの計算から

$$\beta_1 = \frac{2}{\sqrt{\alpha}}, \qquad \beta_2 = \frac{6}{\alpha}$$

となる．いずれも α のみに依存し，β には無関係となる．最頻値 (モード) は，$\alpha = 1$ では指数分布であるので $x = 0$ であり，$\alpha > 1$ のとき

$$\frac{d}{dz}\frac{1}{\Gamma(\alpha)}z^{\alpha-1}e^{-z} = \{(\alpha-1) - z\}\frac{1}{\Gamma(\alpha)}z^{\alpha-2}e^{-z} = 0$$

より，$x = (\alpha - 1)\beta$ で与えられる (図 7.3.3 参照)．

X および Y を互いに独立にそれぞれ β が共通なガンマ分布 $Gamma(\alpha_1, \beta)$, $Gamma(\alpha_2, \beta)$ に従う確率変数としたとき，それらの和 $W = X + Y$ のモーメント母関数は，各モーメント母関数の積であり，(7.3.8) より

$$M_W(t) = E[\exp\{t(X+Y)\}] = E[\exp(tX)]\,E[\exp(tY)]$$
$$= (1-\beta t)^{-\alpha_1}(1-\beta t)^{-\alpha_2} = (1-\beta t)^{-(\alpha_1+\alpha_2)}$$

となるので，W は $Gamma(\alpha_1 + \alpha_2, \beta)$ に従うことがわかる．この性質をガンマ分布の**再生性**という．特に，n 個の確率変数 $X_1, \ldots, X_n$ が互いに独立に平均値 μ の指数分布に従うとき，それらの和 $W = X_1 + \cdots + X_n$ は，パラメータ $\alpha = n$ および $\beta = \mu$ のガンマ分布に従う[9]．

〇**例 7.3.2** (確率の計算)　$\alpha = 3, \beta = 1.5$ とした $Gamma(3, 1.5)$ で $x = 5$ とすると，Excel では

$f(5)$ = GAMMA.DIST(5, 3, 1.5, 0) = 0.132126

$F(5)$ = GAMMA.DIST(5, 3, 1.5, 1) = 0.647224

となる．逆に，

　　GAMMA.INV(0.647224, 3, 1.5) = 5

---

[9]　ガンマ分布の確率計算は Excel の GAMMA.DIST 関数および GAMMA.INV 関数によって実行できる．$X \sim Gamma(\alpha, \beta)$ とし，確率密度関数の値は
$$f(x) = \text{GAMMA.DIST}(x, \alpha, \beta, 0)$$
によって求められ，累積分布関数 (下側累積確率) は
$$F(x) = \text{GAMMA.DIST}(x, \alpha, \beta, 1)$$
で計算される．また，確率値 c に対し，$F(x) = P(X \leq x) = c$ となる点は
$$x = F^{-1}(c) = \text{GAMMA.INV}(c, \alpha, \beta)$$
により求められる．R ではそれぞれ
$$f(x) = \text{dgamma}\,(x, \alpha, 1/\beta)$$
$$F(x) = \text{pgamma}\,(x, \alpha, 1/\beta)$$
$$x = F^{-1}(c) = \text{qgamma}\,(c, \alpha, 1/\beta)$$
とする．尺度母数の逆数 $1/\beta$ で設定することに注意する．

であり，中央値は

　　GAMMA.INV(0.5, 3, 1.5) = 4.01109

と求められる．R では，

```
dgamma(5, 3, 1/1.5) = 0.1321259
pgamma(5, 3, 1/1.5) = 0.6472238
qgamma(0.6472238, 3, 1/1.5) = 5
qgamma(0.5, 3, 1/1.5) = 4.01109
```

となる． □

演習問題 7

7.1 確率変数 Z が標準正規分布 $N(0,1)$ に従うとき，以下の各確率を Excel および R を用いて求めよ．ただし，不等号 ($<$) に等号がついて $\leq$ としても確率値は同じである．

(1) $P(Z \leq -1.5)$ 　　(2) $P(-1.5 < Z \leq -0.5)$ 　　(3) $P(-0.5 < Z \leq 0.5)$
(4) $P(0.5 < Z \leq 1.5)$ 　　(5) $P(1.5 < Z)$

7.2 確率変数 T が $N(50, 10^2)$ に従うとき，以下の各確率を Excel および R を用いて求めよ．

(1) $P(T \leq 35)$ 　　(2) $P(35 < T \leq 45)$ 　　(3) $P(45 < T \leq 55)$
(4) $P(55 < T \leq 65)$ 　　(5) $P(65 < T)$

7.3 確率変数 X が $N(60, 20^2)$ に従うとき，$a > 0$ として，$T = aX + b$ が $N(50, 10^2)$ に従うようにするには a と b をいくつにすればよいか．

7.4 確率変数 Z が $N(0,1)$ に従うとき，以下の確率を与える値 a, b, c を Excel および R を用いて求めよ．ただし $c > 0$ とする．

(1) $P(Z \leq a) = 0.8$ 　　(2) $P(Z > b) = 0.8$ 　　(3) $P(-c \leq Z \leq c) = 0.6$

7.5 確率変数 T が $N(50, 10^2)$ に従うとき，以下の確率を与える値 a, b, c を Excel および R を用いて求めよ．ただし $c > 0$ とする．

(1) $P(T \leq a) = 0.8$ 　　(2) $P(T > b) = 0.8$ 　　(3) $P(-c \leq T \leq c) = 0.6$

7.6 確率変数 Y が対数正規分布 $LN(1,1)$ に従うとき，以下の各値を求めよ．

(1) $E[Y]$ 　　(2) $V[Y]$ 　　(3) 中央値 　　(4) 最頻値 　　(5) $P(Y \leq 1)$

7.7 確率変数の組 (X, Y) が 2 変量正規分布 $N(60, 40, 10^2, 20^2, 150)$ に従い，$W = X + Y$，$D = X - Y$ としたとき，以下の各値を求めよ．

(1) $E[W]$ 　　(2) $E[D]$ 　　(3) $V[W]$ 　　(4) $V[D]$
(5) X と Y の間の相関係数 ρ_{XY} 　　(6) W と D の間の相関係数 ρ_{WD}

7.8 2 種類の試験結果を表す確率変数を (X, Y) とし，それらの和を $W = X + Y$ とする．それぞれの標準偏差のみが $SD[X] = 9$，$SD[Y] = 15$，$SD[W] = 21$ と公表されたとき，X と Y の間の相関係数 ρ_{XY} はいくつか．

7.9 確率変数 Y は 0 から 5 の整数値を等確率でとるとしたとき，$E[Y]$ および $V[Y]$ はいくつか．

7.10 ペナルティキックの成功率が $\frac{3}{4}$ のサッカー選手が 12 回ペナルティキックを行ったときの成功の回数 X の期待値と分散および標準偏差はいくつか. なお, 各ペナルティキックの結果は独立であるとする.

7.11 超幾何分布 $H(n, M, N)$ は, $N \to \infty$ で $M/N \to p$ のとき二項分布 $B(n, p)$ に近づくことを示せ.

7.12 試行回数 n, 成功の確率 p の二項分布 $B(n, p)$ で, $\lambda = np$ とし $n \to \infty$ $(p \to 0)$ とした極限の分布はポアソン分布 $Poisson(\lambda)$ であることを示せ.

7.13 M 教授の書く原稿には 1 ページ当たり 2 個の誤字があるという.
 (1) M 教授の原稿 1 ページの誤字数 X が 0, 1, 2, 3 である確率はそれぞれいくつか.
 (2) M 教授の書いた 10 ページの原稿全体の誤字数 Y が 15 個以下である確率はいくつか. なお, 各ページの誤字数は互いに独立とする.

7.14 長さ 12 cm の棒にランダムに 1 つ印をつける. この棒の左端から印までの長さを X としたとき, X の期待値と分散はいくつか.

7.15 連続型確率変数 U が区間 $(0, 1)$ 上の一様分布に従うとき, μ を定数として $X = -\mu \log U$ とすると, X は期待値 μ の指数分布に従うことを示せ.

7.16 あるクレープ屋では, お客一人当たりの接客時間は平均値 3 分の指数分布に従っている. いま, 自分の前に接客中の客を含め 3 人がいる. 自分の接客が終わるまでの時間の平均値と標準偏差はいくつか. なお, 異なるお客への接客時間は互いに独立とする.

7.17 区間 $(0, 1)$ 上で定義された連続型確率変数 X の確率密度関数が, a および b を 0 よりも大きな定数として

$$f(x; a, b) = \begin{cases} \dfrac{1}{\mathrm{B}(a, b)} x^{a-1}(1-x)^{b-1} & (0 \leq x \leq 1) \\ 0 & (その他) \end{cases}$$

で与えられるとき, X の分布をパラメータ a, b のベータ分布 (beta distribution) といい, $Beta(a, b)$ と書く. ここで, $\mathrm{B}(a, b) = \int_0^1 t^{a-1}(1-t)^{b-1}\, dt$ はベータ関数である. 特に, $a = 1, b = 1$ とすると区間 $(0, 1)$ 上の一様分布になることに注意する.
 (1) $\Gamma(a)$ をガンマ関数としたとき, $\mathrm{B}(a, b) = \dfrac{\Gamma(a)\Gamma(b)}{\Gamma(a+b)}$ であることを示せ.
 (2) $X \sim Beta(a, b)$ のとき, $E[X]$, $V[X]$ および $a > 1, b > 1$ のとき最頻値を求めよ.

8章

極限定理と標本分布

ある母集団から観測データ $x_1, \ldots, x_n$ が得られたとき，データのおおよその位置やばらつきを調べるために，平均値 $\bar{x}$ や分散 s^2 が計算される．しかし，これらの平均値は，母集団における平均 μ や分散 σ^2 に完全に一致するわけではない．本章では，観測データから計算される平均や分散と，母集団における平均 μ や分散 σ^2 との関係について学ぶ．

8.1 標本平均

8.1.1 標本平均の分布

ある事象を独立に複数回観測した値 $x_1, \ldots, x_n$ の平均値 $\bar{x} = \dfrac{x_1 + \cdots + x_n}{n}$ を 6.3 節で定義した期待値 (平均値) と区別するために，**標本平均**という．ここでは，標本平均の性質について述べていく．

まず，例として歪みのないさいころを数回振り，その出た目の標本平均を計算する場合を考える．表 8.1.1 はさいころを 1 回，10 回，100 回，1000 回振ったときの標本平均を計算した結果のひとつである．

表 8.1.1 さいころの出た目の標本平均

振った回数	標本平均
1 回	2
10 回	4
100 回	3.34
1000 回	3.594

この結果をみると，回数が増えるほど期待値 3.5 に近づいている様子がわかる．はたしてこれは偶然だろうか．そこで，この標本平均を計算するという試行を各 10000 回繰り返し，標本平均の分布をみてみる．図 8.1.1 は，さいころを 1 回，10 回，100 回，1000 回振ったときの標本平均を計算した場合のヒスト

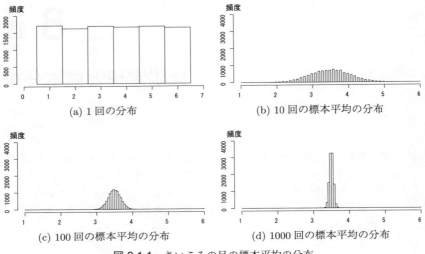

図 8.1.1　さいころの目の標本平均の分布

グラムである．この図から，標本平均の分布は期待値 3.5 を中心に分布しており，さいころを振った回数が多いほど期待値に近い値をとっていることがわかる．具体的には，1000 回の標本平均は，ほぼ確実に 3 から 4 の値をとっているが，10 回の標本平均では，2 や 5 といった期待値からかなり離れた値をとることもある．

このことから，十分な回数の試行に対する標本平均は，期待値にかなり近い値をとることが予想されるが，試行回数が不十分な場合，期待値から離れた値をとることもしばしば起こりうるということがわかる．標本平均の期待値と分散 (標準偏差) について，具体的には以下の定理が成り立つ．

> **定理 8.1.1** (標本平均の期待値と分散)　確率変数 $X_1, \ldots, X_n$ が互いに独立であり，それぞれの期待値を μ，分散を σ^2 とする．このとき，標本平均 $\bar{X}_n (= (X_1 + \cdots + X_n)/n)$ の期待値は μ，分散は σ^2/n (標準偏差は $\sigma/\sqrt{n}$) となる．

証明は定理 6.3.1 および 6.3.5 項の結果から容易に得られる．この結果から，標本平均は試行回数が増えれば分散が小さくなり，高い確率で期待値に近い値をとることがわかる．一方で，試行回数が少なければ，標本平均は期待値から離れた値をとることもありうることに注意すべきである．

8.1.2 大数の法則

8.1.1 項では，標本平均の分布は試行回数が増えるとともに，期待値に集中することがわかった．ここではさらに，期待値周辺の値をとる確率について調べる．そのために，次の2つの不等式を紹介する．

補題 8.1.1 (マルコフの不等式 (Markov's inequality))　Y を非負の値しかとらない確率変数とする．このとき，任意の正の数 a に対し，以下の不等式が成り立つ．
$$P(Y \geq a) \leq \frac{E[Y]}{a}$$

証明　ここでは，確率変数 Y が連続型の場合の証明を示すが，離散型の場合でも同様に証明できる．

確率変数 Y の密度関数を $f(y)$ とすると，

$$E[Y] = \int_0^\infty yf(y)\,dy = \int_0^a yf(y)\,dy + \int_a^\infty yf(y)\,dy$$
$$\geq \int_a^\infty yf(y)\,dy \geq a\int_a^\infty f(y)\,dy = aP(Y \geq a)$$

という不等式が成り立ち，$P(Y \geq a) \leq E[Y]/a$ が示せる．　∎

定理 8.1.2 (チェビシェフの不等式 (Chebyshev's inequality))　X をある確率変数とする．このとき，任意の正の数 ε に対し，以下の不等式が成り立つ．
$$P(|X - E[X]| \geq \varepsilon) \leq \frac{V[X]}{\varepsilon^2}$$

証明は，マルコフの不等式において，$Y = (X - E[X])^2$，$a = \varepsilon^2$ とすることで示せる．この不等式は，どのような確率変数でも，平均より ε 以上離れる確率は，高々 $V[X]/\varepsilon^2$ しかないことを示している．しかし，この不等式はどのような分布の確率変数に対しても成り立つ不等式であり，実際にはこれよりもはるかに小さい確率となることが多い．たとえば，X を平均 0，分散 1 の正規分布に従う確率変数とする．このとき，チェビシェフの不等式を使うと，$P(|X| > 1) \leq 1$，$P(|X| > 2) \leq 0.25$ であることがわかる．しかし，実際には $P(|X| > 1) = 0.3174$，$P(|X| > 2) = 0.0456$ であり，不等式の値とは差が大きいことがわかる．とはいえ，分布を問わず確率を計算しているという点で，この不等式は有用である．

ここで，標本平均 $\bar{X}$ に対し，チェビシェフの不等式と定理 8.1.1 の結果を適用すると，次の結果が得られる．

> **系 (標本平均のばらつき)** 確率変数 $X_1, \ldots, X_n$ が互いに独立であり，それぞれの期待値を μ，分散を σ^2 とする．このとき，標本平均 $\bar{X}$ と任意の正の数 ε に対し，次の不等式が成り立つ．
> $$P(|\bar{X} - \mu| > \varepsilon) \leq \frac{\sigma^2}{n\varepsilon^2}$$

この結果から，どのような正の値 ε をとっても，標本平均が期待値より ε 以上離れる確率は，試行回数を増やせば 0 に近づくことがわかる．このように，ある確率変数 (ここでは $\bar{X}$) がある値 (ここでは μ) より一定以上離れる確率が 0 に近づくことを，$\bar{X}$ が μ に **確率収束** するといい，

$$\bar{X} \xrightarrow{P} \mu$$

と書く．この n を増やすと標本平均がもとの確率変数の期待値に (確率) 収束することを，**大数の (弱) 法則** ((weak) law of large numbers) という[1]．

以上より，標本平均は試行回数を増やせば，もとの確率変数の期待値に近づくことが示せた．

8.1.3 中心極限定理

確率変数 $X_1, \ldots, X_n$ が互いに独立であり，それぞれの期待値を μ，分散を σ^2 としたとき，標本平均の期待値は μ，分散は σ^2/n となり，試行回数を増やすとともに μ に近づくことを確認した．では，標本平均の分布はどうなるだろうか．確率変数 $X_1, \ldots, X_n$ が正規分布に従うならば，7.1.4 項の結果より，標本平均の分布は $N(\mu, \frac{\sigma^2}{n})$ となる．

一般の場合は，次の定理が成り立つ．

> **定理 8.1.3 (中心極限定理 (central limit theorem))** 確率変数 $X_1, \ldots, X_n$ が互いに独立であり，かつ同一の分布に従うとする．その分布の期待値を μ，分散を σ^2 とするとき，これらの確率変数の和および標本平均 $\bar{X}_n$ の分布は正規分布に近づく．具体的には，$\sqrt{n}(\bar{X}_n - \mu)/\sigma$ の分布関数 $F_n(x)$

---

[1] 大数の弱法則とは別に「大数の強法則」というものもあるが，本書のレベルを超えるのでここでは扱わない．

8.1 標本平均

は，任意の実数 x に対し，標準正規分布の分布関数 $\Phi(x)$ に収束する．つまり，$\bar{X}_n$ の分布が正規分布 $N(\mu, \frac{\sigma^2}{n})$ で近似される．

このように，確率変数の列 $X_1, X_2, \ldots$ とそれぞれの分布関数 $F_1(x), F_2(x), \ldots$ に対し，任意の実数 x において，$\lim_{n \to \infty} F_n(x) = F(x)$ となるような，ある確率変数 X の分布関数 $F(x)$ が存在するとき，X_n は X（または X の分布）に**分布収束**するといい，

$$X_n \xrightarrow{d} X$$

と書く．

略証 X_i はそれぞれ期待値が μ，分散が σ^2 であるので，そのモーメント母関数は

$$M_{X_i}(t) = 1 + \mu t + \frac{t^2(\sigma^2 + \mu^2)}{2} + \sum_{k=3}^{\infty} \frac{t^k}{k!} \mu'_k$$

となる．そこで，$Z = \frac{\sqrt{n}(\bar{X}_n - \mu)}{\sigma}$ のモーメント母関数を考えると，

$$M_Z(t) = E[e^{tZ}] = E[e^{\sqrt{n}t(\bar{X}_n - \mu)/\sigma}] = e^{-\sqrt{n}t\mu/\sigma} E[e^{t(X_1 + \cdots + X_n)/(\sqrt{n}\sigma)}]$$

$$= e^{-\sqrt{n}t\mu/\sigma} E[e^{tX_1/(\sqrt{n}\sigma)}] \times \cdots \times E[e^{tX_n/(\sqrt{n}\sigma)}]$$

$$= e^{-\sqrt{n}t\mu/\sigma} \left\{ M_{X_1}\left(\frac{t}{\sqrt{n}\sigma}\right) \right\}^n$$

$$= e^{-\sqrt{n}t\mu/\sigma} \left\{ 1 + \frac{t\mu}{\sqrt{n}\sigma} + \frac{t^2(\sigma^2 + \mu^2)}{2n\sigma^2} + \sum_{k=3}^{\infty} \frac{t^k}{n^{k/2}\sigma^k k!} \mu'_k \right\}^n$$

となり，Z のキュムラント母関数は

$$\psi_Z(t) = -\frac{\sqrt{n}t\mu}{\sigma} + n \log \left\{ 1 + \frac{t\mu}{\sqrt{n}\sigma} + \frac{t^2(\sigma^2 + \mu^2)}{2n\sigma^2} + \sum_{k=3}^{\infty} \frac{t^k}{n^{k/2}\sigma^k k!} \mu'_k \right\}$$

$$= -\frac{\sqrt{n}t\mu}{\sigma} + n \left\{ \frac{t\mu}{\sqrt{n}\sigma} + \frac{t^2(\sigma^2 + \mu^2)}{2n\sigma^2} + \sum_{k=3}^{\infty} \frac{t^k}{n^{k/2}\sigma^k k!} \mu'_k \right\}$$

$$- \frac{n}{2} \left\{ \frac{t\mu}{\sqrt{n}\sigma} + \frac{t^2(\sigma^2 + \mu^2)}{2n\sigma^2} + \sum_{k=3}^{\infty} \frac{t^k}{n^{k/2}\sigma^k k!} \mu'_k \right\}^2$$

$$+ \frac{n}{3} \left\{ \frac{t\mu}{\sqrt{n}\sigma} + \frac{t^2(\sigma^2 + \mu^2)}{2n\sigma^2} + \sum_{k=3}^{\infty} \frac{t^k}{n^{k/2}\sigma^k k!} \mu'_k \right\}^3 + \cdots$$

$$\xrightarrow[n \to \infty]{} \frac{t^2(\sigma^2 + \mu^2)}{2\sigma^2} - \frac{1}{2}\left(\frac{t\mu}{\sigma}\right)^2 = \frac{t^2}{2}$$

となる（式変形の途中で，対数関数のテーラー展開を用いた）．これは，(7.1.5) より標準正規分布のキュムラント母関数であるので，Z の分布関数は標準正規分布に収束する． ∎

ここで，いくつかの分布に基づく標本平均の分布を調べてみる．

○例 **8.1.1** (さいころの目の標本平均) まず，8.1.1 項のさいころについて考えてみる．さいころの目の分布は，7.2.1 項で紹介した離散一様分布に従うので，その期待値は $\frac{1+6}{2} = 3.5$, 分散は $\frac{(6-1)(6+1)}{12} = \frac{35}{12}$ である．つまり，n 回の試行の標本平均の平均は 3.5, 分散は $\frac{35}{12n}$ となる．図 8.1.1 (b), (c), (d) について積分した値が 1 となるように基準化したヒストグラムと，期待値 3.5, 分散 $\frac{35}{12n}$ の正規分布の密度関数を重ねて描いたものが図 8.1.2 である．左右対称な分布の場合，これらの例で示されているように，少ない試行回数でも正規分布にかなり近くなる． □

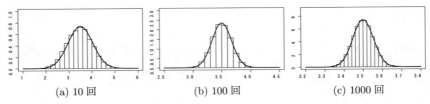

(a) 10 回　　(b) 100 回　　(c) 1000 回

図 **8.1.2** さいころの目の標本平均の分布 (ヒストグラム) と正規分布の密度関数 (曲線)

○例 **8.1.2** (指数分布の標本平均) 左右対称でない分布の例として，パラメータ 1 の指数分布からのサイズ n の標本を取り出して，その標本平均を考える．7.3.2 項より，パラメータ 1 の指数分布の期待値は 1, 分散は 1 であるので，n 回の試行の標本平均の期待値は 1, 分散は $1/n$ である．図 8.1.3 は，試行回数 n を 10, 100, 1000 回としたときの指数分布の標本平均のヒストグラムと，期待値は 1, 分散は $1/n$ の正規分布の密度関数である．さいころの例の場合と違って，試行回数 10 回程度では，ヒストグラムが歪んでいることがわかる．このように，左右対称でない分布については，正規分布に近づくために必要な試行回数が増える傾向がある． □

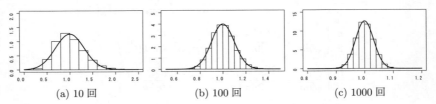

(a) 10 回　　(b) 100 回　　(c) 1000 回

図 **8.1.3** パラメータ 1 の指数分布の標本平均の分布 (ヒストグラム) と正規分布の密度関数 (曲線)

○例 8.1.3 (二項分布に対する中心極限定理) 例 7.2.4 でみたように, 二項分布 $B(n,p)$ は成功確率 p のベルヌーイ分布に従う n 個の独立な確率変数の和であるので, 中心極限定理に基づく近似を使うことができる. 二項分布の平均は np, 分散は $np(1-p)$ であるので, 試行回数 n を増やせば, 二項分布 $B(n,p)$ は正規分布 $N(np, np(1-p))$ で近似される. 図 8.1.4 は, 試行回数 n を 10, 100, 1000 回としたときの二項分布 $B(n, 0.3)$ のヒストグラムと, 期待値は $0.3n$, 分散は $n \times 0.3 \times 0.7$ の正規分布の密度関数である. 非対称な分布であるので, $n = 10$ のときの近似は良くないが, n が増えるとともに近似が良くなっている様子がわかる. □

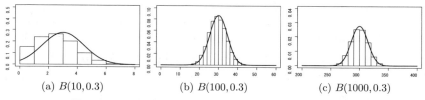

(a) $B(10, 0.3)$ (b) $B(100, 0.3)$ (c) $B(1000, 0.3)$

図 8.1.4 二項分布 $B(n, 0.3)$ の分布と正規分布の密度関数

8.1.4 中心極限定理と連続修正

中心極限定理は, もととなる分布が連続分布でも離散分布でも成り立つ定理である. しかし, 試行回数が少ないとき, 離散分布に対する中心極限定理はしばしば近似が悪くなる. これは, 離散分布においては, 分布関数の値が変化しない範囲が存在し, 通常の中心極限定理では, その端の値を参照するからである. 図 8.1.5 は, 二項分布 $B(4, 0.5)$ の分布関数を示している. X が二項分布 $B(n,p)$ に従う確率変数とすると, 任意の非負の整数 x と 0 以上 1 未満の任意の数 h に対し,

$$P(X \leq x) = P(X \leq x+h), \quad P(X \geq x) = P(X \geq x-h)$$

が成り立つ. そこで, 分布関数 $P(X \leq x)$ を計算する際,

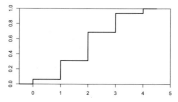

図 8.1.5 二項分布 $B(4, 0.5)$ の分布関数

$$P(X \leq x) = P(X \leq x + 0.5)$$
$$= P\left(\frac{X - np}{\sqrt{np(1-p)}} \leq \frac{x + 0.5 - np}{\sqrt{np(1-p)}}\right),$$
$$P(X \geq x) = P(X \geq x - 0.5)$$
$$= P\left(\frac{X - np}{\sqrt{np(1-p)}} \geq \frac{x - 0.5 - np}{\sqrt{np(1-p)}}\right)$$

として中心極限定理を適用するということがしばしば行われる．このことを中心極限定理の連続補正といい，一般的には次のようにまとめられる．

定理 8.1.4 (中心極限定理の連続補正) 確率変数 $X_1, \ldots, X_n$ が互いに独立であり，かつ同一の分布に従うとし，その分布の期待値を μ，分散を σ^2 とする．また，これらの確率変数の和を S_n とし，S_n のとりうる値が，連続する整数値であるとする．このとき，任意の整数 x に対し，

$$P(S_n \leq x) \approx \Phi\left(\frac{x + 0.5 - n\mu}{\sqrt{n\sigma^2}}\right),$$
$$P(S_n \geq x) \approx 1 - \Phi\left(\frac{x - 0.5 - n\mu}{\sqrt{n\sigma^2}}\right)$$

が成り立つ．また，これらを使うと，

$$P(S_n = x) \approx \Phi\left(\frac{x + 0.5 - n\mu}{\sqrt{n\sigma^2}}\right) - \Phi\left(\frac{x - 0.5 - n\mu}{\sqrt{n\sigma^2}}\right)$$

が成り立つ．

○例 8.1.4 (二項分布に対する連続補正) 先ほどの $B(4, 0.5)$ の例に対し，連続補正の効果を調べてみる．$B(4, 0.5)$ に従う確率変数を X とし，$P(X \leq 2)$ を計算してみる．中心極限定理を用いると，

$$P(X \leq 2) = P(X - 2 \leq 0) \approx \Phi(0) = 0.5$$

である．一方，連続補正を用いると，

$$P(X \leq 2) \approx \Phi(0.5) = 0.6915$$

である．近似を使わずに実際の確率を計算すると，$P(X \leq 2) = 0.6875$ であるので，連続補正を使うとかなり近似精度が良いことがわかる．　　□

8.2 標本分散と不偏分散

8.2.1 標本分散と不偏分散の期待値と分散

6.3 節で定義した分散と区別するために，ある事象を独立に複数回観測した値 $x_1, \ldots, x_n$ の分散 $s_n = \dfrac{(x_1 - \bar{x})^2 + \cdots + (x_n - \bar{x})^2}{n}$ を**標本分散**という．また，$\widehat{\sigma}^2 = \dfrac{(x_1 - \bar{x})^2 + \cdots + (x_n - \bar{x})^2}{n-1}$ を**不偏分散**という[2]．

標本分散と不偏分散の期待値と分散については，次が成り立つ．

定理 8.2.1 (標本分散と不偏分散の期待値と分散) 確率変数 $X_1, \ldots, X_n$ が互いに独立であり，それぞれの期待値を μ，分散を σ^2，平均まわりの 4 次モーメントを μ_4 とする．このとき，標本分散 s_n の期待値は $\dfrac{(n-1)\sigma^2}{n}$，分散は $\dfrac{(n-1)^2 \mu_4}{n^3} - \dfrac{(n-1)(n-3)\sigma^4}{n^3}$ となる．また，不偏分散 $\widehat{\sigma}^2$ の期待値は σ^2，分散は $\dfrac{\mu_4}{n} - \dfrac{(n-3)\sigma^4}{n(n-1)}$ となる．

証明
$$\frac{1}{n-1} \sum_{i=1}^n (X_i - \bar{X})^2 = \frac{1}{n-1} \sum_{i=1}^n \left\{ (X_i - \mu) - (\bar{X} - \mu) \right\}^2$$

$$= \frac{1}{n-1} \sum_{i=1}^n \left\{ (X_i - \mu) - \frac{1}{n} \sum_{j=1}^n (X_j - \mu) \right\}^2$$

$$= \frac{1}{n-1} \sum_{i=1}^n \left\{ \frac{n-1}{n}(X_i - \mu) - \frac{1}{n} \sum_{j \neq i}(X_j - \mu) \right\}^2$$

$$= \frac{1}{n-1} \sum_{i=1}^n \left\{ \frac{(n-1)^2}{n^2}(X_i - \mu)^2 + \frac{1}{n^2} \sum_{j \neq i}(X_j - \mu)^2 \right.$$
$$\left. - \frac{2(n-1)}{n^2} \sum_{j \neq i}(X_i - \mu)(X_j - \mu) + \frac{1}{n^2} \sum_{j,k \neq i}(X_j - \mu)(X_k - \mu) \right\}$$

$$= \frac{1}{n-1} \left\{ \frac{(n-1)^2}{n^2} + \frac{n-1}{n^2} \right\} \sum_{i=1}^n (X_i - \mu)^2$$
$$+ \frac{1}{n-1} \left\{ -\frac{2(n-1)}{n^2} + \frac{n-2}{n^2} \right\} \sum_{i \neq j}(X_i - \mu)(X_j - \mu)$$

$$= \frac{1}{n} \sum_{i=1}^n (X_i - \mu)^2 - \frac{1}{n(n-1)} \sum_{i \neq j}(X_i - \mu)(X_j - \mu)$$

---

[2] 記号については，本書では標本分散と不偏分散を s_n と $\widehat{\sigma}^2$ により区別するが，不偏分散を s^2 と表記したり，上記の不偏分散を標本分散ということもあるので，注意が必要である．

であるので，不偏分散の期待値は

$$E\left[\frac{1}{n-1}\sum_{i=1}^{n}(X_i-\bar{X})^2\right] = \frac{1}{n}\sum_{i=1}^{n}E[(X_i-\mu)^2]$$
$$- \frac{1}{n(n-1)}\sum_{i\neq j}E[(X_i-\mu)(X_j-\mu)]$$
$$= \frac{1}{n}\times n\sigma^2 = \sigma^2$$

となる．ここで右辺の第 2 項は，確率変数 $X_1,\ldots,X_n$ が互いに独立であることから 0 となっている．また，

$$E\left[\left\{\frac{1}{n-1}\sum_{i=1}^{n}(X_i-\bar{X})^2\right\}^2\right]$$
$$= \frac{1}{n^2}\sum_{i=1}^{n}E[(X_i-\mu)^4] + \frac{1}{n^2}\sum_{i\neq j}E[(X_i-\mu)^2(X_j-\mu)^2]$$
$$+ \frac{2}{n^2(n-1)^2}\sum_{i\neq j}^{n}E[(X_i-\mu)^2(X_j-\mu)^2]$$
$$= \frac{1}{n}\mu_4 + \left\{\frac{n-1}{n} + \frac{2}{n(n-1)}\right\}\sigma^4 = \frac{1}{n}\mu_4 + \left\{1 - \frac{n-3}{n(n-1)}\right\}\sigma^4$$

より，不偏分散の分散は

$$V\left[\frac{1}{n-1}\sum_{i=1}^{n}(X_i-\bar{X})^2\right] = \frac{1}{n}\mu_4 - \frac{n-3}{n(n-1)}\sigma^4$$

となる． ∎

　この定理より，不偏分散の期待値はもとの分布の期待値と一致するが，標本分散の期待値はもとの分布の期待値より σ^2/n だけずれていることがわかる．この差は n が大きければ 0 に近いため，それほど気にする必要はないが，n が小さい場合は注意が必要である．また，これらの分散については，ともに n が大きければ 0 に近づくので，期待値に近づいていくことがわかる．

○例 **8.2.1** (正規分布の標本分散と不偏分散)　正規分布 $N(0,1)$ に従う確率変数 n 個 ($n=10, 100, 1000$) の標本分散および不偏分散を計算する．また，これらの分散の計算を 10000 回繰り返し行い，そのヒストグラムを作成する．図 8.2.1 の上段 (a)–(c) が標本分散のヒストグラムであり，下段 (d)–(f) が不偏分散のヒストグラムである．n が大きくなるにつれて，もとの分布の分散である 1 に近づいている様子がわかる．一方，n が小さいときは，標本分散のほうがやや小さい値をとっている．(a) のヒストグラムの平均は 0.90 であるが，(d) のヒストグラムの平均は 1.00 である．しかし，これらのヒストグラムはともにばらつきが大きい点に注意すべきである． □

8.2 標本分散と不偏分散

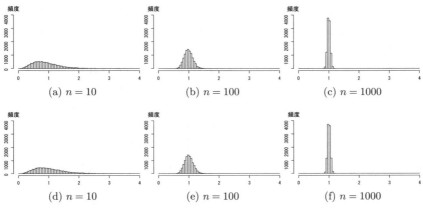

図 8.2.1　正規分布 $N(0,1)$ の標本分散 (a)–(c) と不偏分散 (d)–(f) のヒストグラム

8.2.2　標本分散，不偏分散に関する分布

まず，標本分散，不偏分散に関する分布と関連の深い分布について説明する．

> **定義 8.2.1** (χ^2 (カイ 2 乗) 分布)　確率変数 $Z_1, \ldots, Z_n$ が互いに独立であり，それぞれ標準正規分布 $N(0,1)$ に従うとする．このとき，$Y_n = Z_1^2 + \cdots + Z_n^2$ の従う分布を自由度 n の **χ^2 分布**という．

自由度 n の χ^2 分布の平均は n，分散は $2n$ であることが 6.3.5 項の分散の性質，7.1.2 項の正規分布のモーメントから示せる．また，図 8.2.2 にさまざまな

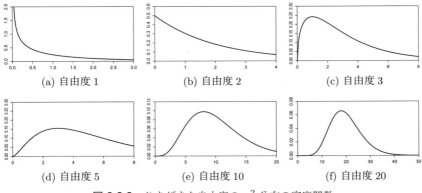

図 8.2.2　さまざまな自由度の χ^2 分布の密度関数

自由度の χ^2 分布の密度関数を示した．χ^2 分布は左右対称の分布ではないが，自由度が大きくなるにつれて中心極限定理により正規分布に近づく（つまり左右対称に近づく）．自由度 2 の χ^2 分布はパラメータ 2 の指数分布であり，自由度 n の χ^2 分布は形状母数 $n/2$，尺度母数 2 のガンマ分布である．

標本分散，不偏分散と χ^2 分布について，次の定理が成り立つ．

> **定理 8.2.2** (不偏分散の分布) 確率変数 $X_1, \ldots, X_n$ が互いに独立であり，それぞれ期待値が μ，分散が σ^2 の正規分布に従うとする．このとき，$\sum_{i=1}^{n} \frac{(X_i - \bar{X}_n)^2}{\sigma^2}$ は標本平均 $\bar{X}_n$ と独立に自由度 $n-1$ の χ^2 分布に従う（ここで，$\bar{X}_n = \sum_{i=1}^{n} \frac{X_i}{n}$ とする）．つまり，標本分散 S^2，不偏分散 $\widehat{\sigma}^2$ は標本平均 $\bar{X}_n$ とは独立であり，$\frac{(n-1)\widehat{\sigma}^2}{\sigma^2} \left(= \frac{nS^2}{\sigma^2} \right)$ は自由度 $n-1$ の χ^2 分布に従う．

略証 確率変数 Z_i ($i = 1, \ldots, n$) を $Z_i = (X_i - \mu)/\sigma$ と定義すると，$Z_1, \ldots, Z_n$ は互いに独立であり，標準正規分布に従い，

$$\sum_{i=1}^{n} \frac{X_i - \bar{X}_n}{\sigma^2} = \sum_{i=1}^{n} (Z_i - \bar{Z}_n)^2$$

となる．また，確率変数 $Y_1, \ldots, Y_n$ を

$$\begin{aligned} Y_1 &= \tfrac{n-1}{n} Z_1 - \tfrac{1}{n} Z_2 - \tfrac{1}{n} Z_3 - \cdots - \tfrac{1}{n} Z_n \\ Y_2 &= \phantom{\tfrac{n-1}{n} Z_1 -{}} \tfrac{n-2}{n} Z_2 - \tfrac{1}{n} Z_3 - \cdots - \tfrac{1}{n} Z_n \\ &\vdots \\ Y_{n-1} &= \phantom{\tfrac{n-1}{n} Z_1 - \tfrac{1}{n} Z_2 - \tfrac{1}{n} Z_3 - \cdots} \tfrac{1}{n} Z_{n-1} - \tfrac{1}{n} Z_n \\ Y_n &= \phantom{\tfrac{n-1}{n}} Z_1 + \phantom{\tfrac{1}{n}} Z_2 + \phantom{\tfrac{1}{n}} Z_3 + \cdots + \phantom{\tfrac{1}{n}} Z_n \end{aligned}$$

と定義する．すると，$Y_i \sim N\left(0, \frac{(n-i)(n-i+1)}{n^2}\right)$ ($i = 1, \ldots, n-1$)，$Y_n \sim N(0, \frac{1}{n})$ であり，これらの変数はそれぞれ無相関であることが示せる．つまり，7.1.4 項の結果より $Y_1, \ldots, Y_n$ は互いに独立である．ここで，

$$Z_1 - \bar{Z}_n = Y_1,$$

$$Z_i - \bar{Z}_n = -\sum_{k=1}^{i-1} \frac{n}{(n-k)(n-k+1)} Y_k + \frac{n}{n-i+1} Y_i \quad (i = 2, \ldots, n-1),$$

$$Z_n - \bar{Z}_n = -\sum_{k=1}^{n-1} \frac{n}{(n-k)(n-k+1)} Y_k$$

と表すことができるので，

$$\sum_{i=1}^{n}(Z_i - \bar{Z}_n)^2 = \sum_{i=1}^{n-1} \frac{n^2}{(n-i)(n-i+1)} Y_i^2$$

となる．これは，Y_n とは独立 (つまり，$\bar{X}_n$ と独立) であり，$(n-1)$ 個の標準正規分布の 2 乗和となっているので，χ^2 分布に従うことがわかる． ∎

本章で扱った標本平均や不偏分散の分布は，次章以降で重要な役割をはたす．

演習問題 8

8.1 箱の中にカードが 5 枚入っていて，それぞれのカードには 1 から 5 の数字が 1 つずつ書かれている (これを母集団とする)．この箱からランダムに復元抽出で 2 枚のカードを引き，それらのカードの数字を表す確率変数を X_1, X_2 とする．そしてそれらの標本平均を $\bar{X} = (X_1 + X_2)/2$ とし，2 種類の偏差平方和を $A_1 = (X_1 - \mu)^2 + (X_2 - \mu)^2$, $A_2 = (X_1 - \bar{X})^2 + (X_2 - \bar{X})^2$ とする．以下の各問に答えよ．
  (1) この箱の中の数字の期待値 μ と分散 σ^2 はそれぞれいくらか．
  (2) 25 通りの標本平均 $\bar{X}$ の平均値と分散はいくらか．
  (3) 25 通りの偏差平方和 A_1 の平均値はいくらか．
  (4) 25 通りの偏差平方和 A_2 の平均値はいくらか．
  (5) 上問 (3), (4) の結果を利用し，$k = 1, 2$ に対し，$c_k A_k$ の期待値が σ^2 となる ($E[c_k A_k] = \sigma^2$) ためには，c_1 および c_2 はそれぞれいくらとすればよいか．

8.2 次の各問に対し，記号で答えよ．
  (1) 次の記述のうち正しいものをすべてあげよ．
    (A) 正規分布に従う独立な n 個の確率変数の和は，n がどんなに小さくても正規分布に従う．
    (B) 正規分布に従う独立な n 個の確率変数の和は，n が小さいと正規分布に従うとは限らない．
    (C) 正規分布とは限らないある分布に従う独立な n 個の確率変数の和は，n が十分大きいとき近似的に正規分布に従う．
    (D) 正規分布とは限らないある分布に従う独立な n 個の確率変数の和は，n が十分大きくても正規分布に従うとは限らない．
  (2) $X_1, \ldots, X_n$ が互いに独立に $N(1, 1)$ に従う確率変数のとき，自由度 n の χ^2 分布に従う確率変数は次のいずれか．
    (A) $Y_a = (X_1 - 1)^2 + \cdots + (X_n - 1)^2$
    (B) $Y_b = \frac{1}{n}\{(X_1 - 1)^2 + \cdots + (X_n - 1)^2\}$
    (C) $Y_c = X_1 + \cdots + X_n - n$
    (D) $Y_d = \frac{1}{n}(X_1 + \cdots + X_n) - 1$

9 章
統計的推定

統計学では母集団の性質 (分布,平均,分散等) を調べたい場面が多々ある.母集団のデータすべてを調べることができれば分布などを正しく知ることができるが,そのような場合は少ない.一般には母集団の一部である標本を調べることしかできず,標本から母集団の性質を予測することとなる.標本の値を用いて母集団のパラメータを予測することを**統計的推定** (または単に推定) という.推定の方法には点推定と区間推定の 2 つの方法があり,本章ではこれらの方法について説明する.

9.1 点 推 定

母集団のパラメータを知りたい場面は多くある.たとえば,ある病気に対する薬による治癒確率,ある製品の不良率,ある食品の平均内容量,ある測定器の観測値の分散などがあげられる.これらのように,すべての個体を調べることが困難な場合では,母集団から無作為に取り出して得られる値を確率変数 $X_1, \ldots, X_N$ として表し,調べたいパラメータ θ を確率変数の関数 $\theta(X_1, \ldots, X_N)$ によって予測するということがしばしば行われる.このように,母集団から得られた標本 $(X_1, \ldots, X_N)$ を用い,あるパラメータ (θ) をある値 $(\widehat{\theta}(X_1, \ldots, X_N))$ によって予測することを**点推定**という.この確率変数を用いた θ の予測 $\widehat{\theta}(X_1, \ldots, X_N)$ を θ の**推定量** (estimator) といい,実際の観測値 $x_1, \ldots, x_N$ を使って得られた値 $\widehat{\theta}(x_1, \ldots, x_N)$ を θ の**推定値** (estimate) という.

○例 **9.1.1** (正規分布の平均の推定値の例) ある工場で作成している製品の重量を n 回観測し,それらの値を $X_1, \ldots, X_n$ とする.この製品の重量が正規分布 $N(\mu, \sigma^2)$ に従うとする.この重量の平均 μ の推定量として,$\widehat{\mu}_1 = \dfrac{X_1 + X_n}{2}$,$\widehat{\mu}_2 = \left(\sum_{i=1}^{n} \dfrac{X_i^2}{n}\right)^{1/2}$,$\widehat{\mu}_3 = \sum_{i=1}^{n} \dfrac{X_i}{n}$ の 3 通りを考えられる.このように,パラメータの推定は分析者が自由に設定できるので,μ の推定量は無数に考えられる.その中でも精度の良い推定量を選ぶ必要がある.   □

9.1 点推定

次に，その指標について紹介する．

9.1.1 不偏推定

複数の推定量のなかから精度の良い推定量を選ぶことは分析者にとって重要な問題である．では，あるパラメータ θ の推定量 $\hat{\theta}$ の精度が良いとはどのような状況だろうか．それは，$\hat{\theta}$ の分布が θ のまわりに集中していれば (つまり，θ に近い値をとる確率が高ければ)，良い推定と考えられるであろう．そこでまず，$\hat{\theta}$ の分布が θ のまわりに分布しているか否かを考える．

推定量 $\hat{\theta}$ の期待値がパラメータ θ と一致する (つまり，$E[\hat{\theta}] = \theta$ の) 場合，推定量 $\hat{\theta}$ は θ の**不偏推定量** (unbiased estimator) という．図 9.1.1 (a) の実線は θ の不偏推定量の分布であり，破線は θ の不偏でない推定量の分布である．θ の不偏推定量は，θ 付近の値をとる確率が高いため，θ の推定として良い推定値をとることが多いと考えられる．しかし，ある推定量がある値に近い値をとるかどうかを判断するためには，期待値だけでは不十分である．図 9.1.1 (b) の 2 つの分布はともに θ の不偏推定量の分布であるが，分散が異なっている．分散が小さければ，θ のまわりに集中する分布となっているが，分散が大きければ θ から離れた値もとりやすくなってしまう．推定量を考える際，不偏性は重要であるが，一方で分散の大きさにも注意する必要がある．

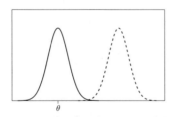 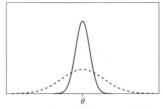

(a) θ の不偏推定量と不偏でない推定量の分布　　(b) 分散の異なる θ の不偏推定量の分布

図 9.1.1　不偏推定量の分布

○**例 9.1.2** (不偏推定量の例)　例 9.1.1 の平均 μ の 3 つの推定量 $\hat{\mu}_1, \hat{\mu}_2, \hat{\mu}_3$ について，$\hat{\mu}_1, \hat{\mu}_3$ は μ の不偏推定量であるが，$\hat{\mu}_2$ は μ の不偏推定量ではない．　□

9.1.2 一致推定

パラメータ θ の推定を考える際，サンプルサイズ n が大きくなればなるほど，パラメータ θ の推定量 $\hat{\theta}$ が θ に近づくことが望ましい．そこで，サンプルサイ

ズ n の増加にともない，推定量 $\widehat{\theta}$ が θ に確率収束するとき，推定量 $\widehat{\theta}$ を θ の**一致推定量** (consistent estimator) という．図 9.1.2 の分布は，サンプルサイズの増加とともに，θ に確率収束する推定量の分布である．一致推定量はサンプルサイズの増加とともに，θ より離れた値をとりにくくなるので，十分なサイズのサンプルがある場合，不偏性よりも一致性のほうが重要である．

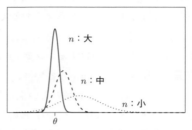

図 9.1.2 一致推定量の分布

○**例 9.1.3** (一致推定量の例) 例 9.1.1 の平均 μ の 3 つの推定量 $\widehat{\mu}_1, \widehat{\mu}_2, \widehat{\mu}_3$ について，$\widehat{\mu}_3$ は大数の法則より μ の一致推定量であるが，$\widehat{\mu}_1, \widehat{\mu}_2$ は μ の一致推定量ではない．□

9.1.3 平均や分散の推定

期待値 μ，分散 σ^2 の母集団からの無作為標本 $X_1, \ldots, X_n$ をもとに μ や σ^2 を推定する場合，平均については標本平均 $\bar{X}_n = \sum_{i=1}^{n} \dfrac{X_i}{n}$ が，分散については標本分散 $S^2 = \sum_{i=1}^{n} \dfrac{(X_i - \bar{X}_n)^2}{n}$ や不偏分散 $\widehat{\sigma}^2 = \sum_{i=1}^{n} \dfrac{(X_i - \bar{X}_n)^2}{n-1}$ がしばしば使われる．これらについては次の性質がある．

> **定理 9.1.1** (平均と分散の推定) 母集団の平均を μ，分散を σ^2 とし，母集団からの無作為標本を $X_1, \ldots, X_n$ とする．このとき，標本平均 $\bar{X}_n$ は μ の不偏推定量となる．また，母集団に 4 次モーメントが存在する場合，不偏分散 $\widehat{\sigma}^2$ は σ^2 の不偏推定量であり，標本分散 S^2 は σ^2 の一致推定量である．

略証 標本平均については，定理 8.1.1 より $E[\bar{X}_n] = \mu$ であり，系より $\bar{X}_n$ は μ に確率収束する．つまり，$\bar{X}_n$ は μ の不偏推定量であり，一致推定量でもある[1]．

---

1) また，母集団が正規分布の場合，標本平均は**最良線形不偏推定量** ($X_1, \ldots, X_n$ の 1 次式で表される不偏推定量のなかでもっとも分散の小さい推定量) となることが知られている．

9.1 点推定

一方,分散については定理 8.2.1 より $E[S^2] = (n-1)\sigma^2/n$, $E[\hat{\sigma}^2] = \sigma^2$ であるので,S^2 は σ^2 の不偏推定量ではないが,$\hat{\sigma}^2$ は σ^2 の不偏推定量である[2]。

また,母集団に 4 次モーメント μ_4 が存在すれば,$S^2, \hat{\sigma}^2$ ともに分散が 0 に収束するので,σ^2 の一致推定量である[3]。

上記の標本平均,標本分散,不偏分散の性質は,母集団の分布によらない.たとえば,二項分布 $B(n, p)$ に従う確率変数 X は,$B(1, p)$ に従う n 個の確率変数の和として表せるので,X/n は標本平均であり,p の点推定となっている.平均や分散の推定については標本平均や不偏分散を使えばよいが,一般的なパラメータの推定を行う場合,どのような推定量を扱うかは分布に依存することが多い.

9.1.4 最尤法

平均や分散の推定法について紹介してきたが,それ以外のパラメータを推定するにはどうすればよいだろうか.ここで,一つの例をもとに最尤法とよばれる推定法について紹介する.

○例 9.1.4 (最尤法の考え方)　ある箱に複数個のボールが入っており,それぞれ当たりかはずれのいずれかが記されている.ボールを引いて当たりかはずれかを確認した後,ボールは箱に戻すものとする.ボールを何回か引き,箱の中の当たりの確率 p を知りたいとする.

この箱からボールを 10 回引いたところ,当たりが 3 回しか引けなかった.しかし,ある人はこの箱の中には当たりが 8 割入っていると言った.この人の発言を信じることができるであろうか.多くの人はこの人の発言がおかしいと感じるであろうが,それはなぜだろうか.もし,この人の発言どおり 8 割当たりが入っていたとすると,10 回中当たりが 3 回しか引けない確率は 0.00079,当たりが 3 回以下となる確率は 0.00086 であり,まず起こりえないことが起こったこととなる.このことから,当たりが 8 割入っているという発言はかなり疑わしいと考えられる.

では,箱の中の当たりの確率 p をどのように推定するのがよいだろうか.p の推定として,今起こっている (10 回中 3 回当たりを引く) 現象がほとんど起こりえない予測 (当たりが 8 割あるという予測) は,妥当ではないだろう.逆に,今起こっている現象がもっとも起こりやすいパラメータを選べば,妥当な推定と考えられるだろう.　　□

---

[2] これが,除数を $n-1$ としたものが不偏分散とよばれる理由であり,サンプルサイズが小さい場合には標本分散より不偏分散を使うほうが好ましい根拠である.

[3] つまり,サンプルサイズが大きい場合には $S^2, \hat{\sigma}^2$ ともに σ^2 に近い値となるので,両者の差はなくなってくる.

この例のようにパラメータを推定する方法を**最尤法** (maximum likelihood method) といい，最尤法によって求められた推定量を**最尤推定量** (maximum likelihood estimator) という．

最尤法の具体的な方法は以下のとおりである．

> **定義 9.1.1** (最尤法)　ある母集団から無作為に n 個の観測値 $x_1, \ldots, x_n$ が得られたとし，この母集団の確率密度関数 (もしくは確率関数) を $f(x|\theta)$ とする (θ はこの母集団のパラメータである)．
>
> 　この同時確率 $\prod_{i=1}^{n} f(x_i|\theta)\ (= f(x_1|\theta) \times \cdots \times f(x_n|\theta))$ をパラメータ θ の関数 $L(\theta|x_1, \ldots, x_n) = \prod_{i=1}^{n} f(x_i|\theta)$ とみなしたものを**尤度関数**といい，この尤度関数を最大とする $\widehat{\theta} = \max_{\theta} L(\theta|x_1, \ldots, x_n)$ を**最尤推定値**という (確率変数 $X_1, \ldots, X_n$ に基づく推定 $\widehat{\theta}$ は最尤推定量という)．この最尤推定値 (および最尤推定量) を求める一連の流れを**最尤法**という．

また，計算上 $\prod_{i=1}^{n} f(x_i|\theta)$ を最大化するよりも，その対数 $\log \left(\prod_{i=1}^{n} f(x_i|\theta) \right) = \sum_{i=1}^{n} \log f(x_i|\theta)$ を最大化するほうが簡単なことが多い．これをパラメータ θ の関数とみなした

$$\ell(\theta|x_1, \ldots, x_n) = \sum_{i=1}^{n} \log f(x_i|\theta)$$

を**対数尤度関数**といい，最尤推定値の計算は $\widehat{\theta} = \max_{\theta} \ell(\theta|x_1, \ldots, x_n)$ によって行われることが多い．

○**例 9.1.5** (最尤推定値の計算例)　例 9.1.4 の場合について，p の最尤推定値を求める．箱の中の当たりの確率を p とし，そこから 10 回ボールを引き，当たりが 3 個となる確率は ${}_{10}\mathrm{C}_3\, p^3(1-p)^7$ である．よって，対数尤度は $\ell(p) = \log {}_{10}\mathrm{C}_3 + 3\log p + 7\log(1-p)$ である．対数尤度を最大化する p を求めるには，対数尤度を p で微分したものを 0 とする方程式を解けばよい．よって，$\dfrac{d}{dp}\ell(p) = \dfrac{3}{p} - \dfrac{7}{1-p} = 0$ より，$3(1-p) - 7p = 0$ だから $10p = 3$，ゆえに $p = \dfrac{3}{10}$ となり，この問題の p の最尤推定値は $\dfrac{3}{10}$ となる．□

最尤法はさまざまな場面で使われる．これは，次のような性質があるからである (証明は省略する)．

> **定理 9.1.2** (最尤推定量の性質)　確率密度関数 (もしくは確率関数) $f(x|\theta)$ をもつある分布のパラメータ θ の最尤推定量 $\widehat{\theta}$ は，分布に対する一般的な条件のもと，θ の一致推定量となる．また，$\widehat{\theta}$ の分布は漸近的に
> $$N\left(\theta, -E\left[\frac{\partial^2 \log f(X|\theta)}{\partial \theta^2}\right]^{-1} \bigg/ n\right)$$
> となる．

○**例 9.1.6** (正規分布における最尤推定量)　正規分布 $N(\mu, \sigma^2)$ から独立に n 個の観測値 $x_1, \ldots, x_n$ が得られたとする．このとき，尤度関数は

$$L(\mu, \sigma^2) = \prod_{i=1}^{n} \frac{1}{\sqrt{2\pi\sigma^2}} \exp\left[-\frac{(x_i - \mu)^2}{2\sigma^2}\right] = \frac{1}{(2\pi\sigma^2)^{n/2}} \exp\left[-\frac{\sum_{i=1}^{n}(x_i - \mu)^2}{2\sigma^2}\right]$$

であり，対数尤度関数は

$$\ell(\mu, \sigma^2) = -\frac{n}{2}\log(2\pi) - \frac{n}{2}\log\sigma^2 - \frac{\sum_{i=1}^{n}(x_i - \mu)^2}{2\sigma^2}$$

である．$\ell(\mu, \sigma^2)$ を μ で微分したものを 0 とし，μ について解くと

$$\frac{\partial \ell(\mu, \sigma^2)}{\partial \mu} = \frac{1}{\sigma^2}\sum_{i=1}^{n}(x_i - \mu) = 0 \text{ より，} n\mu = \sum_{i=1}^{n}x_i. \text{ よって } \mu = \frac{\sum_{i=1}^{n}x_i}{n} (= \bar{x}_n)$$

となるので，μ の最尤推定値は標本平均 $\bar{x}_n$ となる．

次に，σ^2 に対して微分したものを 0 とすると，

$$\frac{\partial \ell(\widehat{\mu}, \sigma^2)}{\partial \sigma^2} = -\frac{n}{2\sigma^2} + \frac{1}{2\sigma^4}\sum_{i=1}^{n}(x_i - \bar{x}_n)^2 = 0 \text{ より，} n\sigma^2 = \sum_{i=1}^{n}(x_i - \bar{x}_n)^2.$$

$$\text{よって，} \quad \sigma^2 = \frac{\sum_{i=1}^{n}(x_i - \bar{x}_n)^2}{n} (= s_n)$$

となり，σ^2 の最尤推定値は標本分散となる．　　□

9.2　区間推定

　前節の点推定ではパラメータを 1 つの値で推定するため，推定量の分散の情報等が考慮されず，その推定値がどの程度信頼できるかわからない．そこで，点推定の代わりに，区間を用いてパラメータを推定する方法を**区間推定** (interval estimation) とよぶ．ここでは，さまざまな場面での区間推定の方法について紹

9.2.1　1標本の平均の区間推定 (分散が既知の場合)

母集団が正規分布 $N(\mu, \sigma^2)$ で，その分散 σ^2 が既知として，平均 μ を推定する問題を考える．母集団から無作為に得られた値を $X_1, \ldots, X_n$ とすると，平均の点推定量は $\bar{X}_n$ であるが，区間推定ではさらにこの分布を利用する．

7.1.4 項より，標本平均 $\bar{X}_n$ は正規分布 $N\left(\mu, \dfrac{\sigma^2}{n}\right)$ に従う．よって，$\dfrac{\bar{X}_n - \mu}{\sigma/\sqrt{n}}$ は標準正規分布 $N(0,1)$ に従うので，

$$P\left(-z\left(\tfrac{\alpha}{2}\right) \leq \frac{\bar{X}_n - \mu}{\sigma/\sqrt{n}} \leq z\left(\tfrac{\alpha}{2}\right)\right) = 1 - \alpha$$

となる．ここで，$z\left(\tfrac{\alpha}{2}\right)$ は標準正規分布の上側 $100\,\alpha/2$% 点 (つまり，標準正規分布に従う確率変数 Z に対し，$P\left(Z \geq z\left(\tfrac{\alpha}{2}\right)\right) = \tfrac{\alpha}{2}$ となる点) とする．この式を変形することにより，

$$P\left(-z\left(\tfrac{\alpha}{2}\right)\frac{\sigma}{\sqrt{n}} \leq \bar{X}_n - \mu \leq z\left(\tfrac{\alpha}{2}\right)\frac{\sigma}{\sqrt{n}}\right) = 1 - \alpha$$

から

$$P\left(\bar{X}_n - z\left(\tfrac{\alpha}{2}\right)\frac{\sigma}{\sqrt{n}} \leq \mu \leq \bar{X}_n + z\left(\tfrac{\alpha}{2}\right)\frac{\sigma}{\sqrt{n}}\right) = 1 - \alpha$$

が成り立つ．区間推定では $1 - \alpha$ のことを**信頼係数**もしくは**信頼度**といい，推定された区間のことを**信頼区間** (confidence interval) という．

以上をまとめると，次の定理が成り立つ．

> **定理 9.2.1** (分散が既知の場合の正規分布の平均の信頼区間)　正規分布 $N(\mu, \sigma^2)$ から無作為に得られた値を $X_1, \ldots, X_n$ とする．また，分散 σ^2 は既知とする．このとき，信頼係数 $1 - \alpha$ の μ の信頼区間は
>
> $$\left[\bar{X}_n - z\left(\tfrac{\alpha}{2}\right)\frac{\sigma}{\sqrt{n}},\ \bar{X}_n + z\left(\tfrac{\alpha}{2}\right)\frac{\sigma}{\sqrt{n}}\right]$$
>
> と表せる．

ここで注意すべきは，上記の式のなかで確率変数は $\bar{X}_n$ しかないということである．したがって，n 個の値を無作為に取り出すという操作を何度も行い，区間 $[\bar{X}_n - z\left(\tfrac{\alpha}{2}\right)\frac{\sigma}{\sqrt{n}}, \bar{X}_n + z\left(\tfrac{\alpha}{2}\right)\frac{\sigma}{\sqrt{n}}]$ を無数に計算すれば，それらの区間が μ を含む確率が $1 - \alpha$ ということである．つまり，観測値 $x_1, \ldots, x_n$ が得られたと

きに，$\bar{x}_n - z\left(\frac{\alpha}{2}\right)\frac{\sigma}{\sqrt{n}} \leq \mu \leq \bar{x}_n + z\left(\frac{\alpha}{2}\right)\frac{\sigma}{\sqrt{n}}$ となる確率が $1-\alpha$ となることではないことに注意が必要である (この式のなかにはすでに確率変数が存在しない)．

9.2.2　1 標本の平均の区間推定 (分散が未知の場合)

母集団が正規分布 $N(\mu, \sigma^2)$ で，その分散 σ^2 が未知として，平均 μ を推定する問題を考える．分散が既知の場合と異なり，μ と σ で標準化をすることができないので，標準正規分布を使うことができない．そこで，次の分布を使用することとなる．

> **定義 9.2.1** (t 分布)　確率変数 X, Y がそれぞれ標準正規分布 $N(0, 1)$，自由度 n の χ^2 分布に従うとし，X と Y は独立とする．このとき，$\dfrac{X}{\sqrt{Y/n}}$ の従う分布を自由度 n の **t 分布** (t-distribution) という．

図 9.2.1 はさまざまな自由度の t 分布を示している．t 分布は 0 を中心に左右対称な分布であり，自由度が増加すると標準正規分布に近づく．

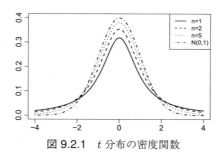

図 9.2.1　t 分布の密度関数

分散が未知の場合に，分散の代わりに不偏分散を用いて標準化すると，次の補題が成り立つ．

> **補題 9.2.1** (不偏分散を用いた標準化)　確率変数 $X_1, \ldots, X_n$ が互いに独立であり，それぞれ期待値が μ，分散が σ^2 の正規分布に従うとする．ここで，$\bar{X}_n = \sum_{i=1}^{n} \dfrac{X_i}{n}$, $\hat{\sigma}^2 = \sum_{i=1}^{n} \dfrac{(X_i - \bar{X}_n)^2}{n-1}$ とすると，
> $$t = \frac{\bar{X}_n - \mu}{\sqrt{\hat{\sigma}^2/n}}$$

は自由度 $n-1$ の t 分布に従う．

証明 t を式変形すると

$$\frac{\bar{X}_n - \mu}{\sqrt{\hat{\sigma}^2/n}} = \frac{(\bar{X}_n - \mu)/(\sigma/\sqrt{n})}{\sqrt{\{(n-1)\hat{\sigma}^2/\sigma^2\}/(n-1)}}$$

となる．ここで，$(\bar{X}_n - \mu)/(\sigma/\sqrt{n})$ は標準正規分布に従う．また，定理 8.2.2 より，$(n-1)\hat{\sigma}^2/\sigma^2$ は自由度 $n-1$ の χ^2 分布に従い，$\bar{X}_n$ と $\hat{\sigma}^2$ が独立であることから，$(\bar{X}_n - \mu)/(\sigma/\sqrt{n})$ と $(n-1)\hat{\sigma}^2/\sigma^2$ は独立である．よって，t は自由度 $n-1$ の t 分布に従う． ∎

この補題より，自由度 $n-1$ の t 分布の上側 $100\,\alpha/2\%$ 点を $t_{n-1}\!\left(\frac{\alpha}{2}\right)$ で表すと，

$$P\left(-t_{n-1}\!\left(\tfrac{\alpha}{2}\right) \leq \frac{\bar{X}_n - \mu}{\hat{\sigma}^2/\sqrt{n}} \leq t_{n-1}\!\left(\tfrac{\alpha}{2}\right)\right) = 1 - \alpha$$

が成り立つ．σ^2 が既知の場合と同様の変形により，

$$P\left(\bar{X}_n - t_{n-1}\!\left(\tfrac{\alpha}{2}\right)\frac{\hat{\sigma}}{\sqrt{n}} \leq \mu \leq \bar{X}_n + t_{n-1}\!\left(\tfrac{\alpha}{2}\right)\frac{\hat{\sigma}}{\sqrt{n}}\right) = 1 - \alpha$$

となり，次の定理が成り立つ．

定理 9.2.2(分散が未知の場合の正規分布の平均の区間推定) 正規分布 $N(\mu, \sigma^2)$ から無作為に得られた値を $X_1, \ldots, X_n$ とする．また，分散 σ^2 は未知とする．このとき，不偏分散 $\hat{\sigma}^2$ を用い，信頼係数 $1-\alpha$ の μ の信頼区間は

$$\left[\bar{X}_n - t_{n-1}\!\left(\tfrac{\alpha}{2}\right)\frac{\hat{\sigma}}{\sqrt{n}},\; \bar{X}_n + t_{n-1}\!\left(\tfrac{\alpha}{2}\right)\frac{\hat{\sigma}}{\sqrt{n}}\right]$$

と表せる．

9.2.3 正規分布の分散の推定

母集団が正規分布 $N(\mu, \sigma^2)$ で，分散 σ^2 を推定する問題を考える．母集団から無作為に得られた値を $X_1, \ldots, X_n$ とし，分散の不偏推定量 $\hat{\sigma}^2$ を使い，分散の区間推定を行う．

定理 8.2.2 より，$(n-1)\hat{\sigma}^2/\sigma^2$ は自由度 $n-1$ の χ^2 分布に従う．よって，自由度 $n-1$ の χ^2 分布の上側 $100\,\alpha/2\%$ 点を $\chi^2_{n-1}\!\left(\tfrac{\alpha}{2}\right)$ で表すと，

9.2 区間推定

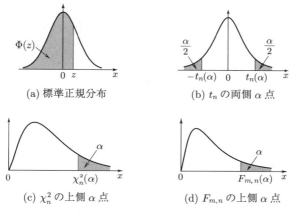

図 9.2.2　各分布の形状とパーセント点

$$P\left(\chi^2_{n-1}\bigl(1-\tfrac{\alpha}{2}\bigr) \le \frac{(n-1)\widehat{\sigma}^2}{\sigma^2} \le \chi^2_{n-1}\bigl(\tfrac{\alpha}{2}\bigr)\right) = 1-\alpha$$

となる．この式を変形することにより，

$$P\left(\frac{(n-1)\widehat{\sigma}^2}{\chi^2_{n-1}\bigl(\tfrac{\alpha}{2}\bigr)} \le \sigma^2 \le \frac{(n-1)\widehat{\sigma}^2}{\chi^2_{n-1}\bigl(1-\tfrac{\alpha}{2}\bigr)}\right) = 1-\alpha$$

が成り立つ．

以上をまとめると，次の定理が成り立つ．

定理 9.2.3（正規分布の分散の信頼区間）　正規分布 $N(\mu, \sigma^2)$ から無作為に得られた値を $X_1, \ldots, X_n$ とし，$\widehat{\sigma}^2$ を不偏分散とする．このとき，信頼係数 $1-\alpha$ の σ^2 の信頼区間は

$$\left[\frac{(n-1)\widehat{\sigma}^2}{\chi^2_{n-1}\bigl(\tfrac{\alpha}{2}\bigr)}, \frac{(n-1)\widehat{\sigma}^2}{\chi^2_{n-1}\bigl(1-\tfrac{\alpha}{2}\bigr)}\right]$$

と表せる．

○例 **9.2.1**（正規分布に関する推定）　統計学の M 教授は A 大学で大人数の統計学の授業を受け持っている．この授業の受講者からランダムに選んだ 10 名の学生の試験の点数は，74, 69, 64, 64, 61, 58, 54, 54, 52, 50 であった．これら 10 名分の標本平均は $\bar{x} = 60.0$ であり，偏差平方和は 550 であるので，不偏分散は $\widehat{\sigma}^2_X = \frac{550}{9} \approx 61.11$ となる．

M 教授の受け持つ A 大学での統計学の受講者全体の試験の点数は正規分布 $N(\mu_X, \sigma_X^2)$ に従うとすると，母平均 μ_X の点推定値は 60.0，母分散 σ_X^2 の点推定値は 61.11 となる．

仮に，母分散が $\sigma_X^2 = 60$ と既知であるとすると，μ_X の 95%信頼区間は，$z(0.025) = 1.96$ であるので，

$$\left[60.0 - 1.96\sqrt{\tfrac{60}{10}}, 60.0 + 1.96\sqrt{\tfrac{60}{10}}\right] = [55.2, 64.8]$$

となる．

母分散が未知の場合は推定値 $\hat{\sigma}_X^2 = 61.11$ を用いて，$t_9(0.025) = 2.262$ であるので，

$$\left[60.0 - 2.262\sqrt{\tfrac{61.11}{10}}, 60.0 + 2.262\sqrt{\tfrac{61.11}{10}}\right] = [54.41, 65.59]$$

となる．

母分散の 95%信頼区間は，$\chi_9^2(0.025) = 19.02$, $\chi_9^2(0.975) = 2.70$ であるので

$$\left[\tfrac{550}{19.02}, \tfrac{550}{2.70}\right] = [28.92, 203.70]$$

となる．分散の信頼区間は，サンプルサイズが大きくない場合にはかなり広い．

Excel では，第 3 章の冒頭で述べたように，1 変量データの要約は「分析ツール」の「基本統計量」によって行うことができる．表 9.2.1 は上述の数値例でのデータの要約統計量であり，「分散」は不偏分散の値である．また，表の最後の行は母平均 μ の信頼区間の誤差限界 (margin of error)，すなわち，母分散が未知の場合の指定された信頼度での信頼区間の幅の半分を表していて，信頼度を 95% とすると，そのときの信頼区間は $60.0 \pm 5.59 = [54.41, 65.59]$ と求められる．

表 9.2.1 基本統計量

平均	60
標準誤差	2.47
中央値 (メジアン)	59.5
最頻値 (モード)	64
標準偏差	7.82
分散	61.11
尖度	-0.70
歪度	0.48
範囲	24
最小	50
最大	74
合計	600
データの個数	10
信頼度(95.0%)	5.59

R では，x にデータが格納されているとして，第 10 章で議論する統計的検定のための関数 t.test を用いて

```
> t.test(x)
```

とすることにより

```
95 percent confidence interval:
     54.4078 65.5922
```

と 95%信頼区間が求められる． □

9.2.4 二項分布の確率の推定

母集団が二項分布 $B(n,p)$ で，その確率 p を推定する問題を考える．二項分布 $B(n,p)$ に従う確率変数 X に対し，p の推定量 (不偏推定量) は $\widehat{p} = X/n$ によって得られる．また，n が大きければ中心極限定理により，$\widehat{p}$ の分布が正規分布 $N\left(p, \dfrac{p(1-p)}{n}\right)$ によって近似されるので，

$$P\left(-z\left(\tfrac{\alpha}{2}\right) \leq \frac{\widehat{p}-p}{\sqrt{p(1-p)/n}} \leq z\left(\tfrac{\alpha}{2}\right)\right) \approx 1-\alpha$$

となる．これを式変形することにより，

$$P\left(\widehat{p} - z\left(\tfrac{\alpha}{2}\right)\sqrt{\frac{p(1-p)}{n}} \leq p \leq \widehat{p} + z\left(\tfrac{\alpha}{2}\right)\sqrt{\frac{p(1-p)}{n}}\right) \approx 1-\alpha$$

が得られるが，この式には未知パラメータ p が多く含まれている．そこで，p を $\widehat{p}$ で近似することで，

$$P\left(\widehat{p} - z\left(\tfrac{\alpha}{2}\right)\sqrt{\frac{\widehat{p}(1-\widehat{p})}{n}} \leq p \leq \widehat{p} + z\left(\tfrac{\alpha}{2}\right)\sqrt{\frac{\widehat{p}(1-\widehat{p})}{n}}\right) \approx 1-\alpha$$

となる．

これにより，次の定理が得られる．

> **定理 9.2.4** (二項分布の確率の信頼区間)　二項分布 $B(n,p)$ に従う確率変数を X とする．このとき，信頼係数 $1-\alpha$ の p の信頼区間は
>
> $$\left[\widehat{p} - z\left(\tfrac{\alpha}{2}\right)\sqrt{\frac{\widehat{p}(1-\widehat{p})}{n}},\ \widehat{p} + z\left(\tfrac{\alpha}{2}\right)\sqrt{\frac{\widehat{p}(1-\widehat{p})}{n}}\right]$$
>
> により近似される．

○例 **9.2.2** (二項分布の確率の信頼区間の例)　例 9.1.4 の場合について，p の区間推定を求める．箱の中の当たりの確率を p とし，そこから 10 回ボールを引き，当たりが 3 個であったので，信頼係数 0.95 の p の信頼区間は

$$\left[0.3 - 1.96 \times \sqrt{\tfrac{0.3 \times 0.7}{10}},\ 0.3 + 1.96 \times \sqrt{\tfrac{0.3 \times 0.7}{10}}\right]$$

であり，これを計算すると，$[0.016, 0.584]$ となる．この結果からも，当たりが 8 個入っているという発言が疑わしいということがわかる．　　□

9.2.5　2 標本の平均の差の推定 (分散が既知の場合)

2 つの正規母集団 $N(\mu_X, \sigma_X^2)$, $N(\mu_Y, \sigma_Y^2)$ に対し，分散 σ_X^2, σ_Y^2 が既知として，平均の差 $\mu_X - \mu_Y$ を推定する問題を考える．$N(\mu_X, \sigma_X^2)$ から無作為に得られた値を $X_1, \ldots, X_n$ とし，$N(\mu_Y, \sigma_Y^2)$ から無作為に得られた値を $Y_1, \ldots, Y_m$ とする．7.1.4 項の結果より，それぞれの標本平均の差 $\bar{X}_n - \bar{Y}_m$ の分布は正規分布 $N\left(\mu_X - \mu_Y, \frac{\sigma_X^2}{n} + \frac{\sigma_Y^2}{m}\right)$ に従う．よって，

$$P\left(-z\left(\tfrac{\alpha}{2}\right) \leq \frac{\bar{X}_n - \bar{Y}_m - (\mu_X - \mu_Y)}{\sqrt{\frac{\sigma_X^2}{n} + \frac{\sigma_Y^2}{m}}} \leq z\left(\tfrac{\alpha}{2}\right)\right) = 1 - \alpha$$

が成り立ち，この式を変形することにより，

$$P\left(\bar{X}_n - \bar{Y}_m - z\left(\tfrac{\alpha}{2}\right)\sqrt{\frac{\sigma_X^2}{n} + \frac{\sigma_Y^2}{m}} \leq \mu_X - \mu_Y\right.$$
$$\left.\leq \bar{X}_n - \bar{Y}_m + z\left(\tfrac{\alpha}{2}\right)\sqrt{\frac{\sigma_X^2}{n} + \frac{\sigma_Y^2}{m}}\right) = 1 - \alpha$$

が得られる．

よって，次の定理が成り立つ．

定理 9.2.5 (分散が既知の場合の正規分布の平均の差の信頼区間)

正規分布 $N(\mu_X, \sigma_X^2)$ から無作為に得られた値を $X_1, \ldots, X_n$ とし，正規分布 $N(\mu_Y, \sigma_Y^2)$ から無作為に得られた値を $Y_1, \ldots, Y_m$ とする．また，分散 σ_X^2, σ_Y^2 は既知とする．このとき，信頼係数 $1 - \alpha$ の $\mu_X - \mu_Y$ の信頼区間は

$$\left[\bar{X}_n - \bar{Y}_m - z\left(\tfrac{\alpha}{2}\right)\sqrt{\frac{\sigma_X^2}{n} + \frac{\sigma_Y^2}{m}},\ \bar{X}_n - \bar{Y}_m + z\left(\tfrac{\alpha}{2}\right)\sqrt{\frac{\sigma_X^2}{n} + \frac{\sigma_Y^2}{m}}\right]$$

と表せる．

9.2.6　2 標本の平均の差の推定 (分散が未知で等しい場合)

2 つの正規母集団 $N(\mu_X, \sigma^2), N(\mu_Y, \sigma^2)$ に対し，分散 σ^2 が未知として，平均の差 $\mu_X - \mu_Y$ を推定する問題を考える．$N(\mu_X, \sigma^2)$ から無作為に得られた値を $X_1, \ldots, X_n$ とし，$N(\mu_Y, \sigma^2)$ から無作為に得られた値を $Y_1, \ldots, Y_m$ とする．7.1.4 項の結果より，それぞれの標本平均の差 $\bar{X}_n - \bar{Y}_m$ の分布は正規分布

9.2 区間推定

$N\left(\mu_X - \mu_Y, \left(\frac{1}{n} + \frac{1}{m}\right)\sigma^2\right)$ となる．

ここで，分散の推定量について考える．$\widehat{\sigma}_X^2 = \sum_{i=1}^{n} \frac{(X_i - \bar{X}_n)^2}{n-1}$，$\widehat{\sigma}_Y^2 = \sum_{i=1}^{m} \frac{(Y_i - \bar{Y}_m)^2}{m-1}$ はそれぞれ σ^2 の不偏推定量であり，定理 8.2.2 より $\frac{(n-1)\widehat{\sigma}_X^2}{\sigma^2}$，$\frac{(m-1)\widehat{\sigma}_Y^2}{\sigma^2}$ はそれぞれ独立に自由度 $n-1$，自由度 $m-1$ の χ^2 分布に従う．よって，これらの和 $\frac{(n-1)\widehat{\sigma}_X^2 + (m-1)\widehat{\sigma}_Y^2}{\sigma^2}$ は自由度 $n+m-2$ の χ^2 分布に従う．χ^2 分布の平均はその自由度と一致するので，$\frac{(n-1)\widehat{\sigma}_X^2 + (m-1)\widehat{\sigma}_Y^2}{n+m-2}$ も σ^2 の不偏推定量となる．これは**プールした分散**とよばれるものであり，$\widehat{\sigma}_X^2, \widehat{\sigma}_Y^2$ よりも分散が小さく，σ^2 のより良い推定となる．

これを用いて，次の補題が示せる．

補題 9.2.2 (プールした分散を用いた標準化)　正規分布 $N(\mu_X, \sigma^2)$ から無作為に得られた値を $X_1, \ldots, X_n$ とし，正規分布 $N(\mu_Y, \sigma^2)$ から無作為に得られた値を $Y_1, \ldots, Y_m$ とする．ここで，

$$\bar{X}_n = \sum_{i=1}^{n} \frac{X_i}{n}, \quad \bar{Y}_m = \sum_{i=1}^{m} \frac{Y_i}{m}, \quad \widehat{\sigma}^2 = \frac{\sum_{i=1}^{n}(X_i - \bar{X}_n)^2 + \sum_{i=1}^{m}(Y_i - \bar{Y}_m)^2}{n+m-2}$$

とすると，

$$t = \frac{\bar{X}_n - \bar{Y}_m - (\mu_X - \mu_Y)}{\sqrt{\left(\frac{1}{n} + \frac{1}{m}\right)\widehat{\sigma}^2}}$$

は自由度 $n+m-2$ の t 分布に従う．

証明　t を式変形することで，

$$\frac{\bar{X}_n - \bar{Y}_m - (\mu_X - \mu_Y)}{\sqrt{\left(\frac{1}{n} + \frac{1}{m}\right)\widehat{\sigma}^2}} = \frac{\{\bar{X}_n - \bar{Y}_m - (\mu_X - \mu_Y)\} \big/ \sqrt{\left(\frac{1}{n} + \frac{1}{m}\right)\sigma^2}}{\sqrt{\left(\sum_{i=1}^{n}(X_i - \bar{X}_n)^2 + \sum_{i=1}^{m}(Y_i - \bar{Y}_m)^2\right) \big/ \sigma^2 \over n+m-2}}$$

となる．ここで，$\{\bar{X}_n - \bar{Y}_m - (\mu_X - \mu_Y)\} \big/ \sqrt{\left(\frac{1}{n} + \frac{1}{m}\right)\sigma^2}$ は標準正規分布に従い，$\left(\sum_{i=1}^{n}(X_i - \bar{X}_n)^2 + \sum_{i=1}^{m}(Y_i - \bar{Y}_m)^2\right) \big/ \sigma^2$ は自由度 $n+m-2$ の χ^2 分布に従う．また，これらは独立となることから，t は自由度 $n+m-2$ の t 分布に従う． ∎

この補題より，自由度 $n+m-2$ の t 分布の上側 $100\alpha/2\%$ 点 $t_{n+m-2}\left(\frac{\alpha}{2}\right)$ に対し，

$$P\left(-t_{n+m-2}\left(\tfrac{\alpha}{2}\right) \leq \frac{\bar{X}_n - \bar{Y}_m - (\mu_X - \mu_Y)}{\sqrt{\left(\frac{1}{n} + \frac{1}{m}\right)\widehat{\sigma}^2}} \leq t_{n+m-2}\left(\tfrac{\alpha}{2}\right)\right) = 1 - \alpha$$

が成り立ち，この式を変形することにより，

$$P\left(\bar{X}_n - \bar{Y}_m - t_{n+m-2}\left(\tfrac{\alpha}{2}\right)\sqrt{\left(\frac{1}{n} + \frac{1}{m}\right)\widehat{\sigma}^2} \leq \mu_X - \mu_Y \right.$$
$$\left. \leq \bar{X}_n - \bar{Y}_m + t_{n+m-2}\left(\tfrac{\alpha}{2}\right)\sqrt{\left(\frac{1}{n} + \frac{1}{m}\right)\widehat{\sigma}^2}\right) = 1 - \alpha$$

が得られる．

よって，次の定理が成り立つ．

定理 9.2.6 (分散が未知で等しい場合の正規分布の平均の差の信頼区間)
正規分布 $N(\mu_X, \sigma^2)$ から無作為に得られた値を $X_1, \ldots, X_n$ とし，正規分布 $N(\mu_Y, \sigma^2)$ から無作為に得られた値を $Y_1, \ldots, Y_m$ とする．また，共通の分散 σ^2 は未知とする．このとき，信頼係数 $1 - \alpha$ の $\mu_X - \mu_Y$ の信頼区間は

$$\left[\bar{X}_n - \bar{Y}_m - t_{n+m-2}\left(\tfrac{\alpha}{2}\right)\sqrt{\left(\frac{1}{n} + \frac{1}{m}\right)\widehat{\sigma}^2},\right.$$
$$\left.\bar{X}_n - \bar{Y}_m + t_{n+m-2}\left(\tfrac{\alpha}{2}\right)\sqrt{\left(\frac{1}{n} + \frac{1}{m}\right)\widehat{\sigma}^2}\right]$$

と表せる．ここで，

$$\widehat{\sigma}_X^2 = \sum_{i=1}^n \frac{(X_i - \bar{X}_n)^2}{n-1}, \quad \widehat{\sigma}_Y^2 = \sum_{i=1}^m \frac{(Y_i - \bar{Y}_m)^2}{m-1},$$

$$\widehat{\sigma}^2 = \frac{(n-1)\widehat{\sigma}_X^2 + (m-1)\widehat{\sigma}_Y^2}{n+m-2} = \frac{\sum_{i=1}^n (X_i - \bar{X}_n)^2 + \sum_{i=1}^m (Y_i - \bar{Y}_m)^2}{n+m-2}$$

である．

9.2.7 2標本の平均の差の推定 (分散が未知で異なる場合)

2つの正規母集団 $N(\mu_X, \sigma_X^2), N(\mu_Y, \sigma_Y^2)$ に対し, 分散 σ_X^2, σ_Y^2 が未知として, 平均の差 $\mu_X - \mu_Y$ を推定する問題を考える. $N(\mu_X, \sigma_X^2)$ から無作為に得られた値を $X_1, \ldots, X_n$ とし, $N(\mu_Y, \sigma_Y^2)$ から無作為に得られた値を $Y_1, \ldots, Y_m$ とする. このとき, それぞれの標本平均の差 $\bar{X}_n - \bar{Y}_m$ の分布は $N\left(\mu_X - \mu_Y, \frac{\sigma_X^2}{n} + \frac{\sigma_Y^2}{m}\right)$ となる. この場合, それぞれの母集団に関する不偏分散 $\widehat{\sigma}_X^2 = \sum_{i=1}^{n} \frac{(X_i - \bar{X}_n)^2}{n-1}$, $\widehat{\sigma}_Y^2 = \sum_{i=1}^{m} \frac{(Y_i - \bar{Y}_m)^2}{m-1}$ に基づいて,

$$\frac{\bar{X}_n - \bar{Y}_m - (\mu_X - \mu_Y)}{\sqrt{\frac{\widehat{\sigma}_X^2}{n} + \frac{\widehat{\sigma}_Y^2}{m}}}$$

の分布を使い区間推定を行いたいが, この厳密な分布は複雑であり, 求めることが困難である. しかし, この分布は自由度が

$$\nu = \frac{\left(\frac{\widehat{\sigma}_X^2}{n} + \frac{\widehat{\sigma}_Y^2}{m}\right)^2}{\widehat{\sigma}_X^4/\{n^2(n-1)\} + \widehat{\sigma}_Y^4/\{m^2(m-1)\}}$$

の t 分布で近似されることが知られている. したがって, 自由度 ν の t 分布の上側 $100\alpha/2\%$ 点 $t_\nu\left(\frac{\alpha}{2}\right)$ に対し,

$$P\left(-t_\nu\left(\tfrac{\alpha}{2}\right) \leq \frac{\bar{X}_n - \bar{Y}_m - (\mu_X - \mu_Y)}{\sqrt{\frac{\widehat{\sigma}_X^2}{n} + \frac{\widehat{\sigma}_Y^2}{m}}} \leq t_\nu\left(\tfrac{\alpha}{2}\right)\right) \approx 1 - \alpha$$

となり, これを変形することにより,

$$P\left(\bar{X}_n - \bar{Y}_m - t_\nu\left(\tfrac{\alpha}{2}\right)\sqrt{\frac{\widehat{\sigma}_X^2}{n} + \frac{\widehat{\sigma}_Y^2}{m}} \leq \mu_X - \mu_Y \right.$$
$$\left. \leq \bar{X}_n - \bar{Y}_m + t_\nu\left(\tfrac{\alpha}{2}\right)\sqrt{\frac{\widehat{\sigma}_X^2}{n} + \frac{\widehat{\sigma}_Y^2}{m}}\right) \approx 1 - \alpha$$

が得られる.

よって, 次の定理が成り立つ.

定理 9.2.7 (分散が未知で異なる場合の正規分布の平均の差の信頼区間)
正規分布 $N(\mu_X, \sigma_X^2)$ から無作為に得られた値を $X_1, \ldots, X_n$ とし, 正規分布 $N(\mu_Y, \sigma_Y^2)$ から無作為に得られた値を $Y_1, \ldots, Y_m$ とする. また, 分散 σ_X^2, σ_Y^2 は未知とする. このとき, 信頼係数 $1 - \alpha$ の $\mu_X - \mu_Y$ の信頼

区間は

$$\left[\bar{X}_n - \bar{Y}_m - t_\nu\left(\tfrac{\alpha}{2}\right) \sqrt{\frac{\widehat{\sigma}_X^2}{n} + \frac{\widehat{\sigma}_Y^2}{m}},\ \bar{X}_n - \bar{Y}_m + t_\nu\left(\tfrac{\alpha}{2}\right) \sqrt{\frac{\widehat{\sigma}_X^2}{n} + \frac{\widehat{\sigma}_Y^2}{m}} \right]$$

で近似される．ここで，

$$\widehat{\sigma}_X^2 = \sum_{i=1}^n \frac{(X_i - \bar{X}_n)^2}{n-1}, \quad \widehat{\sigma}_Y^2 = \sum_{i=1}^m \frac{(Y_i - \bar{Y}_m)^2}{m-1},$$

$$\nu = \frac{\left(\frac{\widehat{\sigma}_X^2}{n} + \frac{\widehat{\sigma}_Y^2}{m}\right)^2}{\widehat{\sigma}_X^4/\{n^2(n-1)\} + \widehat{\sigma}_Y^4/\{m^2(m-1)\}}$$

である．

9.2.8 2標本の分散の比の推定

2つの正規母集団 $N(\mu_X, \sigma_X^2), N(\mu_Y, \sigma_Y^2)$ に対し，分散の比 σ_X^2/σ_Y^2 を推定する問題を考える．ここで，この区間推定を求める際に必要となる分布について説明する．

定義 9.2.2 (F 分布) 確率変数 X, Y がそれぞれ自由度 n, m の χ^2 分布に従うとし，X と Y は独立とする．このとき，$\dfrac{X}{n} \Big/ \dfrac{Y}{m}$ の従う分布を自由度 (n, m) の **F 分布** (F-distribution) という．

図 9.2.3 は，さまざまな自由度の F 分布を示している．F 分布は左右非対称な分布であり，自由度 n および m が増加すると 1 に収束する分布である．

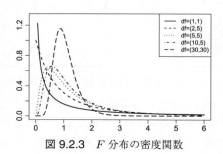

図 9.2.3 F 分布の密度関数

9.2 区間推定

2つの正規母集団の不偏分散の比について，次の補題が成り立つ．

> **補題 9.2.3** (不偏分散の比の分布)　正規分布 $N(\mu_X, \sigma_X^2)$ から無作為に得られた値を $X_1, \ldots, X_n$ とし，正規分布 $N(\mu_Y, \sigma_Y^2)$ から無作為に得られた値を $Y_1, \ldots, Y_m$ とする．これらの不偏分散 $\widehat{\sigma}_X^2 = \sum_{i=1}^{n} \dfrac{(X_i - \bar{X}_n)^2}{n-1}$, $\widehat{\sigma}_Y^2 = \sum_{i=1}^{m} \dfrac{(Y_i - \bar{Y}_m)^2}{m-1}$ に対し，比
> $$F = \frac{\widehat{\sigma}_X^2/\sigma_X^2}{\widehat{\sigma}_Y^2/\sigma_Y^2}$$
> は自由度 $(n-1, m-1)$ の F 分布に従う．

証明　F を変形することで
$$\frac{\widehat{\sigma}_X^2/\sigma_X^2}{\widehat{\sigma}_Y^2/\sigma_Y^2} = \frac{\{(n-1)\widehat{\sigma}_X^2/\sigma_X^2\}/(n-1)}{\{(m-1)\widehat{\sigma}_Y^2/\sigma_Y^2\}/(m-1)}$$
となり，定理 8.2.2 より，$(n-1)\widehat{\sigma}_X^2/\sigma_X^2$, $(m-1)\widehat{\sigma}_Y^2/\sigma_Y^2$ は独立であり，それぞれ自由度 $n-1, m-1$ の χ^2 分布に従う．よって，F は自由度 $(n-1, m-1)$ の F 分布に従う． ∎

この補題より，自由度 $(n-1, m-1)$ の F 分布の上側 $100\alpha/2\%$ 点を $F_{n-1,m-1}\left(\frac{\alpha}{2}\right)$ で表すと，
$$P\left(F_{n-1,m-1}\left(1-\tfrac{\alpha}{2}\right) \leq \frac{\widehat{\sigma}_X^2/\sigma_X^2}{\widehat{\sigma}_Y^2/\sigma_Y^2} \leq F_{n-1,m-1}\left(\tfrac{\alpha}{2}\right)\right) = 1-\alpha$$
が成り立つ．これを変形することにより，
$$P\left(\frac{1}{F_{n-1,m-1}\left(\tfrac{\alpha}{2}\right)}\frac{\widehat{\sigma}_X^2}{\widehat{\sigma}_Y^2} \leq \frac{\sigma_X^2}{\sigma_Y^2} \leq \frac{1}{F_{n-1,m-1}\left(1-\tfrac{\alpha}{2}\right)}\frac{\widehat{\sigma}_X^2}{\widehat{\sigma}_Y^2}\right) = 1-\alpha$$
となる．また，F 分布の定義より，$1/F_{n-1,m-1}\left(1-\tfrac{\alpha}{2}\right) = F_{m-1,n-1}\left(\tfrac{\alpha}{2}\right)$ となるので，
$$P\left(\frac{1}{F_{n-1,m-1}\left(\tfrac{\alpha}{2}\right)}\frac{\widehat{\sigma}_X^2}{\widehat{\sigma}_Y^2} \leq \frac{\sigma_X^2}{\sigma_Y^2} \leq F_{m-1,n-1}\left(\tfrac{\alpha}{2}\right)\frac{\widehat{\sigma}_X^2}{\widehat{\sigma}_Y^2}\right) = 1-\alpha$$
と表すこともできる．

以上より，次の定理が得られる．

定理 9.2.8 (分散の比の信頼区間)　正規分布 $N(\mu_X, \sigma_X^2)$ から無作為に得られた値を $X_1, \ldots, X_n$ とし, 正規分布 $N(\mu_Y, \sigma_Y^2)$ から無作為に得られた値を $Y_1, \ldots, Y_m$ とする. このとき, 信頼係数 $1-\alpha$ の σ_X^2/σ_Y^2 の信頼区間は

$$\left[\frac{1}{F_{n-1,m-1}\left(\frac{\alpha}{2}\right)}\frac{\widehat{\sigma}_X^2}{\widehat{\sigma}_Y^2},\; F_{m-1,n-1}\left(\frac{\alpha}{2}\right)\frac{\widehat{\sigma}_X^2}{\widehat{\sigma}_Y^2}\right]$$

と表される. ここで, $\widehat{\sigma}_X^2 = \sum_{i=1}^{n}\frac{(X_i-\bar{X}_n)^2}{n-1}$, $\widehat{\sigma}_Y^2 = \sum_{i=1}^{m}\frac{(Y_i-\bar{Y}_m)^2}{m-1}$ である.

○**例 9.2.3** (例 9.2.1 の続き)　例 9.2.1 の M 教授は別の B 大学でも非常勤講師として A 大学と同じ内容の統計学の授業を受け持っている. B 大学の受講者からランダムに選んだ 8 名の学生の試験の点数は 78, 76, 68, 68, 66, 60, 58, 54 であった. これら 8 名分の標本平均は 66.0 であり, 偏差平方和は 496 であるので, 不偏分散は $\frac{496}{7} \approx 70.68$ となる. B 大学での試験の点数は正規分布 $N(\mu_Y, \sigma_Y^2)$ に従うとし, 2 大学での母平均の差 $\mu_X - \mu_Y$ の区間推定を行う.

2 大学での試験の点数の分散が既知で $\sigma_X^2 = 60$, $\sigma_Y^2 = 70$ であるとすると, $\mu_X - \mu_Y$ の 95%信頼区間は

$$\left[(60.0-66.0)-1.96\sqrt{\tfrac{60}{10}+\tfrac{70}{8}},\; (60.0-66.0)+1.96\sqrt{\tfrac{60}{10}+\tfrac{70}{8}}\right]$$
$$= [-13.53, 1.53]$$

となる.

一方, 母分散は等しく $\sigma_X^2 = \sigma_Y^2 (=\sigma^2)$ であるが, σ^2 は未知であるとすると, σ^2 の推定値はプールした分散 $\widehat{\sigma}^2 = \frac{550+496}{16} = 65.375$ で与えられる. これより, $t_{16}(0.025) = 2.120$ であるので, $\mu_X - \mu_Y$ の 95%信頼区間は

$$\left[(60.0-66.0)-2.120\sqrt{\left(\tfrac{1}{10}+\tfrac{1}{8}\right)\cdot 65.375},\right.$$
$$\left.(60.0-66.0)+2.120\sqrt{\left(\tfrac{1}{10}+\tfrac{1}{8}\right)\cdot 65.375}\right] = [-14.13, 2.13]$$

となる.

次に, 各分散は未知で異なる場合には, t 分布の自由度 ν を

$$\nu = \frac{(61.11/10+70.86/8)^2}{61.11^2/(10^2\times 9)+70.86^2/(8^2\times 7)} = 14.59$$

とし, $t_{14.59}(0.025) = 2.145$ であるので, $\mu_X - \mu_Y$ の 95%信頼区間は

$$\left[(60.0 - 66.0) - 2.145\sqrt{\tfrac{61.11}{10} + \tfrac{70.86}{8}},\ (60.0 - 66.0) + 2.145\sqrt{\tfrac{61.11}{10} + \tfrac{70.86}{8}}\right]$$
$$= [-14.30, 2.30]$$

と求められる．

分散の比の95%信頼区間は，自由度$(9,7)$および$(7,9)$のF分布の上側2.5%点はそれぞれ$F_{9,7}(0.025) = 4.823, F_{7,9}(0.025) = 4.197$であるので，母分散の比$\sigma_X^2/\sigma_Y^2$の95%信頼区間は

$$\left[\tfrac{1}{4.823} \times \tfrac{61.11}{70.86},\ 4.197 \times \tfrac{61.11}{70.86}\right] = [0.179, 3.620]$$

と計算される[4]． □

9.2.9 二項分布の確率の差の推定

2つの二項分布$B(n, p_1), B(m, p_2)$に対し，それらの確率の差$p_1 - p_2$を推定する問題を考える．二項分布$B(n, p_1), B(m, p_2)$にそれぞれ従う確率変数X, Yに対し，p_1, p_2の推定量(不偏推定量)は$\widehat{p}_1 = X/n, \widehat{p}_2 = Y/m$によって得られる．また，$n, m$が大きければ中心極限定理により，$\widehat{p}_1 - \widehat{p}_2$の分布が正規分布$N\left(p_1 - p_2, \tfrac{p_1(1-p_1)}{n} + \tfrac{p_2(1-p_2)}{m}\right)$で近似される．よって，

$$P\left(-z\left(\tfrac{\alpha}{2}\right) \leq \frac{\widehat{p}_1 - \widehat{p}_2 - (p_1 - p_2)}{\sqrt{\tfrac{p_1(1-p_1)}{n} + \tfrac{p_2(1-p_2)}{m}}} \leq z\left(\tfrac{\alpha}{2}\right)\right) \approx 1 - \alpha$$

となり，これを式変形することにより，

$$P\left(\widehat{p}_1 - \widehat{p}_2 - z\left(\tfrac{\alpha}{2}\right)\sqrt{\tfrac{p_1(1-p_1)}{n} + \tfrac{p_2(1-p_2)}{m}} \leq p_1 - p_2\right.$$
$$\left.\leq \widehat{p}_1 - \widehat{p}_2 + z\left(\tfrac{\alpha}{2}\right)\sqrt{\tfrac{p_1(1-p_1)}{n} + \tfrac{p_2(1-p_2)}{m}}\right) \approx 1 - \alpha$$

が得られる．この式には未知パラメータp_1, p_2が含まれており，それらを推定量$\widehat{p}_1, \widehat{p}_2$に置き換えることで，

---

[4] Rでは，統計的検定用の関数`t.test`により，信頼区間が出力される．`x`および`y`に観測値が格納されているとし，
> `t.test(x, y, var.equal=T)`

とすれば，分散が等しいが未知の場合の95%信頼区間が得られ，
> `t.test(x, y)`

とすれば分散が異なる場合の95%信頼区間が出力される(`var.equal=T`を省略すると分散が異なる場合の信頼区間となることに注意)．

$$P\left(\widehat{p}_1 - \widehat{p}_2 - z\left(\tfrac{\alpha}{2}\right)\sqrt{\frac{\widehat{p}_1(1-\widehat{p}_1)}{n} + \frac{\widehat{p}_2(1-\widehat{p}_2)}{m}} \leq p_1 - p_2\right.$$
$$\left.\leq \widehat{p}_1 - \widehat{p}_2 + z\left(\tfrac{\alpha}{2}\right)\sqrt{\frac{\widehat{p}_1(1-\widehat{p}_1)}{n} + \frac{\widehat{p}_2(1-\widehat{p}_2)}{m}}\right) \approx 1 - \alpha$$

となる.

これにより，次の定理が得られる.

定理 9.2.9 (二項分布の確率の差の信頼区間)　二項分布 $B(n, p_1), B(n, p_2)$ に従う確率変数をそれぞれ X, Y とする．このとき，信頼係数 $1-\alpha$ の $p_1 - p_2$ の信頼区間は

$$\left[\widehat{p}_1 - \widehat{p}_2 - z\left(\tfrac{\alpha}{2}\right)\sqrt{\frac{\widehat{p}_1(1-\widehat{p}_1)}{n} + \frac{\widehat{p}_2(1-\widehat{p}_2)}{m}},\right.$$
$$\left.\widehat{p}_1 - \widehat{p}_2 + z\left(\tfrac{\alpha}{2}\right)\sqrt{\frac{\widehat{p}_1(1-\widehat{p}_1)}{n} + \frac{\widehat{p}_2(1-\widehat{p}_2)}{m}}\right]$$

により近似される.

演習問題 9

9.1 確率関数が (7.2.12) で与えられるポアソン分布からの n 個の独立な観測値を $x_1, \ldots, x_n$ としたとき，λ の最尤推定値を求めよ．

9.2 確率密度関数が (7.3.2) で与えられる指数分布からの n 個の独立な観測値を $x_1, \ldots, x_n$ としたとき，μ の最尤推定値を求めよ．

9.3 ある大人数の統計学のクラスで中間試験を実施した．採点時，クラスの平均点はどのくらいかをみるために，全答案からランダムに選んだ 5 人分の答案を採点したところ，標本平均は $\bar{x} = 58.0$，標本標準偏差は $s_x = 3\sqrt{5}$ であった．試験結果は正規分布 $N(\mu_x, \sigma_x^2)$ に従うとして，以下の各問に答えよ．

(1) 母平均 μ の点推定値はいくらか．
(2) 母分散 σ_x^2 の推定値 (不偏分散) はいくらか．
(3) 偏差平方和 $A = \sum_{i=1}^{5}(x_i - \bar{x})^2$ はいくらか．
(4) 各観測値の 2 乗和 $\sum_{i=1}^{5} x_i^2$ はいくらか．
(5) 標本平均 $\bar{x}$ の標準誤差 (SE) はいくらか．

(6) 母平均 μ_x の 95%信頼区間を求めよ．
(7) 母平均 μ_x の 99%信頼区間を求めよ．
(8) 母分散 σ_x^2 の 95%信頼区間を求めよ．
(9) 母分散 σ_x^2 の 99%信頼区間を求めよ．

9.4 問 9.3 とは別のクラスで実施した中間試験で，全答案からランダムに選んだ 7 人分を採点したところ，標本平均は $\bar{y} = 63.0$，標本標準偏差は $s_y = 5\sqrt{2}$ であった．試験結果は正規分布 $N(\mu_y, \sigma_y^2)$ に従うとして，以下の各問に答えよ．

(1) 母平均の差 $\delta = \mu_x - \mu_y$ の点推定値はいくらか．
(2) 母分散が等しく $\sigma_y^2 = \sigma_y^2 \, (= \sigma^2)$ と仮定したときの共通の母分散 σ^2 の推定値 (プールした分散) はいくらか．
(3) 母分散が等しいとしたときの母平均の差 δ の 95%信頼区間を求めよ．
(4) 母分散が等しいとしたときの母平均の差 δ の 99%信頼区間を求めよ．
(5) 母分散は必ずしも等しいとは限らないとしたときの母平均の差 δ の 95%信頼区間を求めよ．

10 章

統計的検定

統計的推定は，母集団のパラメータの値をデータから推定する手法であった．一方，**統計的検定** (statistical test) は，母集団のパラメータなどに関する仮説について，それが正しいか否かを標本に基づき検証する手法である．

10.1 統計的検定とは

10.1.1 統計的検定の流れ

統計的検定では，ある母集団から得られた標本をもとに，その母集団のパラメータ θ に関する仮説を検証する．ここでは話を簡単にするため，パラメータ θ について $\theta = a$ であるかどうかを調べる場合を用いて説明する．一般に，パラメータに対する仮説

$$H_0 : \theta = a$$

が正しいかどうかを調べるには，パラメータの推定量 $\widehat{\theta}$ に関する関数 $T(\widehat{\theta})$ を計算し，その値が，仮説 H_0 が正しいとしたときにはほとんど起こりえないような値となった場合には，その仮説が正しくないと判断する．最初に想定する仮説のことを**帰無仮説** (null hypothesis) といい，帰無仮説が正しくない場合に想定される仮説を**対立仮説** (alternative hypothesis) という．ここで，帰無仮説を検証するために使う統計量 $T(\widehat{\theta})$ を**検定統計量** (test statistic) という．

帰無仮説 H_0 が $\theta = a$ の場合，一般に想定される対立仮説 H_1 は $\theta \neq a$ であるが，$\theta \geq a$（または $\theta \leq a$）であることがあらかじめ想定される場合には，対立仮説 H_1 は $\theta > a$（または $\theta < a$）となる．$\theta \neq a$ のような対立仮説を**両側対立仮説**，$\theta > a$（または $\theta < a$）のような対立仮説を**片側対立仮説**という（図 10.1.1 参照）．

では，帰無仮説が正しくないと判断する具体的な基準をどのようにつくればよいだろうか．一般的には，帰無仮説のもとで $|T(\widehat{\theta})| > c$ または $T(\widehat{\theta}) > c$

10.1 統計的検定とは

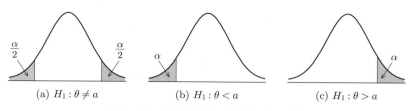

図 10.1.1　検定統計量の確率分布と棄却域

となる確率がある値 α 以下になるように c を定め，この不等式が成り立てば帰無仮説は正しくないと判断する．この α を**名目の有意水準** (または単に**有意水準** (significant level)) といい，0.05 や 0.01 という値がよく使われる．一方，$P(|T(\widehat{\theta})| > c)$ または $P(T(\widehat{\theta}) > c)$ を**実際の有意水準**という．連続型のデータを扱う際はこれらの有意水準は一致するが，離散型のデータを扱う際はズレが生じる．

$$|T(\widehat{\theta})| > c \quad \text{または} \quad T(\widehat{\theta}) > c$$

の範囲を**棄却域**といい，この不等式が成り立つときに，帰無仮説が正しくないと判断する．このとき，帰無仮説を**棄却** (reject) するといい，一方，帰無仮説が棄却されない場合は帰無仮説を**受容**するともいう．

○例 **10.1.1** (連続型データの統計的検定の例)　ある工場で製品 A を作っていた機械が壊れたため，新しい機械を発注した．従来の機械で製品 A を作る場合，1 秒当たり平均 50 個作成しており，標準偏差は 1 個であったとする．新しい機械で製品 A を 100 秒間作ったとき，1 秒当たりの平均 $\widehat{\mu}$ は 50.3 個であった．この結果を用い，新しい機械で製品 A を作成するときの 1 秒当たりの平均個数 μ に関する帰無仮説 $H_0 : \mu = 50$ を検証する．

これらの機械で製品 A を作成したときの 1 秒当たりの個数の分布が正規分布であると仮定し，従来の機械と新しい機械の 1 秒当たりの製品の作成個数の標準偏差は等しいとする．また，新しい機械は従来品よりも性能が悪くなることはなく，対立仮説は $H_1 : \mu > 50$ とする．このとき，もし従来の機械と新しい機械の 1 秒当たりの製品の作成個数の平均が等しいとすると，$10(\widehat{\mu} - 50)$ の分布は標準正規分布に従うので，$P(10(\widehat{\mu} - 50) > 1.645) = P(\widehat{\mu} - 50 > 0.1645) = 0.05$ となる．したがって，平均 $\widehat{\mu}$ が棄却域 ($\widehat{\mu} > 50.1645$) に含まれるので，有意水準 0.05 で帰無仮説 $H_0 : \mu = 50$ は棄却され，新しい機械のほうが製品 A の作成速度が速いことがわかる． □

○例 **10.1.2** (離散型データの統計的検定の例)　例 9.1.4 と同様の状況を考える．つまり，箱に複数個のボールが入っており，その中の当たりの確率 p に対し，帰無仮説 $p = 0.8$ を考える．この箱から 10 回ボールを引き，当たりが 3 個だったとすると，p の推定量

$\widehat{p}$ は 0.3 である．また，帰無仮説が正しいとすると，

$$P(|\widehat{p}-0.8|>0.1)=0.121, \quad P(|\widehat{p}-0.8|>0.2)=P(\widehat{p}<0.6)=0.033$$

であるので，名目の有意水準を 0.05 とすると，棄却域は $\widehat{p}<0.6$ であり，実質の有意水準は 0.033 となる．また，$\widehat{p}=0.3$ であるので，帰無仮説 $p=0.8$ は棄却される． □

10.1.2 第 1 種の過誤，第 2 種の過誤，検出力

統計的検定を行う際の好ましい結果は，帰無仮説が正しくないときに帰無仮説を棄却すること，または，帰無仮説が正しい場合に帰無仮説を棄却しないことである．つまり，統計的検定で誤った判断をするのは，帰無仮説が正しいにもかかわらず帰無仮説を棄却する場合と，対立仮説が正しいにもかかわらず帰無仮説を棄却しない場合である．前者を**第 1 種の過誤** (type I error) といい，後者を**第 2 種の過誤** (type II error) という．

表 10.1.1　第 1 種の過誤，第 2 種の過誤

		仮説の判断	
		帰無仮説を受容する	帰無仮説を棄却する
事実	帰無仮説が正しい	○	第 1 種の過誤 (有意水準 α)
	対立仮説が正しい	第 2 種の過誤 ($\beta(\theta)$)	○ (検出力 $1-\beta(\theta)$)

表 10.1.1 では，第 1 種の過誤と第 2 種の過誤の関係について示しており，カッコ内には，それぞれの発生する確率を示している．○印がついているところが正しい判断を行っている部分である．第 1 種の過誤の確率が有意水準 α 以下となるように検定を作成しているので，第 1 種の過誤が起こる確率はかなり小さい．一方，第 2 種の過誤の確率は対立仮説のパラメータの値に依存するので，その値が小さいかどうかを判断することは難しい．帰無仮説が棄却される場合は，第 1 種の過誤確率が小さいので対立仮説を積極的に支持できるが，帰無仮説が棄却されない場合，第 2 種の過誤確率は小さいとは限らず，対立仮説が正しくないとはいいきれない．そこで，第 2 種の過誤確率について検証する必要がある．

第 2 種の過誤確率はパラメータに依存するので，$\beta(\theta)$ と表す．対立仮説が正しいときに，帰無仮説を棄却する確率を**検出力** (power) といい，$1-\beta(\theta)$ で表す．サンプルサイズが大きくなれば，有意水準を一定に保ったまま検出力を大きくすることが可能であるので，検出力を一定以上にするために必要なサンプルサイズを事前に計算したりすることもある．

10.1 統計的検定とは

○例 **10.1.3** (検出力の例) 例 10.1.1 の例をもとに検出力について説明する．この例で，有意水準 0.05 での棄却域は $\hat{\mu} > 50.1645$ であった．もし対立仮説 $H_1 : \mu > 50$ が正しい場合，$\hat{\mu}$ の分布は $N\left(\mu, \frac{1}{100}\right)$ となる．ここで，上記の不等式を $10(\hat{\mu} - \mu) > 10(50.1645 - \mu)$ と変形すると，左辺は標準正規分布に従うので，この不等式が成り立つ確率は $\Phi(10(\mu - 50.1645))$ となる．ここで，$\Phi(\cdot)$ は標準正規分布の分布関数を表す．図 10.1.2 に μ に関する検出力関数を示している．この例では $\mu > 50.25$ であれば検出力は 0.8 以上となる． □

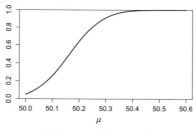

図 **10.1.2** 検出力関数

10.1.3 P-値

統計的検定では有意水準のもとで，帰無仮説が棄却されるか否かを判断する．つまり，有意水準 0.05 で帰無仮説が棄却される問題があった場合，ぎりぎり棄却できたのか，有意水準を 0.01 にしたときでも棄却できる問題であったのかどうかが判断できない．そこで，帰無仮説のもとでの検定統計量がその実現値よりも極端な値をとる確率を P-値 (P-value) と定義する．P-値が有意水準以下であれば帰無仮説は棄却される．具体的には，パラメータ θ に関する検定統計量 $T(\hat{\theta})$ に対し，その実現値を t^* とする．そして，棄却域が $|T(\hat{\theta})| > c$ であれば，P-値は $P(|T(\hat{\theta})| > |t^*|)$ とし，棄却域が $T(\hat{\theta}) > c$ であれば，$P(T(\hat{\theta}) > t^*)$ として計算される．P-値は**観測された有意水準**ともいい，帰無仮説の評価にしばしば使われる．

P-値はさまざまな分野で使われる指標であるが，P-値を正しく使うためには検定の仕組みを正しく理解している必要がある．たとえば，2 つの母集団の平均 μ_1, μ_2 に対する帰無仮説 $H_0 : \mu_1 = \mu_2$ を考えるとする．これは 2 つの母集団の平均が完全に一致することを意味しており，2 つの母集団が完全に同じものかどうかを判断するときに使うべきである．なぜなら，μ_1 と μ_2 の差がほんのわずかしかない場合でも，サンプルサイズが大きくなれば棄却されてしまう

ので，異なる製品の平均を比較するような場合には，サンプルサイズを大きくすれば必ず棄却できてしまう．この性質のせいで，統計的検定が恣意的に使われるということも起こってしまう．

異なる製品を比較する場合，たとえば $\mu_1 < \mu_2$ がわかっていれば，帰無仮説を $H_0 : \mu_1 + 0.1 = \mu_2$ のように定義し (ここの 0.1 は平均に関し分析者が最低限改善してほしい量を設定する)，片側対立仮説を $H_1 : \mu_1 + 0.1 < \mu_2$ のように検定を考える．この場合，$\mu_1 + 0.1 < \mu_2$ であれば，サンプルサイズの増加とともに P-値は 1 に収束し，$\mu_1 + 0.1 > \mu_2$ であれば，サンプルサイズの増加とともに P-値は 0 に収束する．つまり，P-値が 0 にも 1 にも近くない場合には，この検定を評価するためにサンプルサイズが不十分であることを意味する．

サンプルサイズが小さい場合，あるいは自由に調整できない場合にはここまでこだわる必要はないが，サンプルサイズを自由に大きくできる問題を扱う場合，帰無仮説の設定は慎重に行うべきである．

○例 10.1.4 (P-値の例)　例 10.1.1 の例をもとに検出力について説明しよう．この例で，有意水準 0.05 での棄却域は $\hat{\mu} - 50 > 0.1645$ であった．帰無仮説 $H_0 : \mu = 50$ が正しい場合，$\hat{\mu}$ の分布は $N\left(50, \frac{1}{100}\right)$ である．また，観測値から計算された μ の推定値は 50.3 であったので，P-値は

$$P(\hat{\mu} - 50 > 50.3 - 50) = P(\hat{\mu} - 50 > 0.3) = 0.0013$$

と計算される．したがって，帰無仮説は有意水準 0.005 であっても棄却されることがわかる．　□

10.2　1 標本問題

1 標本問題とは 1 つの母集団のパラメータに関する仮説を扱う問題であり，統計的推定の 1 標本問題に対応する．ここでは，母集団が正規分布の場合と二項分布の場合の統計的検定について説明する．

10.2.1　1 標本の平均の検定 (分散が既知の場合)

母集団を正規分布 $N(\mu, \sigma^2)$ とし，分散 σ^2 が既知であるとする．ここでは，帰無仮説 $H_0 : \mu = \mu_0$ を評価する問題を考える．

母集団からの観測値を $X_1, \ldots, X_n$ とし，その標本平均を $\bar{X}_n$ とすると，帰無仮説のもとで標本平均の分布は $N\left(\mu_0, \frac{\sigma^2}{n}\right)$ となる．したがって，$(\bar{X}_n -$

$\mu_0)/\sqrt{\frac{\sigma^2}{n}}$ は標準正規分布に従う．よって，片側対立仮説 $H_1 : \mu > \mu_0$ を考えるとき，$z(\alpha)$ を標準正規分布の上側 $100\,\alpha\%$ 点とすると，$\bar{X}_n$ の実現値 $\bar{x}_n$ に対し $(\bar{x}_n - \mu_0)/\sqrt{\frac{\sigma^2}{n}} > z(\alpha)$ ならば，有意水準 α で帰無仮説を棄却する．また，P-値は標準正規分布に従う確率変数が $(\bar{x}_n - \mu_0)/\sqrt{\frac{\sigma^2}{n}}$ より大きい値をとる確率であるので，$\Phi\left(-(\bar{x}_n - \mu_0)/\sqrt{\frac{\sigma^2}{n}}\right)$ として求められる．ここで，$\Phi(\cdot)$ は標準正規分布の分布関数である．

両側対立仮説 $H_1 : \mu \neq \mu_0$ を考えるときは，$|\bar{x}_n - \mu_0|/\sqrt{\frac{\sigma^2}{n}} > z\left(\frac{\alpha}{2}\right)$ ならば，有意水準 α で帰無仮説を棄却する．また，P-値は標準正規分布に従う確率変数が $|\bar{x}_n - \mu_0|/\sqrt{\frac{\sigma^2}{n}}$ より大きい値をとる確率であるので，$2\Phi\left(-|\bar{x}_n - \mu_0|/\sqrt{\frac{\sigma^2}{n}}\right)$ として求められる．

以上より，次の定理が成り立つ．

定理 10.2.1 (分散が既知の場合の正規分布の平均の検定) 母集団が正規分布 $N(\mu, \sigma^2)$ で，分散 σ^2 が既知であるとする．母集団からの観測値を $x_1, \ldots, x_n$ とし，その標本平均を $\bar{x}_n$ とする．

帰無仮説 $H_0 : \mu = \mu_0$ に対し，対立仮説を $H_1 : \mu > \mu_0$ とすると，

$$\frac{\sqrt{n}(\bar{x}_n - \mu_0)}{\sigma} > z(\alpha)$$

のとき，有意水準 α で帰無仮説を棄却する．ここで，$z(\alpha)$ は標準正規分布の上側 $100\,\alpha\%$ 点である．また，このとき P-値は

$$\Phi\left(-\frac{\sqrt{n}(\bar{x}_n - \mu_0)}{\sigma}\right)$$

である．ここで，$\Phi(\cdot)$ は標準正規分布の分布関数である．

対立仮説が $H_1 : \mu \neq \mu_0$ のときは，

$$\frac{\sqrt{n}\,|\bar{x}_n - \mu_0|}{\sigma} > z\left(\frac{\alpha}{2}\right)$$

のとき，有意水準 α で帰無仮説を棄却する．また，このとき P-値は

$$2\Phi\left(-\frac{\sqrt{n}\,|\bar{x}_n - \mu_0|}{\sigma}\right)$$

である．

10.2.2 1標本の平均の検定 (分散が未知の場合)

母集団を正規分布 $N(\mu, \sigma^2)$ とし, 分散 σ^2 が未知であるとする. ここでは, 帰無仮説 $H_0 : \mu = \mu_0$ を評価する問題を考える.

母集団からの観測値を表す確率変数を $X_1, \ldots, X_n$ とし, その標本平均を $\bar{X}_n$, 不偏分散を $\hat{\sigma}^2$ とすると, 補題 9.2.1 より, 帰無仮説のもとで $(\bar{X}_n - \mu_0)/\sqrt{\frac{\hat{\sigma}^2}{n}}$ の分布は自由度 $n-1$ の t 分布となる. よって, 片側対立仮説 $H_1 : \mu > \mu_0$ を考えるとき, $t_{n-1}(\alpha)$ を自由度 $n-1$ の t 分布の上側 $100\,\alpha\%$ 点とすると, $\bar{X}_n$ の実現値 $\bar{x}_n$ に対し, $(\bar{x}_n - \mu_0)/\sqrt{\frac{\hat{\sigma}^2}{n}} > t_{n-1}(\alpha)$ ならば, 有意水準 α で帰無仮説を棄却する. また, P-値は自由度 $n-1$ の t 分布に従う確率変数 T_{n-1} に対し, $P\left(T_{n-1} > (\bar{x}_n - \mu_0)/\sqrt{\frac{\hat{\sigma}^2}{n}}\right)$ として求められる.

両側対立仮説 $H_1 : \mu \neq \mu_0$ を考えるときは, $|\bar{x}_n - \mu_0|/\sqrt{\frac{\hat{\sigma}^2}{n}} > t_{n-1}\left(\frac{\alpha}{2}\right)$ ならば, 有意水準 α で帰無仮説を棄却する. また, P-値は確率変数 T_{n-1} に対し, $2P\left(T_{n-1} > |\bar{X}_n - \mu_0|/\sqrt{\frac{\hat{\sigma}^2}{n}}\right)$ として求められる.

以上より, 次の定理が成り立つ.

定理 10.2.2 (分散が未知の場合の正規分布の平均の検定) 母集団が正規分布 $N(\mu, \sigma^2)$ で, 分散 σ^2 が未知であるとする. 母集団からの観測値を $x_1, \ldots, x_n$ とし, その標本平均を $\bar{x}_n$, 不偏分散を $\hat{\sigma}^2$ とする.

帰無仮説 $H_0 : \mu = \mu_0$ に対し, 対立仮説を $H_1 : \mu > \mu_0$ とすると,

$$\frac{\sqrt{n}(\bar{x}_n - \mu_0)}{\hat{\sigma}} > t_{n-1}(\alpha)$$

のとき, 有意水準 α で帰無仮説を棄却する. ここで, $t_{n-1}(\alpha)$ は自由度 $n-1$ の t 分布の上側 $100\,\alpha\%$ 点である. また, このとき P-値は

$$P\left(T_{n-1} > \frac{\sqrt{n}(\bar{x}_n - \mu_0)}{\hat{\sigma}}\right)$$

である. ここで, T_{n-1} は自由度 $n-1$ の t 分布に従う確率変数である.

対立仮説が $H_1 : \mu \neq \mu_0$ のときは,

$$\frac{\sqrt{n}\,|\bar{x}_n - \mu_0|}{\hat{\sigma}} > t_{n-1}\left(\frac{\alpha}{2}\right)$$

のとき, 有意水準 α で帰無仮説を棄却する. また, このとき P-値は

$$2P\left(T_{n-1} > \frac{\sqrt{n}\,|\bar{x}_n - \mu_0|}{\hat{\sigma}}\right)$$

10.2　1 標本問題

である．

○**例 10.2.1** (例 9.2.1 の続き)　例 9.2.1 の M 教授が A 大学で昨年受け持った学生の試験の平均点は 55 点であった．今年度の点数は昨年度と異なるかどうかを調べる．今年度の試験の母集団分布を $N(\mu_X, \sigma_X^2)$ としたとき，検定の帰無仮説および対立仮説は，

$$H_0: \mu_X = 50 \text{ vs. } H_1: \mu_X \neq 50$$

である．データは例 9.2.1 で与えられたものとして，母分散が未知とした場合の検定統計量の値は

$$t^* = \frac{60.0 - 55}{\sqrt{61.11/10}} = 2.023$$

であり，(両側) P-値は，T を自由度 9 の t 分布に従う確率変数として，$P = P(|T| \geq 2.023) = 0.074$ と求められる．Excel の関数では TDIST(2.023, 9, 2) = 0.074 となる．片側仮説の場合の両側 P-値は，$\frac{0.74}{2} = 0.037$ となる．

R では，x にデータが格納されているとして，

```
> t.test(x, mu=55)
```

により以下が出力される．

```
        One Sample t-test
data: x
t = 2.0226, df = 9, p-value = 0.07381
alternative hypothesis: true mean is not equal to 55
95 percent confidence interval:
 54.4078 65.5922
sample estimates:
mean of x
      60
```

検定と同時に μ の 95%信頼区間も出力される．帰無仮説の値 $\mu = 55$ が 95%信頼区間に含まれることからも，ここでの両側検定は有意水準 5% で有意とはならないことがわかる．　□

10.2.3　正規分布の分散の検定

母集団を正規分布 $N(\mu, \sigma^2)$ とし，帰無仮説 $H_0: \sigma^2 = \sigma_0^2$ を評価する問題を考える．

母集団からの観測値を表す確率変数を $X_1, \ldots, X_n$ とし，不偏分散を $\widehat{\sigma}^2$ とすると，補題 8.2.2 より，帰無仮説のもとで $(n-1)\widehat{\sigma}^2/\sigma_0^2$ の分布は自由度 $n-1$ の χ^2 分布となる．よって，片側対立仮説 $H_1: \sigma^2 > \sigma_0^2$ を考えるとき，$\chi_{n-1}^2(\alpha)$

を自由度 $n-1$ の χ^2 分布の上側 $100\alpha\%$ 点とすると, $(n-1)\widehat{\sigma}^2/\sigma_0^2 > \chi_{n-1}^2(\alpha)$ ならば, 有意水準 α で帰無仮説を棄却する. また, P-値は自由度 $n-1$ の χ^2 分布に従う確率変数 X_{n-1} に対し, $P\left(X_{n-1} > (n-1)\widehat{\sigma}^2/\sigma_0^2\right)$ として求められる.

両側対立仮説 $H_1 : \sigma^2 \neq \sigma_0^2$ を考えるときは, χ^2 分布が左右対称な分布でないため, $(n-1)\widehat{\sigma}^2/\sigma_0^2 < \chi_{n-1}^2\left(1-\frac{\alpha}{2}\right)$ または $(n-1)\widehat{\sigma}^2/\sigma_0^2 > \chi_{n-1}^2\left(\frac{\alpha}{2}\right)$ ならば, 有意水準 α で帰無仮説を棄却する. また, P-値については, 確率変数 X_{n-1} に対し, $2\min\{P\left(X_{n-1} > (n-1)\widehat{\sigma}^2/\sigma_0^2\right), P\left(X_{n-1} < (n-1)\widehat{\sigma}^2/\sigma_0^2\right)\}$ として求められる.

以上より, 次の定理が成り立つ.

定理 10.2.3 (正規分布の分散の検定) 母集団が正規分布 $N(\mu, \sigma^2)$ で, 母集団からの観測値を表す確率変数を $X_1, \ldots, X_n$ とする. また, その不偏分散を $\widehat{\sigma}^2$ とする.

帰無仮説 $H_0 : \sigma^2 = \sigma_0^2$ に対し, 対立仮説を $H_1 : \sigma^2 > \sigma_0^2$ とすると,

$$\frac{(n-1)\widehat{\sigma}^2}{\sigma_0^2} > \chi_{n-1}^2(\alpha)$$

のとき, 有意水準 α で帰無仮説を棄却する. ここで, $\chi_{n-1}^2(\alpha)$ は自由度 $n-1$ の χ^2 分布の上側 $100\alpha\%$ 点である. また, このとき P-値は

$$P\left(X_{n-1} > \frac{(n-1)\widehat{\sigma}^2}{\sigma_0^2}\right)$$

である. ここで, X_{n-1} は自由度 $n-1$ の χ^2 分布に従う確率変数である.

対立仮説が $H_1 : \sigma^2 \neq \sigma_0^2$ のときは,

$$\frac{(n-1)\widehat{\sigma}^2}{\sigma_0^2} < \chi_{n-1}^2\left(1-\frac{\alpha}{2}\right), \quad \text{または} \quad \frac{(n-1)\widehat{\sigma}^2}{\sigma_0^2} > \chi_{n-1}^2\left(\frac{\alpha}{2}\right)$$

のとき, 有意水準 α で帰無仮説を棄却する. また, このとき P-値は

$$2\min\left\{P\left(X_{n-1} > \frac{(n-1)\widehat{\sigma}^2}{\sigma_0^2}\right), P\left(X_{n-1} < \frac{(n-1)\widehat{\sigma}^2}{\sigma_0^2}\right)\right\}$$

である.

10.2.4 二項分布の確率の検定

母集団を二項分布 $B(n,p)$ とし，確率 p に対する帰無仮説 $H_0 : p = p_0$ を考える．

X を二項分布 $B(n,p)$ からの標本とすると，n が大きければ中心極限定理より，帰無仮説のもとで X の分布は $N(np_0, np_0(1-p_0))$ により近似される．したがって，$(X - np_0)/\sqrt{np_0(1-p_0)}$ は標準正規分布で近似される．

よって，次の定理が成り立つ．

定理 10.2.4 (二項分布の確率の中心極限定理に基づく検定)　母集団が二項分布 $B(n,p)$ で，x をその二項分布からの観測値とする．

帰無仮説 $H_0 : p = p_0$ に対し，対立仮説を $H_1 : p > p_0$ とすると，n が大きい場合には

$$\frac{x - np_0}{\sqrt{np_0(1-p_0)}} > z(\alpha)$$

のとき，有意水準 α で帰無仮説を棄却する．ここで，$z(\alpha)$ は標準正規分布の上側 $100\alpha\%$ 点である．また，このとき P-値は

$$\Phi\left(-\frac{x - np_0}{\sqrt{np_0(1-p_0)}}\right)$$

である．ここで，$\Phi(\cdot)$ は標準正規分布の分布関数である．

対立仮説が $H_1 : p \neq p_0$ のときは，

$$\frac{|x - np_0|}{\sqrt{np_0(1-p_0)}} > z\left(\frac{\alpha}{2}\right)$$

のとき，有意水準 α で帰無仮説を棄却する．また，このとき P-値は

$$2\Phi\left(-\frac{|x - np_0|}{\sqrt{np_0(1-p_0)}}\right)$$

である．

一方，n が小さい場合の検定については，二項分布を用いて具体的に棄却域を決める必要がある．帰無仮説 $H_0 : p = p_0$ に対し，片側対立仮説 $H_1 : p > p_0$ を考える場合は，二項分布 $B(n, p_0)$ に従う確率変数 X に対し，$P(X > c) \leq \alpha$ となる最小の c を求める．この c を用いて，X の実現値 x に対し，$x < c$ ならば有意水準 α で帰無仮説を棄却する．

両側対立仮説を考える場合はいくつかの方法が提案されているが，たとえば，両側に $\alpha/2$ ずつの確率をとる棄却域を使って検定が行われる．

10.3 2標本問題

2標本問題とは2つの母集団のパラメータの比較に関する仮説を扱う問題であり，統計的推定の2標本問題に対応する．ここでは，母集団が正規分布の場合と二項分布の場合の統計的検定について説明する．

10.3.1 2標本の平均の差の検定 (分散が既知の場合)

2つの正規母集団 $N(\mu_X, \sigma_X^2), N(\mu_Y, \sigma_Y^2)$ に対し，分散 σ_X^2, σ_Y^2 が既知として，平均の差に関する帰無仮説 $H_0 : \mu_X - \mu_Y = a$ を評価する問題を考える ($a=0$ とすれば，2つの母集団の平均が等しいかどうかの検定となる)．

$N(\mu_X, \sigma_X^2)$ から無作為に得られた値を $X_1, \ldots, X_n$ とし，$N(\mu_Y, \sigma_Y^2)$ から無作為に得られた値を $Y_1, \ldots, Y_m$ とする．帰無仮説のもとで，$\bar{X}_n - \bar{Y}_m$ の分布は正規分布 $N\left(a, \frac{\sigma_X^2}{n} + \frac{\sigma_Y^2}{m}\right)$ に従うので，$(\bar{X}_n - \bar{Y}_m - a) \big/ \sqrt{\frac{\sigma_X^2}{n} + \frac{\sigma_Y^2}{m}}$ は標準正規分布に従う．

よって，次の定理が成り立つ．

定理 10.3.1 (分散が既知の場合の2標本の平均の差の検定) 2つの正規母集団 $N(\mu_X, \sigma_X^2), N(\mu_Y, \sigma_Y^2)$ に対し，分散 σ_X^2, σ_Y^2 が既知であるとする．母集団 $N(\mu_X, \sigma_X^2)$ からの観測値を $x_1, \ldots, x_n$ とし，その標本平均を $\bar{x}_n$ とする．また，母集団 $N(\mu_Y, \sigma_Y^2)$ からの観測値を $y_1, \ldots, y_n$ とし，その標本平均を $\bar{y}_n$ とする．

帰無仮説 $H_0 : \mu_X - \mu_Y = a$ に対し，対立仮説を $H_1 : \mu_X - \mu_Y > a$ とすると，
$$\frac{\bar{x}_n - \bar{y}_m - a}{\sqrt{\frac{\sigma_X^2}{n} + \frac{\sigma_Y^2}{m}}} > z(\alpha)$$

のとき，有意水準 α で帰無仮説を棄却する．ここで，$z(\alpha)$ は標準正規分布の上側 $100\alpha\%$ 点である．また，このとき P-値は
$$\Phi\left(-\frac{\bar{x}_n - \bar{y}_m - a}{\sqrt{\frac{\sigma_X^2}{n} + \frac{\sigma_Y^2}{m}}}\right)$$

10.3 2標本問題

である．ここで，$\Phi(\cdot)$ は標準正規分布の分布関数である．

対立仮説が $H_1 : \mu_X - \mu_Y \neq a$ のときは，

$$\frac{|\bar{x}_n - \bar{y}_m - a|}{\sqrt{\frac{\sigma_X^2}{n} + \frac{\sigma_Y^2}{m}}} > z\left(\frac{\alpha}{2}\right)$$

のとき，有意水準 α で帰無仮説を棄却する．また，このとき P-値は

$$2\Phi\left(-\frac{|\bar{x}_n - \bar{y}_m - a|}{\sqrt{\frac{\sigma_X^2}{n} + \frac{\sigma_Y^2}{m}}}\right)$$

である．

10.3.2 2標本の平均の差の検定 (分散が未知で等しい場合)

2つの正規母集団 $N(\mu_X, \sigma^2)$, $N(\mu_Y, \sigma^2)$ に対し，共通の分散 σ^2 が未知として，平均の差に関する帰無仮説 $H_0 : \mu_X - \mu_Y = a$ を評価する問題を考える．

$N(\mu_X, \sigma^2)$ から無作為に得られた値を $X_1, \ldots, X_n$ とし，$N(\mu_Y, \sigma^2)$ から無作為に得られた値を $Y_1, \ldots, Y_m$ とする．それぞれの不偏分散を $\hat{\sigma}_X^2, \hat{\sigma}_Y^2$ とすると，プールした分散 $\hat{\sigma}^2$ は

$$\hat{\sigma}^2 = \frac{(n-1)\hat{\sigma}_X^2 + (m-1)\hat{\sigma}_Y^2}{n+m-2}$$

として計算できる．ここで，補題 9.2.2 より，帰無仮説のもとで $(\bar{X}_n - \bar{Y}_m - a)/\sqrt{\left(\frac{1}{n} + \frac{1}{m}\right)\hat{\sigma}^2}$ は自由度 $n+m-2$ の t 分布に従う．

よって，次の定理が成り立つ．

定理 10.3.2 (分散が未知で等しい場合の正規分布の平均の差の検定)
2つの正規母集団 $N(\mu_X, \sigma^2)$, $N(\mu_Y, \sigma^2)$ に対し，共通の分散 σ^2 が未知であるとする．母集団 $N(\mu_X, \sigma^2)$ からの観測値を $x_1, \ldots, x_n$ とし，その標本平均を $\bar{x}_n$, 不偏分散を $\hat{\sigma}_x^2$ とする．また，母集団 $N(\mu_Y, \sigma^2)$ からの観測値を $y_1, \ldots, y_n$ とし，その標本平均を $\bar{y}_m$, 不偏分散を $\hat{\sigma}_y^2$ とする．また，プールした分散を $\hat{\sigma}^2 = \dfrac{(n-1)\hat{\sigma}_x^2 + (m-1)\hat{\sigma}_y^2}{n+m-2}$ とする．

帰無仮説 $H_0 : \mu_X - \mu_Y = a$ に対し，対立仮説を $H_1 : \mu_X - \mu_Y > a$ とすると，

$$\frac{\bar{x}_n - \bar{y}_m - a}{\left(\frac{1}{n} + \frac{1}{m}\right)\hat{\sigma}^2} > t_{n+m-2}(\alpha)$$

のとき，有意水準 α で帰無仮説を棄却する．ここで，$t_{n+m-2}(\alpha)$ は自由度 $n+m-2$ の t 分布の上側 $100\alpha\%$ 点である．また，このとき P-値は

$$P\left(T_{n+m-2} > \frac{\bar{x}_n - \bar{y}_m - a}{\left(\frac{1}{n} + \frac{1}{m}\right)\widehat{\sigma}^2}\right)$$

である．ここで，T_{n+m-2} は自由度 $n+m-2$ の t 分布に従う確率変数である．

対立仮説が $H_1 : \mu_X - \mu_Y \neq a$ のときは，

$$\frac{|\bar{x}_n - \bar{y}_m - a|}{\left(\frac{1}{n} + \frac{1}{m}\right)\widehat{\sigma}^2} > t_{n+m-2}\left(\frac{\alpha}{2}\right)$$

のとき，有意水準 α で帰無仮説を棄却する．また，このとき P-値は

$$2P\left(T_{n+m-2} > \frac{|\bar{x}_n - \bar{y}_m - a|}{\left(\frac{1}{n} + \frac{1}{m}\right)\widehat{\sigma}^2}\right)$$

である．

10.3.3　2 標本の平均の差の検定 (分散が未知で異なる場合)

2 つの正規母集団 $N(\mu_X, \sigma_X^2)$，$N(\mu_Y, \sigma_Y^2)$ に対し，分散 σ_X^2，σ_Y^2 が未知として，平均の差に関する帰無仮説 $H_0 : \mu_X - \mu_Y = a$ を評価する問題を考える．$N(\mu_X, \sigma_X^2)$ から無作為に得られた値を $X_1, \ldots, X_n$ とし，$N(\mu_Y, \sigma_Y^2)$ から無作為に得られた値を $Y_1, \ldots, Y_m$ とする．また，それぞれの不偏分散を $\widehat{\sigma}_X^2$，$\widehat{\sigma}_Y^2$ とする．ここで，9.2.7 項より，帰無仮説のもとで $(\bar{X}_n - \bar{Y}_m - a)\Big/\sqrt{\frac{\widehat{\sigma}_X^2}{n} + \frac{\widehat{\sigma}_Y^2}{m}}$ は自由度

$$\nu = \frac{\left(\frac{\widehat{\sigma}_X^2}{n} + \frac{\widehat{\sigma}_Y^2}{m}\right)^2}{\widehat{\sigma}_X^4/\{n^2(n-1)\} + \widehat{\sigma}_Y^4/\{m^2(m-1)\}}$$

の t 分布で近似される．ここで定義した検定統計量を自由度 ν の t 分布で近似する検定は**ウェルチ** (Welch) **の検定**とよばれ，次の定理として表される．

定理 10.3.3 (ウェルチの検定)　2 つの正規母集団 $N(\mu_X, \sigma_X^2)$, $N(\mu_Y, \sigma_Y^2)$ に対し，分散 σ_X^2, σ_Y^2 が未知であるとする．母集団 $N(\mu_X, \sigma_X^2)$ からの観測値を $x_1, \ldots, x_n$ とし，その標本平均を $\bar{x}_n$，不偏分散を $\widehat{\sigma}_x^2$ とする．また，母集団 $N(\mu_Y, \sigma_Y^2)$ からの観測値を $y_1, \ldots, y_n$ とし，その標本平均を $\bar{y}_m$，不偏分散を $\widehat{\sigma}_y^2$ とする．

10.3 2標本問題

帰無仮説 $H_0: \mu_X - \mu_Y = a$ に対し，対立仮説を $H_1: \mu_X - \mu_Y > a$ とすると，

$$\frac{\bar{x}_n - \bar{y}_m - a}{\frac{\widehat{\sigma}_x^2}{n} + \frac{\widehat{\sigma}_y^2}{m}} > t_\nu(\alpha)$$

のとき，有意水準 α で帰無仮説を棄却する．ここで，ν は

$$\nu = \frac{\left(\frac{\widehat{\sigma}_x^2}{n} + \frac{\widehat{\sigma}_y^2}{m}\right)^2}{\widehat{\sigma}_x^4/\{n^2(n-1)\} + \widehat{\sigma}_y^4/\{m^2(m-1)\}}$$

であり，$t_\nu(\alpha)$ は自由度 ν の t 分布の上側 $100\alpha\%$ 点である．また，このとき P-値は

$$P\left(T_\nu > \frac{\bar{x}_n - \bar{y}_m - a}{\frac{\widehat{\sigma}_x^2}{n} + \frac{\widehat{\sigma}_y^2}{m}}\right)$$

である．ここで，T_ν は自由度 ν の t 分布に従う確率変数である．

対立仮説が $H_1: \mu_X - \mu_Y \neq a$ のときは，

$$\frac{|\bar{x}_n - \bar{y}_m - a|}{\frac{\widehat{\sigma}_x^2}{n} + \frac{\widehat{\sigma}_y^2}{m}} > t_\nu\left(\frac{\alpha}{2}\right)$$

のとき，有意水準 α で帰無仮説を棄却する．また，このとき P-値は

$$2P\left(t_\nu > \frac{|\bar{x}_n - \bar{y}_m - a|}{\frac{\widehat{\sigma}_x^2}{n} + \frac{\widehat{\sigma}_y^2}{m}}\right)$$

である．

一方，ここで定義された検定統計量に対し，自由度 ν を $\min\{n, m\}$ として検定を行う方法もある．この場合は実際の有意水準が名目の有意水準よりも小さくなり，保守的な検定となることが知られている．

○例 **10.3.1** (例 9.2.3 の続き) 例 9.2.3 の M 教授の A 大学および B 大学でのデータをもとに，両大学での試験の点数の母平均に関する仮説

$$H_0: \mu_X = \mu_Y \text{ vs. } H_1: \mu_X \neq \mu_Y$$

を検定する．ここでは，両大学での試験の点数の母分散が等しいが未知の場合，およびそれらが未知で異なる場合を扱う．Excel で計算した結果は表 10.3.1 のようである[1]．

---

[1] Excel では，「分析ツール」の「t-検定: 等分散を仮定した 2 標本による検定」もしくは「t-検定: 分散が等しくないと仮定した 2 標本による検定」を用いる．R では，x と y にデータが格納されているとして，関数 t.test により，等分散を仮定したときは
```
> t.test(x, y, var.equal=T)
```
(↘)

表 10.3.1　2 群の母平均の t 検定

(a) 等分散を仮定した場合

	X	Y
平均	60	66
分散	61.11	70.86
観測数	10	8
プールされた分散	65.375	
仮説平均との差異	0	
自由度	16	
t	-1.56	
P (T<=t) 片側	0.069	
t 境界値 片側	1.746	
P (T<=t) 両側	0.137	
t 境界値 両側	2.120	

(b) 分散が等しくないと仮定した場合

	X	Y
平均	60	66
分散	61.11	70.86
観測数	10	8
仮説平均との差異	0	
自由度	15	
t	-1.55	
P (T<=t) 片側	0.071	
t 境界値 片側	1.753	
P (T<=t) 両側	0.142	
t 境界値 両側	2.131	

両標本分散間にあまり差がないことから，検定結果は類似であり，どちらの検定からも帰無仮説は棄却されず，両大学間に母平均の差は有意水準 5% であるとはいえない．□

10.3.4　2 標本の分散の比の検定

2つの正規母集団 $N(\mu_X, \sigma_X^2), N(\mu_Y, \sigma_Y^2)$ に対し，2つの分散に関する帰無仮説 $H_0 : \sigma_X^2 = \sigma_Y^2$ を評価する問題を考える．これは，$H_0 : \sigma_X^2/\sigma_Y^2 = 1$ と表すこともできる．

$N(\mu_X, \sigma_X^2)$ から無作為に得られた値を $X_1, \ldots, X_n$ とし，$N(\mu_Y, \sigma_Y^2)$ から無作為に得られた値を $Y_1, \ldots, Y_m$ とする．また，それぞれの不偏分散を $\widehat{\sigma}_X^2, \widehat{\sigma}_Y^2$ とする．ここで補題 9.2.3 より，帰無仮説のもとで $\widehat{\sigma}_X^2/\widehat{\sigma}_Y^2$ の分布は自由度 $(n-1, m-1)$ の F 分布に従う．

よって，次の定理が成り立つ．

> **定理 10.3.4** (2 標本の分散の比の検定)　正規母集団 $N(\mu_X, \sigma_X^2)$ からの観測値を $x_1, \ldots, x_n$ とし，その不偏分散を $\widehat{\sigma}_x^2$ とする．また，正規母集団 $N(\mu_Y, \sigma_Y^2)$ からの観測値を $y_1, \ldots, y_n$ とし，その不偏分散を $\widehat{\sigma}_y^2$ とする．
>
> 帰無仮説 $H_0 : \sigma_X^2/\sigma_Y^2 = 1$ に対し，対立仮説を $H_1 : \sigma_X^2/\sigma_Y^2 > 1$ とすると，
> $$\frac{\widehat{\sigma}_x^2}{\widehat{\sigma}_y^2} > F_{n-1, m-1}(\alpha)$$

($\searrow$) とし，等分散を仮定しない場合には
```
> t.test(x, y)
```
とする．例 9.2.3 でも述べたように，検定結果に加え，母平均の差の 95%信頼区間も出力される．

のとき，有意水準 α で帰無仮説を棄却する．ここで，$F_{n-1,m-1}(\alpha)$ は自由度 $(n-1, m-1)$ の F 分布の上側 $100\alpha\%$ 点である．また，このとき P-値は

$$P\left(F_{n-1,m-1} > \frac{\widehat{\sigma}_x^2}{\widehat{\sigma}_y^2}\right)$$

である．ここで，$F_{n-1,m-1}$ は自由度 $(n-1, m-1)$ の F 分布に従う確率変数である．

対立仮説が $H_1 : \sigma_X^2/\sigma_Y^2 \neq 1$ のときは，

$$\frac{\widehat{\sigma}_x^2}{\widehat{\sigma}_y^2} < \frac{1}{F_{m-1,n-1}\left(\frac{\alpha}{2}\right)} \quad \text{または} \quad \frac{\widehat{\sigma}_x^2}{\widehat{\sigma}_y^2} > F_{n-1,m-1}\left(\frac{\alpha}{2}\right)$$

のとき，有意水準 α で帰無仮説を棄却する．また，このとき P-値は

$$2\min\left\{P\left(F_{n-1,m-1} > \frac{\widehat{\sigma}_x^2}{\widehat{\sigma}_y^2}\right), P\left(F_{n-1,m-1} < \frac{\widehat{\sigma}_x^2}{\widehat{\sigma}_y^2}\right)\right\}$$

である．

10.3.5 二項分布の確率の差の検定

2つの二項分布 $B(n, p_1), B(m, p_2)$ に対し，これらの確率に関する帰無仮説 $H_0 : p_1 = p_2$ を評価する問題を考える．

二項分布 $B(n, p_1), B(m, p_2)$ に従う確率変数をそれぞれ X, Y とする．ここで，p_1, p_2 の不偏推定量は $\widehat{p}_1 = X/n, \widehat{p}_2 = Y/m$ によって得られる．また，n, m が大きければ中心極限定理により，帰無仮説のもとで $\widehat{p}_1 - \widehat{p}_2$ の分布が正規分布 $N\left(0, \frac{p_1(1-p_1)}{n} + \frac{p_2(1-p_2)}{m}\right)$ で近似される．

よって，次の定理が成り立つ．

定理 10.3.5 (二項分布の確率の差の検定) 2つの二項分布 $B(n, p_1)$, $B(m, p_2)$ からの観測値をそれぞれ x, y とする．また p_1, p_2 の推定量をそれぞれ $\widehat{p}_1 = x/n, \widehat{p}_2 = y/m$ とする．

帰無仮説 $H_0 : p_1 = p_2$ に対し，対立仮説を $H_1 : p_1 > p_2$ とすると，

$$\frac{\widehat{p}_1 - \widehat{p}_2}{\sqrt{\frac{\widehat{p}_1(1-\widehat{p}_1)}{n} + \frac{\widehat{p}_2(1-\widehat{p}_2)}{m}}} > z(\alpha)$$

のとき，有意水準 α で帰無仮説を棄却する．ここで，$z(\alpha)$ は標準正規分

布の上側 $100\alpha\%$ 点である．また，このとき P-値は

$$\Phi\left(-\frac{\widehat{p}_1 - \widehat{p}_2}{\sqrt{\frac{\widehat{p}_1(1-\widehat{p}_1)}{n} + \frac{\widehat{p}_2(1-\widehat{p}_2)}{m}}}\right)$$

である．ここで，$\Phi(\cdot)$ は標準正規分布の分布関数である．

対立仮説が $H_1 : p_1 \neq p_2$ のときは，

$$\frac{|\widehat{p}_1 - \widehat{p}_2|}{\sqrt{\frac{\widehat{p}_1(1-\widehat{p}_1)}{n} + \frac{\widehat{p}_2(1-\widehat{p}_2)}{m}}} > z\left(\frac{\alpha}{2}\right)$$

のとき，有意水準 α で帰無仮説を棄却する．また，このとき P-値は

$$2\Phi\left(-\frac{|\widehat{p}_1 - \widehat{p}_2|}{\sqrt{\frac{\widehat{p}_1(1-\widehat{p}_1)}{n} + \frac{\widehat{p}_2(1-\widehat{p}_2)}{m}}}\right)$$

である．

10.4 適合度検定

ある項目 (血液型) に関するアンケート等を行い，その結果を集計すれば，たとえば表 10.4.1 のようにまとめられる．ここでは，このようなアンケート等に関し，母集団における各セルに属する確率について調べたいとする．ここで母集団とは，集計の合計人数 N だけでなく，想定される調査対象すべてを意味する (国民すべて，ある商品購入者，ある機関に所属する職員全員等)．つまり，集計される結果は標本でしかなく，この標本からもとの母集団について評価する問題を考える．

表 10.4.1 血液型の集計結果

血液型	A 型	B 型	O 型	AB 型	計
人数	49	13	25	13	100

m 個の選択肢があるアンケートを考える．各セルに属する確率を $p_1, \ldots, p_m$ ($p_1 + \cdots + p_m = 1$) とすると，各セルの人数の分布は多項分布に従う．何も仮定がなければ，パラメータの数は $(m-1)$ 個である (確率を合計すると 1 であるため，m 個ではなく $(m-1)$ 個である)．

ここで，帰無仮説として各セルの確率が k 個のパラメータによって表されて

10.4 適合度検定

いるという仮説 $H_0 : p_i = p_i(\lambda_1, \ldots, \lambda_k)$ を考える．血液型の問題に対していえば，調査対象が日本全国の血液型の比率と同じかどうかを調べたい場合，帰無仮説は $(p_1, p_2, p_3, p_4) = (0.4, 0.2, 0.3, 0.1)$ であり $k=0$ である．各セルの確率が一定であるかどうかを調べたい場合，帰無仮説は $(p_1, \ldots, p_m) = \left(\frac{1}{m}, \ldots, \frac{1}{m}\right)$ であり $k=0$ である．ある回数の集計を行い，それがポアソン分布に従うと仮定した場合，帰無仮説は

$$(p_1, \ldots, p_m) = \left(e^{-\lambda}, \lambda e^{-\lambda}, \ldots, \frac{\lambda^{m-1}}{(m-1)!}e^{-\lambda}, 1 - p_1 - \cdots - p_{m-1}\right)$$

であり $k=1$ である．

これらの帰無仮説を検証する場合，N を全観測値数として帰無仮説のもとでの各セルに対する期待値 $(Np_1, \ldots, Np_m)$ と各セルの観測値 $(n_1, \ldots, n_m)$ を使い，検定統計量

$$\chi^2 = \frac{(n_1 - Np_1)^2}{Np_1} + \cdots + \frac{(n_m - Np_m)^2}{Np_m}$$

を計算する．帰無仮説のもとでこの検定統計量の分布が自由度 $m-k-1$ の χ^2 分布に従うことが知られているので，$\chi^2 > \chi_{m-k-1}(\alpha)$ であれば，帰無仮説を棄却する．また，自由度 $m-k-1$ の χ^2 分布に従う確率変数 X_{m-k-1} を使うと，このときの P-値は $P(X_{m-k-1} > \chi^2)$ として計算される．

表 10.4.2　ある商品の性別ごとの好感度調査

商品の好み	好き	普通	嫌い	計
男	38	13	9	60
女	22	12	6	40
計	60	25	15	100

これらの検定は質問項目が2種類になっても同様である．表10.4.2はある商品の好感度を性別ごとにまとめたものである．a 個に分類される項目と b 個に分類される項目があるとして，セル (i,j) に分類される確率を p_{ij} ($i=1,\ldots,a; j=1,\ldots,b$) で表すとする．この場合，何も仮定がなければ，観測値は各セルに分類される確率が p_{ij} の多項分布に従う．先ほどと同様に，帰無仮説 H_0 を確率 p_{ij} が k 個のパラメータで表されるとする．このとき，セル (i,j) の観測値を n_{ij}, 全観測値数を N とすると，検定統計量は

$$\chi^2 = \sum_{i=1}^{a} \sum_{j=1}^{b} \frac{(n_{ij} - Np_{ij})^2}{Np_{ij}}$$

で定義され，この分布は帰無仮説のもとで自由度 $ab-k-1$ の χ^2 分布に従う．

よく行われる検定としては，2種類の質問項目が独立であるという仮定である．i 行目のセルに属する確率を p_i, j 列目のセルに属する確率を q_j とし，$p_{ij} = p_i q_j$ という仮説を考える．この場合，第 i 行の観測値の合計を $n_{i.}$, 第 j 列の観測値の合計を $n_{.j}$ とすると，p_i, q_j の推定値はそれぞれ $n_{i.}/N$, $n_{.j}/N$ であり，p_{ij} の推定量は $n_{i.}n_{.j}/N^2$ となる．よって，検定統計量は

$$\chi^2 = \sum_{i=1}^{a} \sum_{j=1}^{b} \frac{(n_{ij} - n_{i.}n_{.j}/N)^2}{n_{i.}n_{.j}/N}$$

と定義され，帰無仮説のもとでのパラメータの数は $(a-1)+(b-1) = a+b-2$ であるので，この検定統計量の自由度は $ab-(a+b-2)-1 = (a-1)(b-1)$ となる．このようにクロス集計表に対し，観測値と帰無仮説のもとで想定される期待値との差に基づき，各セルの期待値に関する帰無仮説を検定する方法を**適合度検定** (goodness of fit test) という．

以上をまとめると，次の定理が成り立つ

定理 10.4.1 (適合度検定)　a 種類の中から1つが選ばれる属性Aと，b 種類の中から1つが選ばれる属性Bがあるとする．ここで，属性Aに関して i 番目が選ばれ，かつ属性Bで j 番目が選ばれる確率を p_{ij} ($i=1,\ldots,a$; $j=1,\ldots,b$) と表すとする．表10.4.3に各セルに属する確率および観測値を表している (カッコ内は観測値を表す).

帰無仮説を，各セルに属する確率 p_{ij} が他の k 個のパラメータで表せるとする．ここで，帰無仮説のもとでの各セルに属する確率の推定量 (最尤推定量) を $\widehat{p}_{ij}$, N を全観測値数とすると，この検定の検定統計量は

$$\chi^2 = \sum_{i=1}^{a} \sum_{j=1}^{b} \frac{(n_{ij} - N\widehat{p}_{ij})^2}{N\widehat{p}_{ij}}$$

として表され，帰無仮説のもとで χ^2 は自由度 $ab-k-1$ の χ^2 分布に従う．よって，$\chi^2_{ab-k-1}(\alpha)$ を自由度 $ab-k-1$ の χ^2 分布の上側 $100\alpha\%$ 点とすると，$\chi^2 > \chi^2_{ab-k-1}(\alpha)$ のとき，有意水準 α で帰無仮説が棄却される．また，自由度 $ab-k-1$ の χ^2 分布に従う確率変数 X_{ab-k-1} を使うと，この検定の P-値が

$$P(X_{ab-k-1} > \chi^2)$$

として計算される．

10.4 適合度検定

表 10.4.3 各属性の確率および観測値

		属性 B			
		1	$\cdots$	b	計
属性 A	1	$p_{11}(n_{11})$	$\cdots$	$p_{1b}(n_{1b})$	$p_{1\cdot}(n_{1\cdot})$
	$\vdots$	$\vdots$		$\vdots$	$\vdots$
	a	$p_{a1}(n_{a1})$	$\cdots$	$p_{ab}(n_{ab})$	$p_{a\cdot}(n_{a\cdot})$
	計	$p_{\cdot 1}(n_{\cdot 1})$	$\cdots$	$p_{\cdot b}(n_{\cdot b})$	$1(N)$

系1 (一様性の検定) a 種類の中から 1 つが選ばれる属性があるとする. ここで, 属性に関して i 番目が選ばれる確率を p_i $(i = 1, \ldots, a)$ と表す.

帰無仮説を, i 番目に属する確率 p_i が一定であるとする. つまり, 帰無仮説は $H_0 : p_i = 1/a$ とする. このとき, i 番目に属している観測値を n_i, 全観測値数を N とすると, 検定統計量は

$$\chi^2 = \sum_{i=1}^{a} \frac{(n_i - N/a)^2}{N/a}$$

として表され, 帰無仮説のもとで χ^2 は自由度 $a-1$ の χ^2 分布に従う. よって, $\chi^2 > \chi^2_{a-1}(\alpha)$ のとき, 有意水準 α で帰無仮説が棄却される. また, この検定の P-値は

$$P(X_{a-1} > \chi^2)$$

となる.

○**例 10.4.1** 表 10.4.1 の場合で, $(p_1, p_2, p_3, p_4) = (0.4, 0.2, 0.3, 0.1)$ であるかどうかを調べた場合,

$$\chi^2 = \frac{(49-40)^2}{40} + \frac{(13-20)^2}{20} + \frac{(25-30)^2}{30} + \frac{(13-10)^2}{10} = 6.21$$

であり, 自由度 3 の χ^2 分布の上側 5%点は 7.81 であるので, この帰無仮説は棄却されない. □

系2 (独立性の検定) a 種類の中から 1 つが選ばれる属性 A と, b 種類の中から 1 つが選ばれる属性 B があるとする. ここで, 属性 A に関して i 番目が選ばれ, かつ属性 B で j 番目が選ばれる確率を p_{ij} $(i = 1, \ldots, a; j = 1, \ldots, b)$ と表すとする. 表 10.4.3 で各セルに属する確率および観測値を表している (カッコ内は観測値を表す).

帰無仮説を，属性 A と属性 B が独立であるとする．つまり，帰無仮説は $H_0: p_{ij} = p_{i.}p_{.j}$ とする．このとき，全観測値数を N とすると，検定統計量は

$$\chi^2 = \sum_{i=1}^{a} \sum_{j=1}^{b} \frac{(n_{ij} - n_{i.}n_{.j}/N)^2}{n_{i.}n_{.j}/N}$$

として表され，帰無仮説のもとで χ^2 は自由度 $(a-1)(b-1)$ の χ^2 分布に従う．よって，$\chi^2 > \chi^2_{(a-1)(b-1)}(\alpha)$ のとき，有意水準 α で帰無仮説が棄却される．また，この検定の P-値は

$$P(X_{(a-1)(b-1)} > \chi^2)$$

となる．

○**例 10.4.2** 表 10.4.2 の場合で独立性の検定を行うと，$\chi^2 = 0.944$ となり，自由度 2 の χ^2 分布の上側 5%点 5.99 より小さいので，行分類と列分類とが独立であるということは棄却されない． □

演習問題 10

10.1 ある大学の統計学の授業での小テスト (20 点満点) の点数は近似的に正規分布 $N(\mu, \sigma^2)$ に従っているとする．昨年の学生の平均値は 14 点であった．今年の学生から 5 名を任意に選んで小テストの点数を調べたところ，小さい順に 13, 15, 16, 17, 19 であった．このデータを用いて，今年の学生全体のテストの母平均 μ が昨年の平均値 (14 点) と異なるかどうかを検定したい．
(1) 検定の帰無仮説 H_0 と対立仮説 H_1 は何か．
(2) 選んだ 5 名の学生の標本平均 $\bar{x}$ および不偏分散 $\hat{\sigma}^2$ の値はいくらか．
(3) 5 名の学生の標本平均の標準誤差 (SE) はいくらか．
(4) t 検定の検定統計量の値 t^* はいくらか．
(5) 上問 (4) の検定は有意水準 5% で有意であるか．検定結果を述べよ．なお，自由度 4 の t 分布の上側 2.5%点を $t_4(0.025) = 2.78$ とする．

10.2 正規分布 $N(\mu, \sigma^2)$ からの 6 個の観測値の標本平均は $\bar{x} = 21$，不偏分散は $\hat{\sigma}^2 = 54$ であったという．自由度 5 の t 分布の上側 2.5%点は $t_5(0.025) \approx 2.5$ である．
(1) 仮説 $H_0: \mu = 30$ vs. $H_1: \mu \neq 30$ を検定する t 検定の検定統計量の値 t^* はいくらか．
(2) 上問 (1) の検定結果を述べよ．

演習問題 10

(3) 仮説 $H_0 : \mu = m$ vs. $H_1 : \mu \neq m$ の検定において，有意水準 5% の両側検定で棄却されない m の範囲はいくらか．

10.3 餌 X を与えたマウスと餌 Y を与えたマウスとで，その成長に違いがあるかをどうか調べたい．右表は，各母集団からランダムに選ばれたマウスの体重 (単位: g) をまとめたものである．餌 X を与えたマウスの体重の母平均 μ_x と餌 Y を与えたマウスの体重の母平均 μ_y に差があるかどうかを以下の手順に従って検定せよ (2 標本 t 検定)．ただし，母集団は正規分布に従うとし，各母分散は等しいとする．

ID	X	Y
1	46	59
2	52	58
3	50	61
4	55	53
5	47	64
6	50	

(1) 帰無仮説 H_0 および対立仮説 H_1 の組合せとして正しいのはどれか．ここに $\delta = \mu_x - \mu_y$ とする．

 (A) $H_0 : \delta = 0$ vs. $H_1 : \delta < 0$ (B) $H_0 : \delta = 0$ vs. $H_1 : \delta > 0$
 (C) $H_0 : \delta = 0$ vs. $H_1 : \delta \neq 0$ (D) $H_0 : \delta > 0$ vs. $H_1 : \delta = 0$

(2) それぞれの標本平均 $\bar{x}, \bar{y}$ および標本分散 s_x^2, s_y^2 を小数点以下 1 桁で求めよ．
(3) プールした分散 s^2 を小数点以下 3 桁で求めよ．
(4) $\bar{x} - \bar{y}$ の標準誤差 (SE) を小数点以下 3 桁で求めよ．
(5) 2 標本 t 検定の検定統計量の値 t^* を小数点以下 2 桁で求めよ．
(6) 有意水準 5% で検定した場合，結果はどのようになるか．
(7) 母平均の差 δ の 95%信頼区間を小数点以下 2 桁で求めよ．

10.4 ある学校で夏休みに数学の補習授業を実施した．右の表は，補習授業を受けた生徒の中からランダムに選んだ 5 人の補習前および補習後の数学のテストの点数である．補習前および補習後の点数の期待値をそれぞれ μ_1 および μ_2 とし，それらの差を $\delta = \mu_2 - \mu_1$ として，仮説

$$H_0 : \delta = 0 \text{ vs. } H_1 : \delta > 0$$

生徒	補習前 (X)	補習後 (Y)
1	40	45
2	73	82
3	71	74
4	45	46
5	56	58
平均	57	61
分散	221.5	275
共分散	243.25	

の検定を行う．以下の各問に答えよ．なお，有意水準は 5% とし，点数の差は正規分布に従うと仮定する．

(1) x と y の相関係数はいくらか．
(2) 差 $z = y - x$ の平均値と分散はいくらか．
(3) 観測値のそれぞれが与えられていなくて，x の分散 221.5 と y の分散 275，および x と y の共分散 243.25 のみが与えられているとき，差 $z = y - x$ の分散をそれらの値から求めよ．
(4) 差 z に基づく対応のある t 検定の検定統計量の値 t^* はいくらか．
(5) 検定結果を述べよ．ただし，$t_4(0.05) = 2.132$ である．
(6) これは「対応のあるデータ」であるが，それを誤って「独立な 2 標本 t 検定」を

してしまった場合の検定統計量 t^{**} はいくらか.

(7) 上問 (6) の検定統計量 t^{**} に基づく検定結果を述べよ. ただし, $t_8(0.05) = 1.860$ である.

10.5 正規分布 $N(\mu, \sigma^2)$ において, μ_0 をある仮説の値とした両側検定

$$H_0 : \mu = \mu_0 \text{ vs. } H_1 : \mu \neq \mu_0$$

が有意水準 $100\,\alpha\%$ で有意になることと, 母平均 μ の $100(1-\alpha)\%$ 信頼区間が μ_0 を含まないこととは同値であること, 逆に, 検定が有意水準 $100\,\alpha\%$ で有意でないことと, $100(1-\alpha)\%$ 信頼区間が μ_0 を含むこととは同値であることを示せ.

11章

分散分析

第10章で，2標本に対する平均の比較に関する検定手法について紹介した．本章では，3つ以上の標本に対し，それぞれの平均が一致するかどうかを検定する方法について紹介する．

11.1 一元配置分散分析

本節では，ある属性 A の水準 (異なる値) が a 通りあり，それぞれの属性における母集団の分布は正規分布 $N(\mu_i, \sigma^2)$ $(i = 1, \ldots, a)$ であるとする．そして，各母集団における平均に関する帰無仮説 $\mu_1 = \cdots = \mu_a$ を評価する問題を考える．

各母集団 $N(\mu_i, \sigma^2)$ からの n_i 個の観測値を $X_{i1}, \ldots, X_{in_i}$ とする．各母集団からの観測値の標本平均を $\bar{X}_i$ とし，総観測数を $n = n_1 + \cdots + n_a$ とする．また，全観測値の標本平均を $\bar{X}$ とする．すると，

$$\underbrace{\sum_{i=1}^{a} \sum_{j=1}^{n_i} (X_{ij} - \bar{X})^2}_{S_T} = \sum_{i=1}^{a} \sum_{j=1}^{n_i} (X_{ij} - \bar{X}_i + \bar{X}_i - \bar{X})^2$$

$$= \sum_{i=1}^{a} n_i (\bar{X}_i - \bar{X})^2 + \sum_{i=1}^{a} \sum_{j=1}^{n_i} (X_{ij} - \bar{X}_i)^2 + 2 \sum_{i=1}^{a} \sum_{j=1}^{n_i} (X_{ij} - \bar{X}_i)(\bar{X}_i - \bar{X})$$

$$= \underbrace{\sum_{i=1}^{a} n_i (\bar{X}_i - \bar{X})^2}_{S_A} + \underbrace{\sum_{i=1}^{a} \sum_{j=1}^{n_i} (X_{ij} - \bar{X}_i)^2}_{S_e}$$

が成り立つ．S_T, S_A, S_e はそれぞれ，**総平方和**, **群間平方和**, **群内平方和** (もしくは**残差平方和**) とよばれる．ここで，定理8.2.2より S_e/σ^2 は自由度 $n-a$ の χ^2 分布に従う．また，帰無仮説のもとで S_A/σ^2 は S_e とは独立に自由度 $a-1$ の χ^2 分布に従うことも知られている．よって，帰無仮説のもとで $\{S_A/(a-1)\}/\{S_e/(n-a)\}$ は自由度 $(a-1, n-a)$ の F 分布に従うので，次の定理が成り立つ．

> **定理 11.1.1** (一元配置分散分析 (one way analysis of variance, one-way ANOVA))　分散の等しい複数の正規母集団 $N(\mu_i, \sigma^2)$ に対し，すべての平均が等しいかどうかを評価する問題を考える．
>
> 　各母集団 $N(\mu_i, \sigma^2)$ からの n_i 個の観測値を $X_{i1}, \ldots, X_{in_i}$ とし，その標本平均を $\bar{X}_i$，全観測値の標本平均を $\bar{X}$ とする．ここで，群間平方和 $S_A = \sum_{i=1}^{a} n_i (\bar{X}_i - \bar{X})^2$ と群内平方和 $S_e = \sum_{i=1}^{a} \sum_{j=1}^{n_i} (X_{ij} - \bar{X}_i)^2$ を用いると，帰無仮説 $H_0 : \mu_1 = \cdots = \mu_a$ のもとで
>
> $$F = \frac{S_A/(a-1)}{S_e/(n-a)}$$
>
> は自由度 $(a-1, n-a)$ の F 分布に従う．よって，F の実現値 x_f が $x_f > F_{a-1, n-a}(\alpha)$ を満たすとき，有意水準 α で帰無仮説が棄却される．ここで，$F_{a-1, n-a}(\alpha)$ は自由度 $(a-1, n-a)$ の F 分布の上側 100α%点である．また，この検定の P-値は
>
> $$P(F_{a-1, b-1} > x_f)$$
>
> となる．ここで，$F_{a-1, n-a}$ は自由度 $(a-1, n-a)$ の F 分布に従う確率変数である．

　分散分析を行う際は，しばしば表 11.1.1 のような表をつくることがある．これを**分散分析表**といい，分散分析に必要な値を計算していく[1]．

表 11.1.1　分散分析表

	自由度	平方和	平均平方和	***F*-値**[*]	***P*-値**
群間	$a-1$	S_A	$M_A = \dfrac{S_A}{a-1}$	$\dfrac{M_A}{M_e}$	$P\left(F_{a-1, n-a} > \dfrac{M_A}{M_e}\right)$
残差	$n-a$	S_e	$M_e = \dfrac{S_e}{n-a}$		
合計	$n-1$	S_T			

[*]　F 分布に従う統計量の値

---

[1]　ちなみに，「分散分析」という名前は，分散の推定量 (平均平方和) を用いて分析するためこのような名前となっているが，分散を分析するわけではなく，複数の母集団の平均に関する検定であることに注意する．

11.2 二元配置分散分析

○例 **11.1.1** (一元配置分散分析の例) 3つの正規母集団 $N(0,0), N(0.3,1), N(-0.5,1)$ からそれぞれ 10 個ずつの観測値をとり，そのデータをもとに分散分析を行った結果を表 11.1.2 に示す．この結果より，上記 3 つの母集団の平均が等しいという帰無仮説は有意水準 0.005 で棄却される． □

表 11.1.2　分散分析表の例

	自由度	平方和	平均平方和	F-値	P-値
群間	2	9.85	4.93	8.00	0.0019
残差	27	16.64	0.62		
合計	29	26.49			

11.2　二元配置分散分析

本節では，2つの属性 A, B があり，水準がそれぞれ a 通り，b 通りあるとする．それぞれの属性における母集団の分布は正規分布 $N(\mu_{ij}, \sigma^2)$ $(i=1,\ldots,a;\ j=1,\ldots,b)$ であるとする．また，

$$\mu_{ij} = \mu + \alpha_i + \beta_j + (\alpha\beta)_{ij}$$

とおく．ただし，$\sum_{i=1}^{a}\alpha_i = 0$, $\sum_{j=1}^{b}\beta_j = 0$, $\sum_{i=1}^{a}(\alpha\beta)_{ij} = \sum_{j=1}^{b}(\alpha\beta)_{ij} = 0$ とする．ここでは，1) 属性 A 間に平均の差があるかどうか，2) 属性 B 間に平均の差があるかどうか，3) 属性 A と属性 B の平均の間に関連 (交互作用) があるかどうか，を評価する問題を考える．

正規母集団 $N(\mu_{ij}, \sigma^2)$ からの m 個の観測値を $X_{ij1},\ldots,X_{ijm}$ とし，この標本平均を $\bar{X}_{ij\cdot}$，A の各水準の平均を $\bar{X}_{i\cdot\cdot}$，B の各水準の平均を $\bar{X}_{\cdot j\cdot}$，全観測値の平均を $\bar{X}_{\cdots}$ とする．すると，

$$\underbrace{\sum_{i=1}^{a}\sum_{j=1}^{b}\sum_{k=1}^{m}(X_{ijk}-\bar{X}_{\cdots})^2}_{S_T} = \underbrace{\sum_{i=1}^{a}bm(\bar{X}_{i\cdot\cdot}-\bar{X}_{\cdots})^2}_{S_A} + \underbrace{\sum_{j=1}^{b}am(\bar{X}_{\cdot j\cdot}-\bar{X}_{\cdots})^2}_{S_B}$$

$$+ \underbrace{\sum_{i=1}^{a}\sum_{j=1}^{b}m(\bar{X}_{ij\cdot}-\bar{X}_{i\cdot\cdot}-\bar{X}_{\cdot j\cdot}+\bar{X}_{\cdots})^2}_{S_{A\times B}}$$

$$+ \underbrace{\sum_{i=1}^{a}\sum_{j=1}^{b}\sum_{k=1}^{m}(X_{ijk}-\bar{X}_{ij\cdot})^2}_{S_e}$$

と総平方和 S_T を分解できる．ここで，群内平方和 S_e に関して，定理 8.2.2 より S_e/σ^2 は自由度 $ab(m-1)$ の χ^2 分布に従う．また，$\alpha_1 = \cdots = \alpha_a = 0$ であれば，S_A/σ^2 は S_e とは独立に自由度 $a-1$ の χ^2 分布に従い，$\beta_1 = \cdots = \beta_b = 0$ であれば，S_B/σ^2 は S_e とは独立に自由度 $b-1$ の χ^2 分布に従い，$(\alpha\beta)_{11} = \cdots = (\alpha\beta)_{ab} = 0$ であれば，$S_{A\times B}/\sigma^2$ は S_e とは独立に自由度 $(a-1)(b-1)$ の χ^2 分布に従うことが知られている．

よって，次の定理が成り立つ．

定理 11.2.1 (二元配置分散分析 (two way analysis of variance, two-way ANOVA)) 分散の等しい複数の正規母集団 $N(\mu_{ij}, \sigma^2)$ に対し，
$$\mu_{ij} = \mu + \alpha_i + \beta_j + (\alpha\beta)_{ij}$$
とおく．ここで，$\alpha_i = 0$, $\beta_j = 0$, $(\alpha\beta)_{ij} = 0$ という仮説を評価する問題を考える．

各母集団 $N(\mu_{ij}, \sigma^2)$ からの m 個の観測値を $X_{ij1}, \ldots, X_{ijm}$ とし，その標本平均を $\bar{X}_{ij\cdot}$, A の各水準の平均を $\bar{X}_{i\cdot\cdot}$, B の各水準の平均を $\bar{X}_{\cdot j\cdot}$, 全観測値の平均を $\bar{X}_{\cdots}$ とする．ここで，4 つの平方和を

$$S_A = \sum_{i=1}^{a} bm(\bar{X}_{i\cdot\cdot} - \bar{X}_{\cdots})^2,$$

$$S_B = \sum_{j=1}^{b} am(\bar{X}_{\cdot j\cdot} - \bar{X}_{\cdots})^2,$$

$$S_{A\times B} = \sum_{i=1}^{a}\sum_{j=1}^{b} m(\bar{X}_{ij\cdot} - \bar{X}_{i\cdot\cdot} - \bar{X}_{\cdot j\cdot} + \bar{X}_{\cdots})^2,$$

$$S_e = \sum_{i=1}^{a}\sum_{j=1}^{b}\sum_{k=1}^{m}(X_{ijk} - \bar{X}_{ij\cdot})^2$$

と定義する．すると，帰無仮説 $H_0 : \alpha_1 = \cdots = \alpha_a = 0$ のもとでは

$$F_A = \frac{S_A/(a-1)}{S_e/\{ab(m-1)\}}$$

は自由度 $(a-1, ab(m-1))$ の F 分布に従い，帰無仮説 $H_0 : \beta_1 = \cdots = \beta_b = 0$ のもとでは

$$F_B = \frac{S_B/(b-1)}{S_e/\{ab(m-1)\}}$$

は自由度 $(b-1, ab(m-1))$ の F 分布に従い，帰無仮説 $H_0 : (\alpha\beta)_{11} = \cdots = (\alpha\beta)_{ab} = 0$ のもとでは

$$F_{A\times B} = \frac{S_{A\times B}/\{(a-1)(b-1)\}}{S_e/\{ab(m-1)\}}$$

は自由度 $(b-1, ab(m-1))$ の F 分布に従う．これらを用いて，一元配置分散分析と同様に有意水準 α の検定を行うことができる．

二元配置分散分析を行う際も，一元配置分散分析を行うときと同様に表 11.2.1 のような表をつくることで分散分析が行われる．＊印には各 F-値を用いて計算された P-値が入る．

表 11.2.1　分散分析表

	自由度	平方和	平均平方和	F-値	P-値
群間 A	$a-1$	S_A	$M_A = \dfrac{S_A}{a-1}$	$\dfrac{M_A}{M_e}$	＊
群間 B	$b-1$	S_B	$M_B = \dfrac{S_B}{b-1}$	$\dfrac{M_B}{M_e}$	＊
交互作用 $A\times B$	$(a-1)(b-1)$	$S_{A\times B}$	$M_{A\times B} = \dfrac{S_{A\times B}}{(a-1)(b-1)}$	$\dfrac{M_{A\times B}}{M_e}$	＊
残差	$ab(m-1)$	S_e	$M_e = \dfrac{S_e}{ab(m-1)}$		
合計	$abm-1$	S_T			

演習問題 11

11.1 統計学のテストを 3 つのクラス A, B, C で実施し，各クラスからそれぞれ 3 人，4 人，4 人の計 11 人の生徒をランダムに抽出してテストの点数を調べたところ，平均値はそれぞれ 31 点，40 点，37 点であった．また，全体の偏差平方和 (変動) は $S_T = 650$，群内の偏差平方和 (変動) は $S_e = 440$ であった．

(1) 群間の偏差平方和 (変動) S_A および平均平方 (分散) はいくらか．
(2) 検定のための F 統計量の値 F^* の分子，分母の自由度はそれぞれいくらか．
(3) 検定統計量の値 F^* を求めよ．

11.2 右の表は，ある科目のテストの点数を，3 つのクラスからそれぞれ 5 人ずつの生徒をランダムに抽出して記録したものである．

(1) 各クラスでの平均点が等しいかどうかを検定するための以下の分散分析表を完成させよ．なお，全体の 15 個の観測値での平均は 35.0，分散は $\frac{830}{14}$ である．

ID	A	B	C
1	24	39	36
2	21	45	40
3	29	47	45
4	37	36	31
5	29	33	32
平均	28.0	40.0	37.0
分散	37.0	35.0	38.0

変動要因	変動	自由度	分散	分散比	P-値	F境界値
グループ間					0.022	3.885
グループ内						
合計						

(2) 検定は有意水準 5% で有意であるか．得られた結論とともに述べよ．

11.3 分散分析に対する次の説明文の正誤を判定し，誤りである場合には何が誤りであるかを示せ．

(a) 分散分析は母集団の分散の比較のために用いられる手法である．
(b) 分散分析ではすべての標本平均が等しいかどうかを検定する．
(c) 分散分析で帰無仮説が棄却されたときは，すべての母平均が互いに異なることになる．
(d) 二元配置分散分析は 2 つの母平均の比較のために用いられる手法である．
(e) 群内変動は，各群の平均値どうしの差に起因する変動を表している．
(f) 分散分析表における平均平方間には加法性がある．
(g) 分散分析，2 標本 t 検定，回帰分析はそれぞれ同じ分析法とみなすことができる．

12章

回帰分析

ある変量の値を別の変量によって説明したり，予測したりする方法を一般に「回帰分析」という．回帰分析は，統計手法のなかでももっとも多く用いられる手法の一つである．4.5節では，2変量データに対する回帰直線のあてはめ法を学んだ．ここでは，回帰分析のモデルを示し，回帰分析に関する基本的な事項を，証明を交えて解説する．

12.1 回帰モデルの定式化とパラメータの推定

ある変量 y の変動を別の1つの変量 x あるいは複数の変量 $x_1, \ldots, x_p$ で説明し，かつ予測するための分析法は**回帰分析** (regression analysis) と総称される．ここでは，回帰分析のモデルの定式化とパラメータの推定法を与える．

12.1.1 回帰モデルの定式化

4.5節で扱ったように，変量 x が1つで，x と目的変数 y との間に1次式

$$y = a + bx \tag{12.1.1}$$

が想定されるときを**単回帰分析** (simple regression analysis) といい，複数の変量 $x_1, \ldots, x_p$ の1次結合

$$y = b_0 + b_1 x_1 + \cdots + b_p x_p \tag{12.1.2}$$

が想定されるときを**重回帰分析** (multiple regression analysis) という．ここでは主として単回帰分析を扱う[1]．

以下，単回帰分析のモデルを数学的に定義する．

個体が n 個あり，第 i 番目の個体の説明変数の値を x_i とし，対応する目的変数を表す確率変数を Y_i とする．そして，モデル

---

[1] 重回帰分析には特有の問題が多くありかつ数学的な準備も必要であるので，重回帰分析の専門書を参照されたい．

$$Y_i = \alpha + \beta x_i + \varepsilon_i \quad (i = 1, \ldots, n) \tag{12.1.3}$$

を想定する. ここで, α は直線の切片を表し, β は傾き (回帰係数) を表す定数であり, 直線

$$y = \alpha + \beta x \tag{12.1.4}$$

を母集団における**回帰直線**という. 定数 α と β は未知のパラメータであり, それらをデータによって推定するという枠組みで議論がなされる.

この回帰モデル (12.1.3) における ε_i は (12.1.4) の直線では説明しきれない目的変数の変動を表す確率変数で

(i) $E[\varepsilon_i] = 0$, (ii) $V[\varepsilon_i] = \sigma^2$, (iii) $R[\varepsilon_i, \varepsilon_j] = 0 \ (i \neq j)$ (12.1.5a)

の 3 条件を満たすと仮定する. (ii) の仮定の分散が i によらず一定である点が重要である. さらに ε_i には

(iv) 正規分布に従う. (12.1.5b)

の仮定がおかれることが多い. 正規分布の仮定のもとでは, (12.1.5a) の (i) と (ii) は $\varepsilon_i \sim N(0, \sigma^2)$ と表され, (iii) の無相関性は独立性になる.

単回帰モデル (12.1.3) では, 説明変数 x_i は確率変数ではないとされる点に注意する. 説明変数の値 x_i が与えられたときの Y_i の条件付き期待値は $E[Y_i \mid x_i] = \alpha + \beta x_i$ であることから, 回帰分析は, 説明変数 x と目的変数 y との間に直線的な関係を想定するのであるが, その実, 説明変数 x と目的変数 Y の条件付き期待値との間に直線的な関係を想定した分析法であるともいえる.

実験研究では, 説明変数 x_i は実験の設定条件のように所与のものとするのが妥当であるが, 観察研究や調査では, x_i それ自身が何らかの観測結果であることが多く, その場合 x_i と誤差項の ε_i とが独立であるか否かの吟味が必要となる. たとえば真のデータ生成過程が

$$Y = \alpha + \beta x_1 + \gamma x_2 + \xi \tag{12.1.6}$$

であり, x_1 と x_2 の間には相関があって, ξ は x_1 および x_2 とは独立な誤差項であるとする. このとき, もし x_2 が観測されないとすると, (12.1.6) は, $\varepsilon = \gamma x_2 + \xi$ とおくことにより形式的に (12.1.3) の形に表現される. このとき, x_1 と x_2 の間に相関があるため x_1 と ε との間には相関が生じる. この相関の影響は 12.2 節で吟味する.

回帰係数 β の解釈は, 説明変数 x が何であり, それはどのように設定された

12.1 回帰モデルの定式化とパラメータの推定

のかに依存する．実験研究であれば，説明変数 x として，実験者が実験条件を設定でき，x から y へという因果関係の確立が可能となるが，観察研究では，x から y への直接的な関係以外に，(12.1.6) における x_2 のような要因の存在が排除できず，x から y への関係が必ずしも因果関係を意味するとは限らない．回帰係数 β の解釈には注意が必要である．

12.1.2 パラメータの推定

回帰直線 (12.1.3) のパラメータの推定は，(12.1.5a) の仮定のもとで，**最小2乗法**によって行う．すなわち，n 組のデータ $(x_1, y_1), \ldots, (x_n, y_n)$ が得られたとき，**最小2乗基準**

$$Q = \sum_{i=1}^{n} \{y_i - (a + bx_i)\}^2 \tag{12.1.7}$$

を最小にする a と b を求める．Q を a および b で偏微分して 0 とおくと，a および b に関する連立方程式

$$\frac{\partial Q}{\partial a} = -2 \sum_{i=1}^{n} \{y_i - (a + bx_i)\} = 0, \tag{12.1.8a}$$

$$\frac{\partial Q}{\partial b} = -2 \sum_{i=1}^{n} x_i \{y_i - (a + bx_i)\} = 0 \tag{12.1.8b}$$

が得られる．これを**正規方程式** (normal equation) という．(12.1.8a) より定数項 α の最小2乗推定値として

$$a = \bar{y} + b\bar{x} \tag{12.1.9a}$$

を得る．ここで，

$$\bar{x} = \frac{1}{n} \sum_{i=1}^{n} x_i, \quad \bar{y} = \frac{1}{n} \sum_{i=1}^{n} y_i$$

である．(12.1.9a) を (12.1.8b) に代入すると

$$-2 \left\{ \sum_{i=1}^{n} (x_i - \bar{x})(y_i - \bar{y}) - b \sum_{i=1}^{n} (x_i - \bar{x})^2 \right\} = -2(n-1)(s_{xy} - bs_x^2) = 0$$

となり，回帰係数 β の最小2乗推定値として

$$b = \frac{\sum_{i=1}^{n} (x_i - \bar{x})(y_i - \bar{y})}{\sum_{i=1}^{n} (x_i - \bar{x})^2} = \frac{s_{xy}}{s_x^2} = r \frac{s_y}{s_x} \tag{12.1.9b}$$

を得る．ここで，

$$s_x^2 = \frac{1}{n-1}\sum_{i=1}^{n}(x_i-\bar{x})^2, \quad s_y^2 = \frac{1}{n-1}\sum_{i=1}^{n}(y_i-\bar{y})^2,$$

$$s_{xy} = \frac{1}{n-1}\sum_{i=1}^{n}(x_i-\bar{x})(y_i-\bar{y}), \quad r = \frac{s_{xy}}{s_x s_y}$$

である．

回帰モデルに関する 3 条件 (12.1.5a) はあくまでも仮定であり，データによりそれが成立するかどうかを吟味しなくてはならない．また，(12.1.5a) が成り立たない場合には，(12.1.7) の Q に基づく最小 2 乗推定値は変更を必要とする．すなわち，たとえば w_{ij} を重みとして，最小化する基準を

$$Q_w = \sum_{i=1}^{n}\sum_{j=1}^{n} w_{ij}\{y_i-(a+bx_i)\}\{y_j-(a+bx_j)\}$$

として得られる推定値 (**重み付き最小 2 乗推定値**) を採用する必要がある．

○例 **12.1.1** (例 4.5.1 の続き)　例 4.5.1 の模試と入試のデータにつき，Excel の「分析ツール」における「回帰分析」を適用した結果が表 12.1.1 である．

表 **12.1.1**　Excel による回帰分析の出力例 (小数第 3 位まで)

回帰統計	
重相関 R	0.723
重決定 R2	0.523
補正 R2	0.497
標準誤差	10.091
観測数	20

分散分析表

	自由度	変動	分散	分散比	有意 F
回帰	1	2013.0	2013.0	19.770	0.000312
残差	18	1832.7	101.8		
合計	19	3845.8			

	係数	標準誤差	t	P-値	下限 95%	上限 95%
切片	21.012	7.486	2.807	0.012	5.285	36.740
X	0.657	0.148	4.446	0.000	0.347	0.968

R では，変数 mogi と nyushi にデータが格納されているとして，

```
kekka <- lm(nyushi ~ mogi)
summary(kekka)
```

とすると，表 12.1.2 のような出力が得られる．残差の 5 数要約が出力される点が Excel とは異なる． □

12.2 回帰モデルの評価

表 12.1.2　Rによる回帰分析の出力

```
Call:
lm(formula = nyushi    mogi)
Residuals:
             Min      1Q  Median      3Q      Max
         -19.1525 -5.8460  0.1464  6.4467  17.8475
Coefficients:
            Estimate Std.Error  t value  Pr(>|t|)
(Intercept)  21.0124   7.4860    2.807   0.011663 *
mogi          0.6571   0.1478    4.446   0.000312 ***
Residual standard error:  10.09 on 18 degrees of freedom
Multiple R-squared:  0.5234, Adjusted R-squared:  0.497
F-statistic:  19.77 on 1 and 18 DF,  p-value:  0.0003118
```

切片 α と傾き β の値の計算法は上述したが，その解釈には注意を要する．この例では回帰式 $y = 21.012 + 0.657x$ が得られたが，これは，対象となった生徒全体のなかで，模試の点数 x が 1 点高い生徒はそうでない生徒に比べ入試の点数が平均的に 0.657 点高いことを意味すると解釈されるが，同じ生徒が模試の点数を 1 点上げることによって入試の点数が 0.657 点上がることまでは保証していない．回帰関係，すなわち x から y の予測は可能で意味のあるものであっても，それが因果関係とまではいえない例である．切片と傾き以外の数値の計算法とそれらの解釈は 12.2 節で述べる．

12.2　回帰モデルの評価

データさえあれば，4.5 節でみたように回帰直線は統計ソフトウェアにより容易に得ることができる．しかし，得られた直線が本当に意味のあるものであるかどうかは，統計的な観点から吟味しなくてはならない．本節では，誤差項に正規分布を仮定した場合の回帰係数の統計的性質を述べ，回帰モデルのあてはまりの良さを示す重回帰係数と決定係数の性質を示す．

12.2.1　回帰係数の統計的性質

回帰パラメータの推定値 (12.1.9a, b) における観測値 y_i を (12.1.3) の確率変数 Y_i と置き換えてそれぞれ α および β の推定量とし，回帰モデルの仮定 (12.1.5a, b) のもとでその性質を導く．推定量であることを明示するため，$\bar{Y} = \frac{1}{n} \sum_{i=1}^{n} Y_i$

とし，
$$\widehat{\alpha} = \bar{Y} - \widehat{\beta}\bar{x}, \qquad \widehat{\beta} = \frac{\sum_{i=1}^{n}(x_i - \bar{x})(Y_i - \bar{Y})}{\sum_{i=1}^{n}(x_i - \bar{x})^2}$$
とする．これらの推定量の統計的性質は重要であるので定理の形で与えておく．

> **定理 12.2.1** (回帰パラメータの推定量の性質)　回帰パラメータ α および β の最小2乗推定量の期待値と分散はそれぞれ
> $$E[\widehat{\alpha}] = \alpha, \quad V[\widehat{\alpha}] = \frac{\sum_{i=1}^{n} x_i^2/n}{\sum_{i=1}^{n}(x_i - \bar{x})^2}\sigma^2, \qquad (12.2.1a)$$
> $$E[\widehat{\beta}] = \beta, \quad V[\widehat{\beta}] = \frac{\sigma^2}{\sum_{i=1}^{n}(x_i - \bar{x})^2} \qquad (12.2.1b)$$
> であり，$\widehat{\alpha}$ も $\widehat{\beta}$ もこれらを期待値と分散にもつ正規分布に従う．また，共分散は
> $$Cov[\widehat{\alpha}, \widehat{\beta}] = -\frac{\bar{x}}{\sum_{i=1}^{n}(x_i - x)^2}\sigma^2$$
> で与えられる．

証明　はじめに $\widehat{\beta}$ の性質を証明する．$\bar{Y} = \sum_{i=1}^{n} \frac{\alpha + \beta x_i + \varepsilon_i}{n} = \alpha + \beta\bar{x} + \bar{\varepsilon}$ より，

$$\widehat{\beta} = \frac{1}{\sum_{i=1}^{n}(x_i - \bar{x})^2} \sum_{i=1}^{n}(x_i - \bar{x})\{\beta(x_i - \bar{x}) + (\varepsilon_i - \bar{\varepsilon})\}$$

$$= \beta + \frac{1}{\sum_{i=1}^{n}(x_i - \bar{x})^2} \sum_{i=1}^{n}(x_i - \bar{x})(\varepsilon_i - \bar{\varepsilon})$$

となる．これは，$\bar{\varepsilon}\sum_{i=1}^{n}(x_i - \bar{x}) = 0$ であるので

$$\widehat{\beta} = \beta + \frac{1}{\sum_{i=1}^{n}(x_i - \bar{x})^2} \sum_{i=1}^{n}(x_i - \bar{x})\varepsilon_i$$

とも書ける．仮定より $E[\varepsilon_i] = 0$ および $V[\varepsilon_i] = \sigma^2$ で，ε_i と ε_j $(i \neq j)$ は独立であるので

12.2 回帰モデルの評価

$$E[\widehat{\beta}] = \beta + \frac{1}{\sum_{i=1}^{n}(x_i - \bar{x})^2} \sum_{i=1}^{n}(x_i - \bar{x})E[\varepsilon_i] = \beta, \qquad (12.2.2)$$

および

$$V[\widehat{\beta}] = \frac{1}{\left\{\sum_{i=1}^{n}(x_i - \bar{x})^2\right\}^2} \sum_{i=1}^{n}(x_i - \bar{x})^2 V[\varepsilon_i] = \frac{\sigma^2}{\sum_{i=1}^{n}(x_i - \bar{x})^2}$$

を得る．$\widehat{\beta}$ は正規分布に従う変量 ε_i の線形結合であることから，(12.2.1b) の期待値と分散をもつ正規分布に従う．

また，$E[\bar{Y}] = \alpha + \beta\bar{x}$ および $V[\bar{Y}] = \sigma^2/n$ であり，$\bar{Y}$ と $Y_i - \bar{Y}$ とは独立であることより $Cov[\bar{Y}, \widehat{\beta}] = 0$ であるので，

$$E[\widehat{\alpha}] = E[\bar{Y}] - E[\widehat{\beta}]\bar{x} = \alpha + \beta\bar{x} - \beta\bar{x} = \alpha,$$

および

$$V[\widehat{\alpha}] = V[\bar{Y}] + V[\widehat{\beta}](\bar{x})^2 = \frac{\sigma^2}{n} + \frac{(\bar{x})^2\sigma^2}{\sum_{i=1}^{n}(x_i - \bar{x})^2} = \frac{\sum_{i=1}^{n}x_i^2/n}{\sum_{i=1}^{n}(x_i - \bar{x})^2}\sigma^2$$

を得る．$\widehat{\alpha}$ も ε_i の線形結合であるので (12.2.1a) の期待値と分散をもつ正規分布に従う．また，共分散は

$$Cov[\widehat{\alpha}, \widehat{\beta}] = Cov[\bar{Y} - \widehat{\beta}\bar{x}, \widehat{\beta}] = Cov[\bar{Y}, \widehat{\beta}] - \bar{x}V[\widehat{\beta}] = -\frac{\bar{x}}{\sum_{i=1}^{n}(x_i - x)^2}\sigma^2$$

となる[2]．∎

説明変数の値が $x = x_i$ のときの回帰直線上の値を $\widehat{Y}_i = a + bx_i$ とし，**残差** (residual) を $e_i = Y_i - \widehat{Y}_i$ とする．このとき，残差平方和

$$SSR = \sum_{i=1}^{n}e_i^2 = \sum_{i=1}^{n}(Y_i - \widehat{Y}_i)^2$$

について，以下が成り立つ．

---

2) 上記の証明では，(12.2.2) の期待値の計算で，説明変数 x_i は定数であるとの仮定から $E[(x_i - \bar{x})\varepsilon] = (x_i - \bar{x})E[\varepsilon_i]$ となることを用いている．x_i が定数でなくてもこの関係式は成り立つことから，回帰係数の不偏性は説明変数 x_i と誤差項 ε_i とが無相関であるとの仮定のもとでも成立する．しかし，12.2.1 項で言及したように，説明変数と誤差項とが相関をもつ場合には $E[(x_i - \bar{x})\varepsilon] = (x_i - \bar{x})E[\varepsilon]$ は成り立たず，回帰係数は不偏ではなくなる．

> **定理 12.2.2** (残差平方和の性質)　残差平方和 SSR の期待値は $E[SSR] = (n-2)\sigma^2$ であり，SSR/σ^2 は $\widehat{\alpha}$ および $\widehat{\beta}$ とは独立に，自由度 $n-2$ の χ^2 分布に従う．

証明は，正規方程式 (12.1.8a, b) が $\sum_{i=1}^{n} e_i = 0$ および $\sum_{i=1}^{n} x_i e_i = 0$ を意味することを用いて得られるが，詳細はここでは省略する．これより，誤差分散 σ^2 の不偏推定量が $S^2 = SSR/(n-2)$ で与えられ，$V[\widehat{\alpha}]$ および $V[\widehat{\beta}]$ をそれぞれ推定量 $\widehat{V}[\widehat{\alpha}]$ および $\widehat{V}[\widehat{\beta}]$ ((12.2.1a) および (12.2.1b) の σ^2 を S^2 で置き換えたもの) とすると，

$$T_\alpha = \frac{\widehat{\alpha} - \alpha}{\sqrt{\widehat{V}[\widehat{\alpha}]}}, \qquad T_\beta = \frac{\widehat{\beta} - \beta}{\sqrt{\widehat{V}[\widehat{\beta}]}} \qquad (12.2.3)$$

はともに自由度 $n-2$ の t 分布に従う統計量となる．

回帰直線が原点を通るかどうかの評価は，仮説

$$H_0 : \alpha = 0 \quad \text{vs.} \quad H_1 : \alpha \neq 0 \qquad (12.2.4\text{a})$$

の検定に帰着される．そして，説明変数 x が Y の予測に有効か否かは，モデル回帰係数 β に関する仮説

$$H_0 : \beta = 0 \quad \text{vs.} \quad H_1 : \beta \neq 0 \qquad (12.2.4\text{b})$$

の検定により判断される．これらの検定は (12.2.3) の t 統計量により実行され (12.1.2 項の表 12.1.1 および表 12.1.2 参照)，α, β の信頼係数 95％ の信頼区間も，$t_{n-2}(0.025)$ を自由度 $n-2$ の t 分布の上側 2.5％点として，

$$\widehat{\alpha} - t_{n-2}(0.025)\sqrt{\widehat{V}[\widehat{\alpha}]} < \alpha < \widehat{\alpha} + t_{n-2}(0.025)\sqrt{\widehat{V}[\widehat{\alpha}]}, \quad (12.2.5\text{a})$$

$$\widehat{\beta} - t_{n-2}(0.025)\sqrt{\widehat{V}[\widehat{\beta}]} < \beta < \widehat{\beta} + t_{n-2}(0.025)\sqrt{\widehat{V}[\widehat{\beta}]} \quad (12.2.5\text{b})$$

により得ることができる．

12.2.2　分散分析と決定係数

$x = x_i$ のときの回帰直線上の値を $\widehat{y}_i = a + bx_i$ $(i = 1, \ldots, n)$ とする．単回帰分析では，「データの分解」「自由度の分解」「平方和の分解」の 3 種類の分解が重要な役割を果たす．まず，

12.2 回帰モデルの評価

$$y_i = \bar{y} + (\widehat{y_i} - \bar{y}) + (y_i - \widehat{y_i}) \tag{12.2.6}$$

となる (自明な恒等式). これを**データの分解**という. $\bar{y}$ を左辺に移項して

$$y_i - \bar{y} = (\widehat{y_i} - \bar{y}) + (y_i - \widehat{y_i}) \tag{12.2.7}$$

としてもよい. なお, $\widehat{y_i}$ の平均が $\bar{y}$ であることは (12.1.8a) から導かれる. そして, (12.2.7) に対応して,

$$n - 1 = 1 + (n - 2) \tag{12.2.8}$$

が成立する. これを**自由度の分解**という. そして, **平方和の分解**

$$\sum_{i=1}^{n}(y_i - \bar{y})^2 = \sum_{i=1}^{n}(\widehat{y_i} - \bar{y})^2 + \sum_{i=1}^{n}(y_i - \widehat{y_i})^2 \tag{12.2.9}$$

が成り立つ (証明は左辺の展開により容易に得られる). (12.2.9) の等式を

$$SST = SSM + SSR$$

とする. このとき, (12.2.7) の観測値 y_i に対応する確率変数を Y_i とすると, (12.2.4b) の帰無仮説のもとで, SST/σ^2 は自由度 $n-1$ の χ^2 分布に従い, SSM/σ^2 および SSR/σ^2 はそれぞれ独立に自由度 1 および $n-2$ の χ^2 分布に従うことが示される. これより, $F = (SSM/1)/\{SSR/(n-2)\}$ は, 自由度 $(1, n-2)$ の F 分布に従うことになり, これを用いて, 回帰式の有効性の検定ができる. (12.2.8) および (12.2.9) の関係式, および検定統計量 F の値 (分散比) とその P-値 (有意 F) は表 12.2.1 のような分散分析表にまとめられる.

表 12.2.1 分散分析表

	自由度	変動	分散	分散比	有意 F
回帰	1	SSM	SSM	$\dfrac{SSM}{SSR/(n-2)}$	FDIST($\cdot$)
残差	$n-2$	SSR	$\dfrac{SSR}{n-2}$		
合計	$n-1$	SST			

y_i と $\widehat{y_i}$ の相関係数

$$R = \frac{\sum_{i=1}^{n}(y_i - \bar{y})(\widehat{y_i} - \bar{y})}{\sqrt{\sum_{i=1}^{n}(y_i - \bar{y})^2}\sqrt{\sum_{i=1}^{n}(\widehat{y_i} - \bar{y})^2}}$$

を**重相関係数**といい，その2乗 R^2 を**決定係数**という．決定係数については

$$R^2 = \frac{SSM}{SST} = 1 - \frac{SSR}{SST}$$

となることが示される．すなわち決定係数は，もとのデータのばらつき (偏差平方和 $= SST$) のうち，回帰によって説明される部分 (SSM) の占める割合を表す指標である．また，SSR および SST を各自由度で割った

$$R^{*2} = 1 - \frac{SSR/(n-2)}{SST(n-1)}$$

を**自由度調整済み決定係数**あるいは簡単に**補正決定係数**という．R^{*2} は重回帰分析における変数選択の際に用いられる．

○**例 12.2.1** (例 12.1.1 の続き) 例 12.1.1 の Excel の出力の数値の計算式は上述のとおりである．表 12.1.1 の分散分析表における F 検定の P-値は 0.000312 と小さいことから，回帰式は有効で，入試の点数 y を模試の点数 x から予測できると判断される．これは，x の係数 β に関する仮説 (12.2.4b) の検定の P-値が 0.000312 と小さいことからも判断される．なお，単回帰の場合にはこれら 2 つの P-値は一致するが，重回帰ではその限りではない． □

12.3 回帰による予測

得られた回帰式 $y = a + bx$ を用いて，説明変数の値がある値 x_0 のときの y の値を推測する．推測される値は回帰直線上の値 $y_0 = a + bx_0$ で与えられるが，この値には 2 つの意味がある．第一は，$x = x_0$ が与えられたときの目的変数 Y の条件付き期待値 $\mu_0 = E[Y|x_0]$ の推定値であり，もう一つは，$x = x_0$ のときの Y の値 Y_0 の予測値である．12.1.1 項で回帰直線は x が与えられたときの Y の条件付き期待値を x の関数として表したものと述べたが，その解釈からは，Y の条件付き期待値を推定すると考えるのが妥当である．混乱を避けるため，条件付き期待値 μ_0 の推定値を m_0 と書き，目的変数の値 Y_0 の予測値を $\widehat{y_0}$ とする (数値的には $m_0 = \widehat{y_0} = y_0$ と同じである)．

推定値 m_0 と予測値 $\widehat{y_0}$ は同じ値であってもその精度は異なる．条件付き期待値 μ_0 の推定では，m_0 の期待値および分散は，推定されたパラメータ値 a, b を確率変数として

$$E[m_0] = E[a] + E[b]x_0 = \alpha + \beta x_0,$$

12.3　回帰による予測

$$V[m_0] = V[a] + 2Cov[a,b]x_0 + V[b]x_0^2 = \sigma^2 \left\{ \frac{1}{n} + \frac{(x_0 - \bar{x})^2}{\sum_{i=1}^{n}(x_i - \bar{x})^2} \right\}$$

となる．ここで n は回帰直線の推定に用いたサンプルサイズであり，$\bar{x}$ は説明変数 x の標本平均である．これより $V[m_0]$ は $x_0 = \bar{x}$ のとき最小値をとり，x_0 が $\bar{x}$ から離れるにつれて 2 次関数的に大きくなることがわかる．すなわち，x_0 が $\bar{x}$ から遠いと推定精度が悪くなる．また，$n \to \infty$ では $V[m_0] \to 0$ となり，n が大きいと条件付き期待値の推定精度は良くなる．条件付き期待値 μ_0 の 95%信頼区間の上下限は，誤差分散の推定値を s^2 とし，自由度 $n-2$ の t 分布の上側 2.5%点を $t_{n-2}(0.025)$ として，

$$m_0 \pm t_{n-2}(0.025) \times s \sqrt{\frac{1}{n} + \frac{(x_0 - \bar{x})^2}{\sum_{i=1}^{n}(x_i - \bar{x})^2}} \quad (12.3.1)$$

で与えられる．

一方 Y_0 の予測では，確率変数 Y_0 の条件付き期待値 μ_0 からの変動を考慮しなくてはならない．ε_0 を $N(0, \sigma^2)$ に従う確率変数とすると $Y_0 = \mu_0 + \varepsilon_0$ と表すことができ，予測値は $\widehat{y}_0 = m_0 + \varepsilon_0$ と表現される．よって，

$$V[\widehat{y}_0] = V[m_0] + V[\varepsilon_0] = \sigma^2 \left\{ 1 + \frac{1}{n} + \frac{(x_0 - \bar{x})^2}{\sum_{i=1}^{n}(x_i - \bar{x})^2} \right\}$$

となる．x_0 が $\bar{x}$ から離れると予測精度が悪くなるのは $V[m_0]$ と同じであるが，$n \to \infty$ であっても $V[\widehat{y}_0] \to \sigma^2$ となる．すなわち，n が大きくても確率変動項 ε_0 の影響が残る．Y_0 の値そのものを予測する 95%予測区間の上下限は

$$\widehat{y}_0 \pm t_{n-2}(0.025) \times s \sqrt{1 + \frac{1}{n} + \frac{(x_0 - \bar{x})^2}{\sum_{i=1}^{n}(x_i - \bar{x})^2}} \quad (12.3.2)$$

で与えられ，μ_0 の信頼区間 (12.3.1) より区間幅が広いことがわかる．

○例 **12.3.1** (例 12.1.1 の続き)　表 12.1.1 では，$a = 21.012, b = 0.657$ であるので，$x = x_0$ のとき，$m_0 = \widehat{y}_0 = 21.012 + 0.657 x_0$ となる．$n = 20, \bar{x} = 48.3$ であり，$s = 10.091, \sum_{i=1}^{n}(x_i - \bar{x})^2 = 4662.2$ であるので，$t_{18}(0.025) = 2.101$ を用いて，条件付き確率の推定値の 95%信頼区間の上下限は (12.3.1) より

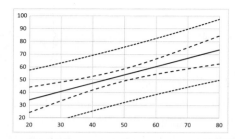

図 12.3.1 回帰直線 (実線), 95%信頼区間 (破線), 95%予測区間 (点線)

$$21.012 + 0.657 x_0 \pm 2.101 \times 10.091 \sqrt{\frac{1}{20} + \frac{(x_0 - 48.3)^2}{4662.2}}$$

となり, Y_0 の予測値の 95%予測区間は (12.3.2) より

$$21.012 + 0.657 x_0 \pm 2.101 \times 10.091 \sqrt{1 + \frac{1}{20} + \frac{(x_0 - 48.3)^2}{4662.2}}$$

となる. 予測値と各区間は図 12.3.1 のようになる. 予測区間の区間幅はかなり広いことがみてとれる. □

演習問題 12

12.1 右の表は, ゴルトン (F. Golton) のスイートピーの種の直径に関する実験の結果である (横軸:親の直径 (x), 縦軸:子の直径 (y)). 以下の各問に答えよ.

(1) x と y の間の相関係数はいくらか.

(2) 単回帰式 $y = a + bx$ の傾き b および切片 a を求めよ.

(3) 上問 (2) の回帰式を $y = \bar{y} + b(x - \bar{x})$ の形に書き直せ.

(4) 決定係数 R^2 はいくらか.

(5) 親の直径が平均値 18 よりも 1 だけ大きいとき, 子の直径はどの程度と予測されるか.

ID	親の直径	子の直径
1	21	17.5
2	20	17.3
3	19	16.0
4	18	16.3
5	17	15.6
6	16	16.0
7	15	15.3
平均	18.0	16.3
分散	4.667	0.685
共分散	1.600	

12.2 右のデータは, ある授業における中間試験と期末試験を受けた学生の中からランダムに選んだ 5 人の学生の点数である.

(1) 中間試験の点数 (x) から期末試験の点数 (y) を予測する回帰式 $y = a + bx$ の切片 a と傾き b を求めよ.

(2) 中間 (x) を横軸に, 期末 (y) を縦軸にとっ

ID	中間 (X)	期末 (Y)
1	75	60
2	78	88
3	22	59
4	50	52
5	30	41
平均	51.0	60.0
分散	647.0	302.5
共分散	298.0	

た散布図を描き，そこに回帰直線を描き入れよ．

(3) 回帰式による予測値 $\widehat{y}_i = a + bx_i\ (i = 1, \ldots, 5)$ および残差 $e_i = y_i - \widehat{y}_i\ (i = 1, \ldots, 5)$ を求めよ．

(4) 重相関係数 R および決定係数 R^2 の値はいくらか．

(5) 誤差の標準偏差 s を求めよ．

12.3 2つの母集団における回帰モデルを
$$Y_{(1)i} = \alpha_{(1)} + \beta_{(1)} x_{(1)i} + \varepsilon_{(1)i} \quad (i = 1, \ldots, m),$$
$$Y_{(2)i} = \alpha_{(2)} + \beta_{(2)} x_{(2)i} + \varepsilon_{(2)i} \quad (i = 1, \ldots, n)$$

とする．ここで $\varepsilon_{(1)i}, \varepsilon_{(2)i}$ はそれぞれ互いに独立に正規分布 $N(0, \sigma^2)$ に従う確率変数である．このとき，以下の仮説の意味とその検定法を示せ．

(a) $\alpha_{(1)} = \alpha_{(2)}$ かつ $\beta_{(1)} = \beta_{(2)}$．
(b) $\beta_{(1)} = \beta_{(2)}$ であるが $\alpha_{(1)} = \alpha_{(2)}$ とは限らない．
(c) $\alpha_{(1)} = \alpha_{(2)}$ でも $\beta_{(1)} = \beta_{(2)}$ でもない．
(d) $\alpha_{(1)} = \alpha_{(2)}$ であるが $\beta_{(1)} = \beta_{(2)}$ とは限らない．

参 考 文 献

岩崎 学 (2007) 確率・統計の基礎. 東京図書.

岩崎 学 (2015) 統計的因果推論. 朝倉書店.

松原 望・美添泰人・岩崎 学・金 明哲・竹村和久・林 文・山岡和枝 (共編) (2011) 統計応用の百科事典. 丸善出版.

柳井晴夫・岡太彬訓・繁桝算男・髙木廣文・岩崎 学 (共編) (2002) 多変量解析ハンドブック. 朝倉書店.

Darlington, R. B. (1970) Is kurtosis really "peakedness?" *American Statistician*, **24**(2), 19-22.

Iwasaki, M. (1991) Notes on the influence functions of standardized moments. *Behaviormetrika*, **29**, 11-22.

Lann, A. and Falk, R. (2005) A closer look at a relatively neglected mean. *Teaching Statistics*, **27**(3), 76-80.

Simpson, E. H. (1951) The interpretation of interaction in contingency tables. *Journal of the Royal Statistical Society, Series B*, **13**, 238-241.

演習問題の解答

第1章

1.1 (1) M_1 を倒す確率を p_1 とし, M_2 を倒す確率を p_2 とする. M_1 のほうが強いので $p_2 > p_1$ である. 勝ちを○とし負けを×とすると, モンスターを2回続けて倒すのは (○, ○), (×, ○, ○) のいずれかで, そうなる確率を加えると, 各出現パターンでは

$$(M_1, M_2, M_1): p_1 p_2 + (1-p_1)p_2 p_1 = 2p_1 p_2 + p_1^2 p_2,$$

$$(M_2, M_1, M_2): p_2 p_1 + (1-p_2)p_1 p_2 = 2p_1 p_2 + p_2^2 p_1$$

となる. 上の確率から下の確率をひくと $p_1 p_2 (p_2 - p_1)$ となり, $p_2 > p_1$ より, (M_1, M_2, M_1) の順でモンスターが現れるほうが勝つ確率は高くなる.

(2) この問題の面白さは (直観に反して) 強い相手と2回戦うほうが勝つ確率が大きいという点にある. 数学的な計算では確かにそうなるが, それをどう説明するかが問題である.「計算したらそうなった」だけでは相手が納得しないであろう. 一番わかりやすい説明は, 勝つためにはとにかく2回目にはモンスターを倒さなくてはいけないので, 2回目に対戦するモンスターが弱いほうが勝つ確率が高くなる, というものである. ちなみに, 対戦が4回では M_1 が先でも M_2 が先でも勝つ確率は同じとなり, 対戦が5回では, 3回と同じく M_1 が先のほうが勝つ確率が高くなる. 一般に, 偶数回の対戦では確率は同じ, 奇数回では M_1 が先のほうが勝つ確率は大きい (証明にチャレンジされたい).

1.2 (1) 星の数の平均は

$$5 \times 0.59 + 4 \times 0.02 + 3 \times 0.02 + 2 \times 0.04 + 1 \times 0.34 = 3.48.$$

(2) しかし, 星の数がこの平均値に近い3つ星あるいは4つ星と評価した人はきわめて少ない. 平均値が分布の代表値となりえていない例である. 平均値は, 高評価 (5つ星) と低評価 (1つ星) とした人たちの割合を表していると解釈するのがよい. すなわち, 高評価の人の数のほうが低評価の人の数よりもやや多いと結論づける.

(3) 通常のアンケート調査では, 極端な高評価も低評価も少なく, 中くらいの評価がなされることが多い. しかしインターネットでは, この例のように極端な評価がなされることが多く, そのため無益な争いが起こる可能性が否定できない.

1.3 統計の勉強をまだ十分にしていない段階では, この問題に正しく答えることはできないが, あえて「統計的な」解答を示しておく.

(1) ご婦人がミルクを先に入れたカップを正しくいい当てる確率を p とする. この確率は各試行において一定で, しかも各試行結果は独立であると仮定する (独立とは, 以

前の結果が次の結果に影響を及ぼさないという意味). そして, ご婦人の判別力がまったくないという仮説 (帰無仮説) H_0 および判別力があるという仮説 (対立仮説) H_1 は

$$H_0 : p = 0.5 \quad \text{vs.} \quad H_1 : p > 0.5$$

とする. すなわち, 百発百中は要求していなくて, 少なくともでたらめに答えているのではないことでご婦人の判断能力の有無を評価するのである.

(2) 紅茶カップを n 個用意し (ただし n は偶数), その半分にはミルクを先に入れ, 残りの半分には紅茶を先に入れて, それらをランダムな順序でそのご夫人に飲んでもらい, どのカップがミルクを先に入れたものであるかを判定してもらう. その結果, 正解となったカップ数を m とする. その際, 次の2つの方法がある.

(a) n 個のカップ中, ミルクを先に入れたものがいくつあるかを知らせない.

(b) n 個のカップ中, ミルクを先に入れたカップが半数の $n/2$ 個あることを知らせる.

(3) ご婦人の正答数を表す確率変数を X としたとき, 帰無仮説 H_0 が真, すなわちご婦人の判断能力がまったくない, という仮定のもとで, 彼女が m 個以上正解する確率は, (a) では試行回数 n, 確率 0.5 の二項分布 $B(n, 0.5)$ より

$$p_1 = P(X \geq m) = \sum_{k=m}^{n} {}_n\mathrm{C}_k (0.5)^k (1 - 0.5)^{n-k} = \sum_{k=m}^{n} {}_n\mathrm{C}_k (0.5)^n,$$

(b) では, 超幾何分布 $H(m, \frac{n}{2}, n)$ より

$$p_2 = P(X \geq m) = \sum_{k=m/2}^{n/2} \frac{({}_{n/2}\mathrm{C}_k)({}_{n/2}\mathrm{C}_{(n/2)-k})}{{}_n\mathrm{C}_{n/2}}.$$

(4) 上記の確率 p_1 もしくは p_2 (P-値) が $\alpha = 0.05$ (有意水準) 以下であるときにご婦人の判別力ありと判定する. この判定ルールは第9章の統計的検定で詳しく説明する.

第 2 章

2.1 (1) 順序のないカテゴリカルデータ, (2) 離散的な量的データ, (3) 連続的な量的データ, (4) 離散的な量的データ, (5) 連続的な量的データ, (6) 離散的な量的データ, (7) 連続的な量的データ, (8) 順序のないカテゴリカルデータ.

(3), (5), (7) は, 厳密には連続的ではないが, 連続データとして扱うのが妥当である.

2.2 グラフは以下のようである. 誕生月の影響は大きい (早生まれの選手が少ない). これは, 子供時代の日本のサッカーの育成が学校単位で行われていることを示唆しているといえよう.

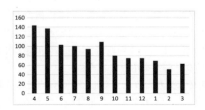

2.3 表1はコンサート会場からランダムに人を選んで調査しているので，男性の中での社会人の割合は $\frac{5}{15} = \frac{1}{3}$ であると求めることができる．しかし，表2は男性および女性の数を固定して調査しているので，表2の行方向（男女別）での学生の割合は，男性では $\frac{1}{2}$，女性では $\frac{1}{5}$ と表1と同じ数値となる．しかし，表2を列方向に見てはいけない．男女比の情報を無視しているからである．女性は男性の5倍いることがわかっているならば，表2での女性の人数をそれぞれ5倍して次の表3を得る．この表からは，学生での男性の割合は $\frac{15}{45} = \frac{1}{3}$ と正しく求めることができる．

表 3

	学生	社会人	計
男	15	15	30
女	30	120	150
計	45	135	180

第3章

3.1 各教員に聞いた場合の平均値は
$$h = \frac{80 \times 2 + 20 + 20}{4} = \frac{200}{4} = 50$$
である．算術平均 $m = 40$ よりも大きいが，加重平均 $w = 60$ よりは小さい．

3.2 大学での自宅生の比率を p とすると，等式 $90p + 30(1-p) = 75$ が成り立つ．これを p について解くと $p = \frac{3}{4}$ を得る．

3.3 簡単のため9:00から10:00の1時間を考え，9:00および10:00に列車もバスも来るとする．次の列車は9:30に来るが，バスの来る時刻を9時 a 分とする（$0 < a < 60$ としておく）．具体的に9時10分に次のバスが来るとしよう（$a = 10$）．列車の場合は，待ち時間の平均は15分である．それに対し，Bさんが9:00から9:10の間にバス停に来るとしたら，待ち時間の平均は5分であり，9:10から10:00までにバス停に来るとしたら，待ち時間の平均は25分である．ここで全体の平均を $\frac{5+25}{2} = 15$ としてはいけない．9:00から9:10の間にBさんがバス停に来る確率は $\frac{1}{6}$ で，9:10から10:00の間にバス停に来る確率は $\frac{5}{6}$ であるので，正しい計算は
$$5 \times \frac{1}{6} + 25 \times \frac{5}{6} = \frac{130}{6} = 21\frac{4}{6} \text{ 分}$$
である．バスの来る時刻が9時 a 分とすると，Bさんの待ち時間の平均は
$$\frac{a}{2} \times \frac{a}{60} + \frac{60-a}{2} \times \frac{60-a}{60}$$
$$= \frac{a^2 + (60-a)^2}{120}$$
となる．待ち時間の最小は $a = 30$ のときで，列車と同じ15分となる（上式を a で微分して0とおくと $a = 30$ が得られる）．待ち時間のグラフは右図のようである．$0 < a < 60$ の条件をはずすとバスの

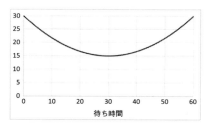

平均待ち時間はさらに長くなる．

3.4 (1) 箱ひげ図は下左図のようである．

(2) 実際のデータを用いてヒストグラムを描くと以下のようである．箱ひげ図だけではヒストグラムの正しい形状は再現できないが，大ざっぱな形をみてとることはできる．

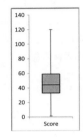
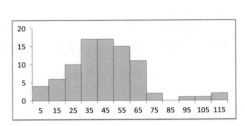

(3) 四分位範囲は $IQR = Q_3 - Q_1 = 59 - 33 = 26$，変動係数は $CV = \frac{22.2}{45.4} \approx 0.49$．

(4) 平均値，5数要約値のそれぞれは10点増えるが，標準偏差，四分位範囲は変わらない．変動係数は平均値が増えた分だけ減少する．

(5) 平均値，標準偏差，5数要約値，四分位範囲は1.2倍になるが，変動係数は変わらない．

3.5 各学生の中間試験の値に10点ずつを加えると，中間試験の平均値は10点増えるが，標準偏差は変わらない．期末試験の値をすべて1.2倍すると，期末試験の平均値と標準偏差は1.2倍になる．

第4章

4.1 (1) 期待値は以下のようになる (値は小数第1位までを表示)．

	d社	a社	S社	計
男子	46.0	29.2	8.8	84
女子	6.0	3.8	1.2	11
計	52	33	10	95

(2) χ^2 統計量の計算は以下のように 2.91 と求められる (小数第2位まで表示)．求めた χ^2 統計量の 2.91 は自由度2の χ^2 分布の上側5%点 5.99 よりも小さいので，男女で携帯電話会社の選択に差があるとはいえないことになる (手順については検定の章を参照)．

	d社	a社	S社	計
男子	0.02	0.16	0.15	0.34
女子	0.17	1.24	1.16	2.57
計	0.20	1.41	1.31	2.91

4.2 2×2 のクロス集計表の各セルの期待値は，それぞれ $ms/N, mt/N, ns/N, nt/N$ となる．よって，χ^2 統計量は

演習問題の解答

$$Y = \frac{(a-ms/N)^2}{ms/N} + \frac{(b-mt/N)^2}{mt/N} + \frac{(c-ns/N)^2}{ns/N} + \frac{(d-nt/N)^2}{nt/N}$$

となるが，ここで

$$a - \frac{ms}{N} = \frac{aN-ms}{N} = \frac{a(a+b+c+d)-(a+b)(a+c)}{N} = \frac{ad-bc}{N}$$

であることなどに注意して計算することにより $Y = \dfrac{N(ad-bc)^2}{mnst}$ を得る．

4.3 (1), (2) Excelで描いた散布図および回帰直線は右図のようになる．回帰直線は $y = 305.71 + 195.75x$.

(3) 相関係数は $r = 0.7918$ となる．相関係数は，単回帰分析における決定係数 $R^2 = 0.6269$ の平方根としても求められる．

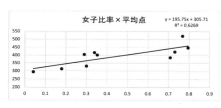

(4) 女子学生の比率の高い学科は文科系の学科であり，女子学生のみならず男子学生の英語試験の点数も高い．したがって，このデータから女子学生ほど英語ができるとは結論できない．

4.4 (a) 回帰関係：因果関係ではないが，中間試験の点数から期末試験の点数の予測は可能である．(b) 因果関係：餌の量は体重の増加分に因果的な影響を与える．(c) 相関関係：関係は双方向的である．(d) 相関関係：スマートフォンに費やす時間が長いと必然的に勉強時間は短くなるが，勉強時間が長いとスマートフォンに費やす時間が短くなるともいえる．(e) 相関関係：どちらも気温に応じて売上高が決まる．(f) 関係はない．

第5章

5.1 (1) RDDとは，コンピュータでランダムに発生させた電話番号に電話をかけて調査する調査法である．ランダムであるので，調査対象の選択に関する偏りはある程度減じることができる．しかし他方，電話のある人しか調査対象ならない，固定電話であれば，誰がでるかわからないという問題点もある．．

(2) A/Bテストとは，2種類のホームページを作成し，それらの片方を回答者に対して提示し，それらの違いがマーケティング結果にどのように影響するのかをみるものである．ホームページの提示はランダムである必要がある．

(3) 実験研究も観察研究も，ある処置の効果の立証を目的とする点は同じであるが，実験研究は，研究者自らが被験者の選択を含めた実験の計画を立てられるもののことをいい，観察研究は，被験者の選択が研究者の手で決められるのではなく被験者自らの意思などで決められるもののことをいう．たとえば，新薬の効果の立証のための臨床試験は実験研究であり，市販後の薬剤の有害事象の有無を調べるのは観察研究である．

(4) 前向き研究とは，時間を追ってデータを取得するものであり，後ろ向き研究は，結果を見てからその原因を過去にさかのぼって調べる類のものである．

5.2 このWEB調査の文章は，仮想通貨のネガティブな部分のみをあげ，そのもとで仮想通貨をどう思うか，という誘導的な質問になっている．これでは不安を感じるとの回答が多くなるのは当然である．アンケートの文章は，なるべく中立的でなければならない．したがってこの場合も，たとえば「仮想通貨はIT技術の進歩によって生まれた新しい取引基盤を提供し」のような，ポジティブな表現も加える必要がある．

5.3 一般論を展開しよう．子供のいる世帯において，k人の子供がいる世帯の比率をp_k ($k=1,2,\ldots$) とすると，子供のいる世帯での1世帯当たりの子供数Xの期待値μは$\mu = E[X] = \sum_k k p_k$で与えられる．世帯を調査すれば$p_k$の推定値は得られる．すなわち，$n$世帯調査して$k$人子供のいる世帯数が$n_k$であったとすれば，その比率は$\widehat{p}_k = n_k/n$であり，これより期待値$\mu$は$\widehat{\mu} = \sum_k k \widehat{p}_k = (1/n)\sum_k k n_k$と推定される．

次に子供に注目した場合を考える．母集団における子供のいる全世帯数をNとすると，子供の総数Mは，k人の子供のいる世帯数はNp_kであるので，$M = \sum_k k(Np_k) = N\sum_k k p_k$となる ($M/N = E[X]$に注意)．このなかで，$k$人兄弟である子供の総数$M_k$は$M_k = kNp_k$であるので，$k$人兄弟である子供の比率$q_k$は$q_k = M_k/M = kNp_k/M$となる．これより，$k$人の子供のいる世帯比率は$p_k = (M/N)(q_k/k)$であるので，$1 = \sum_k p_k = E[X]\sum_k(q_k/k)$の関係式より，$\mu = E[X] = 1/\sum_k(q_k/k)$となる．子供を$m$人調べて$k$人兄弟であったものが$m_k$人いたとすると$\widehat{q}_k = m_k/m$と推定される．よって，$\widehat{\mu} = 1/\sum_k(\widehat{q}_k/k) = m/\sum_k(m_k/k)$とすればよい．

与えられたデータでは$\sum_k(\widehat{q}_k/k) = 0.4537$であるので，平均子供数の推定値は$\frac{1}{0.4537} = 2.204$となる．ちなみに$\sum_k k\widehat{q}_k = 2.448$となり，これでは平均子供数の過大評価となる．

第6章

6.1 (1) 13通り．$S_5 = 0 \sim 6$となる場合の数を数える．$S_5 = 0, 1, 2$はそれぞれ1通りずつ，$S_5 = 3$は3と$(1+2)$の2通り，$S_5 = 4$は4と$(1+3)$の2通り，$S_5 = 5$は5と$(1+4)$と$(2+3)$の3通り，$S_6 = 6$は$(1+5)$と$(2+4)$と$(1+2+3)$の3通りであるので，$1+1+1+2+2+3+3 = 13$となり，計13通りとなる．

(2) $\frac{13}{32} = 0.40625$．$n=5$のとき，数字の出方は全部で$2^5 = 32$通りあるので，求める確率は$\frac{13}{32} = 0.40625$となる．

(3) $n \geq 8$．カードがn枚のときに$S_n \leq 6$となる確率は$\frac{14}{2^n}$であり ($n \geq 6$のときは$S_n = 6$となるのが4通りであることに注意)，これが0.1以下となるのは$2^n \geq 140$のときであるので，答えは$n \geq 8$である．

6.2 $P(X=3) = \frac{2}{9}$．すなわち，1回目には何が出てもよく，2回目には1回目の記号以外の2つのうちのいずれかでその確率は$\frac{2}{3}$，3回目には1, 2回目以外の記号であるので確率は$\frac{1}{3}$となり，これらを掛けあわせればよい．

$P(X=4) = \frac{2}{9}$. すなわち，1回目に A が出たとする．$X = 4$ となるのは，(A, A, B, C)，(A, A, C, B)，(A, B, B, C)，(A, B, A, C)，(A, C, A, B)，(A, C, C, B) の 6 通りで，それぞれの確率は $\frac{1}{27}$ であるので，求める確率は $\frac{2}{9}$ となる．1 回目に B あるいは C が出た場合も同様に，確率は同じく $\frac{2}{9}$ となる．

また，$P(X \geq 5) = 1 - \frac{2}{9} - \frac{2}{9} = \frac{5}{9}$．

6.3 (1) P(B が C に勝つ)，P(C が D に勝つ)，P(D が A に勝つ) はそれぞれ $\frac{2}{3}$ である．

(2) その他の確率も求めると右のようである．

	A	B	C	D
A	–	2/3	4/9	1/3
B	1/3	–	2/3	1/2
C	5/9	1/3	–	2/3
D	2/3	1/2	1/3	–

(3) A が勝つのは，A で 4 が出て，C が 2，D が 1 の場合であるので $\frac{2}{3} \times \frac{2}{3} \times \frac{1}{2} = \frac{2}{9}$．B が勝つのは，A が 0，C が 2，D が 1 の場合であるので $\frac{1}{3} \times \frac{2}{3} \times \frac{1}{2} = \frac{1}{9}$．C が勝つのは，C で 6 が出る場合であるので $\frac{1}{3}$．D が勝つのは，D が 5 で C が 2 の場合であるので $\frac{1}{2} \times \frac{2}{3} = \frac{1}{3}$．これより，C または D が勝つ確率がもっとも高いことがわかる．

6.4 誕生日が同じ組が最低限一組以上いる確率は，全員の誕生日が異なる確率を求めて 1 からひけばよい．1 番目の人を任意に選んだとして，2 番目の人が 1 番目の人と誕生日が異なる確率は $\frac{364}{365}$ である．3 番目の人が最初の 2 人と誕生日が異なる確率は $\frac{363}{365}$ である．同様にして，N 人目が最初の $N-1$ 人と誕生日が異なる確率は $\frac{366-N}{365}$ となる．よって，N 人すべての誕生日が異なる確率は $\frac{364 \times \cdots \times (366-N)}{365^N}$ となる．これより，一組以上誕生日が同じ組がいる確率は $P = 1 - \frac{364 \times \cdots \times (366-N)}{365^N}$ と求められる．これを実際に計算すると $N \geq 23$ で確率は 0.5 を超える．

6.5 $P(Q_1 \cap Q_2)$ の最大値は明らかに Q_1 の正解率 0.6 である．最小値は，$P(Q_1 \cup Q_2) = P(Q_1) + P(Q_2) - P(Q_1 \cap Q_2) = 0.6 + 0.8 - P(Q_1 \cap Q_2) = 1.4 - P(Q_1 \cap Q_2) \leq 1$ の条件より，$0.4 \leq P(Q_1 \cap Q_2)$ でなくてはならない．よって，確率の存在範囲は 0.4 以上 0.6 以下である．$P(Q_1^c \cap Q_2^c)$ では，$P(Q_1^c) = 0.4$，$P(Q_2^c) = 0.2$ であるので，最大値は 0.2，最小値は Q_1^c と Q_2^c とが互いに排反である場合で確率は 0 となる．よって，確率の存在範囲は 0 以上 0.2 以下となる．独立な場合は $P(Q_1 \cap Q_2) = P(Q_1) \times P(Q_2) = 0.6 \times 0.8 = 0.48$ である．

6.6 (1) $\int_0^\pi f(x)\,dx = \int_0^\pi k\sin x\,dx = k\left[-\cos x\right]_0^\pi = -k(-1-1) = 2k = 1$ より $k = \frac{1}{2}$．

(2) $\frac{1}{2}\int_0^x \sin x\,dx = \frac{1}{2}\left[-\cos x\right]_0^x = \frac{1}{2}(1-\cos x)$ であるので，累積分布関数は

$$F(x) = \begin{cases} 0 & (x < 0) \\ \frac{1}{2}(1 - \cos x) & (0 \leq x \leq \pi) \\ 1 & (x > \pi). \end{cases}$$

6.7 X の周辺確率密度関数は $f_1(x) = \int_0^1 4xy\,dy = 4x\int_0^1 y\,dy = 4x\left[\frac{1}{2}y^2\right]_0^1 = 2x$ となる．同様に，Y の周辺確率密度関数は $f_2(y) = 2y$ となる．同時確率密度関数はこれらの積であるので X と Y は独立である．

6.8 期待値は $E[X] = \int_0^2 \frac{3}{4}x^2(2-x)\,dx = \frac{3}{4}\left\{\left[\frac{2}{3}x^3\right]_0^2 - \left[\frac{1}{4}x^4\right]_0^2\right\} = \frac{3}{4}\left(\frac{16}{3} - 4\right) = 1$. 分散は, $E[X^2] = \int_0^2 \frac{3}{4}x^3(2-x)\,dx = \frac{3}{4}\left\{\left[\frac{1}{2}x^4\right]_0^2 - \left[\frac{1}{5}x^5\right]_0^2\right\} = \frac{3}{4}\left(8 - \frac{32}{5}\right) = \frac{6}{5}$ であるので, $V[X] = E[X^2] - (E[X])^2 = \frac{6}{5} - 1 = \frac{1}{5}$.

6.9 (1) X の周辺確率密度関数は $f_1(x) = \int_0^1 (x+y)\,dy = \left[xy + \frac{1}{2}y^2\right]_{y=0}^{y=1} = x + \frac{1}{2}$ であるので, X の期待値は $E[X] = \int_0^1 x\left(x + \frac{1}{2}\right)dx = \left[\frac{1}{3}x^3 + \frac{1}{4}x^2\right]_0^1 = \frac{7}{12}$ となり, 分散は, $E[X^2] = \int_0^1 x^2\left(x + \frac{1}{2}\right)dx = \left[\frac{1}{4}x^4 + \frac{1}{6}x^3\right]_0^1 = \frac{5}{12}$ より, $V[X] = E[X^2] - (E[X])^2 = \frac{5}{12} - \left(\frac{7}{12}\right)^2 = \frac{11}{144}$ となる. 確率密度関数は X と Y について対称なので, $E[Y]$ および $V[Y]$ も X と同じ値となる.

(2) X と Y の間の共分散は,

$$E[XY] = \int_0^1 \int_0^1 xy(x+y)\,dxdy = \int_0^1 \int_0^1 x^2 y\,dxdy + \int_0^1 \int_0^1 xy^2\,dxdy$$

$$= \left(\int_0^1 x^2\,dx\right)\left(\int_0^1 y\,dy\right) + \left(\int_0^1 x\,dx\right)\left(\int_0^1 y^2\,dy\right)$$

$$= \left[\frac{1}{3}x^3\right]_0^1 \left[\frac{1}{2}y^2\right]_0^1 + \left[\frac{1}{2}x^2\right]_0^1 \left[\frac{1}{3}y^3\right]_0^1 = \frac{1}{3}$$

であるので, $Cov[X,Y] = E[XY] - E[X]E[Y] = \frac{1}{3} - \left(\frac{7}{12}\right)^2 = -\frac{1}{144}$, 相関係数は $R[X,Y] = \frac{Cov[X,Y]}{SD[X]SD[Y]} = -\frac{1/144}{11/144} = -\frac{1}{11}$ と求められる.

(3) 確率変数の和の期待値と分散の公式より

$$E[X+Y] = E[X] + E[Y] = \frac{7}{12} + \frac{7}{12} = \frac{7}{6},$$

$$V[X+Y] = V[X] + V[Y] + 2Cov[X,Y] = \frac{11}{144} + \frac{11}{144} - 2 \times \frac{1}{144} = \frac{20}{144} = \frac{5}{36}$$

となる.

第 7 章

7.1 Excel で小数第 3 位まで求める (小数第 4 位を四捨五入).
 (1) $P(Z \leq -1.5)$ = NORM.S.DIST(–1.5,1) = 0.067
 (2) $P(-1.5 < Z \leq -0.5)$ = NORM.S.DIST(–0.5,1) – NORM.S.DIST(–1.5,1)
   $= 0.309 - 0.067 = 0.242$
 (3) $P(-0.5 < Z \leq 0.5)$ = NORM.S.DIST(0.5,1) – NORM.S.DIST(–1.5,1)
   $= 0.691 - 0.309 = 0.383$
 (4) $P(0.5 < Z \leq 1.5)$ = NORM.S.DIST(1.5,1) – NORM.S.DIST(0.5,1)
   $= 0.933 - 0.691 = 0.242$
 (5) $P(1.5 < Z)$ = 1 – NORM.S.DIST(1.5,1) = $1 - 0.933 = 0.067$
  Z の分布は 0 を中心に左右対称であることに注意する. なお, この 0.067, 0.242, 0.383, 0.242, 0.067 が学校での 1, 2, 3, 4, 5 の成績評価の割合の根拠とされる.

演習問題の解答

7.2 同じく Excel で小数第 3 位まで求める．
 (1) $P(T \leq 35)$ = NORM.DIST(35, 50, 10, 1) = 0.067
 (2) $P(35 < T \leq 45)$ = NORM.DIST(45, 50, 10, 1) − NORM.DIST(35, 50, 10, 1)
  = 0.309 − 0.067 = 0.242
 (3) $P(45 < T \leq 55)$ = NORM.DIST(55, 50, 10, 1) − NORM.DIST(45, 50, 10, 1)
  = 0.691 − 0.309 = 0.383
 (4) $P(55 < T \leq 65)$ = NORM.DIST(65, 50, 10, 1) − NORM.DIST(55, 50, 10, 1)
  = 0.933 − 0.691 = 0.242
 (5) $P(65 < T)$ = 1 − NORM.DIST(65, 50, 10, 1) = 1 − 0.933 = 0.067
 $T \sim N(50, 10^2)$ のとき，$Z = \frac{T-50}{10} \sim N(0,1)$ であるので，確率は上問 7.1 と同じになる．

7.3 期待値と分散は $E[aX+b] = aE[X]+b = 60a+b = 50$, $V[aX+b] = a^2 V[X] = 20^2 a^2 = 10^2$ であるので，分散の関係式より $a^2 = \pm 0.25$ となるが，$a > 0$ より $a = 0.5$ であり，期待値の式に代入して $b = 20$ を得る．

7.4 (1) $P(Z \leq a) = 0.8$ となる a は a = NORM.S.INV(0.8) = 0.842．
 (2) $P(Z > b) = 1 - P(Z \leq b)$ より，$P(Z \leq b) = 0.2$ となる b は b = NORM.S.INV(0.2) = −0.842 となる．$N(0,1)$ の分布は 0 を中心に左右対称であることから，−0.842 であるとしてもよい．
 (3) $P(-c \leq Z \leq c) = 2P(0 < Z \leq c)$ であるので，$P(0 < Z \leq c) = 0.3$ となる c を求めればよく，$P(Z \leq 0) = 0.5$ より $P(Z \leq c) = 0.8$ であるので，上問 (2) より $c = 0.842$．求める確率は確率分布のどの部分かを図示すると一目瞭然である．

7.5 $Z \sim N(0,1)$ とすると $T = 10Z + 50 \sim N(50, 10^2)$ である．よって上問 7.4 の結果より以下を得る．(1) $a = 10 \times 0.842 + 50 = 58.42$　(2) $b = 10 \times (-0.842) + 50 = 41.58$　(3) $c = 58.42$

7.6 小数第 3 位まで求める．(1) $E[Y] = \exp[1 + \frac{1}{2}] = \exp[1.5] = \frac{4}{482}$
 (2) $V[Y] = \exp[2+1]\{\exp[1] - 1\} = 34.513$　(3) 中央値 $= \exp[1] = 2.718$
 (4) 最頻値 $= \exp[1-1] = 1$　(5) $P(Y \leq 1) = P(\log Y \leq 0)$ であり，$\log Y \sim N(1,1)$ であるので，NORM.DIST(0, 1, 1, 1) = 0.159．

7.7 (1) $E[W] = 60 + 40 = 100$　(2) $E[D] = 60 - 40 = 20$
 (3) $V[W] = 10^2 + 20^2 + 2 \times 150 = 800$　(4) $V[D] = 10^2 + 20^2 - 2 \times 150 = 200$
 (5) $\rho_{XY} = \frac{150}{10 \times 20} = 0.75$　(6) $Cov[W, D] = Cov[X+Y, X-Y] = V[X] - V[Y] = 300$ より $\rho_{WD} = \frac{300}{\sqrt{800 \times 200}} = \frac{300}{400} = 0.75$．

7.8 $V[X] = 81$, $V[Y] = 225$, $V[W] = 441$ であり，$V[W] = V[X] + V[Y] + 2Cov[X, Y]$ であるので，$Cov[X, Y] = \frac{441 - 225 - 81}{2} = 67.5$．よって，$\rho_{XY} = \frac{67.5}{9 \times 15} = \frac{67.5}{135} = 0.5$．

7.9 確率変数 X が 1 から 6 の値を等確率でとる場合には，例 7.2.1 より $E[X] = 3.5$ および $V[X] = \frac{35}{12}$ である．$Y = X - 1$ であるので，$E[Y] = E[X] - 1 = 2.5$ である

が，分散は $V[Y] = V[X-1] = V[X] = \frac{35}{12}$ と変わらない．

7.10 X の従う分布は二項分布 $B\left(12, \frac{3}{4}\right)$ であるので，$E[X] = 12 \times \frac{3}{4} = 9$, $V[X] = 12 \times \frac{3}{4} \times \frac{1}{4} = \frac{9}{4} = 2.25$, $SD[X] = \sqrt{\frac{9}{4}} = \frac{3}{2} = 1.5$．

7.11 超幾何分布 $H(n, M, N)$ の確率関数を変形して

$$p(x) = \frac{{}_M C_x \times {}_{N-M}C_{n-x}}{{}_N C_n} = \frac{\frac{M!}{x!(M-x)!} \cdot \frac{(N-M)!}{(n-x)!(N-M-n+x)!}}{\frac{N!}{n!(N-n)!}}$$

$$= \frac{\frac{\overbrace{M(M-1)\cdots(M-x+1)}^{x}}{x!} \cdot \frac{\overbrace{(N-M)(N-M-1)\cdots(N-M-n+x+1)}^{n-x}}{(n-x)!}}{\frac{N(N-1)\cdots(N-n+1)}{n!}}$$

$$= \frac{n!}{x!(n-x)!} \cdot \frac{\overbrace{\left(\frac{M}{N}\right)\cdots\left(\frac{M}{N}-\frac{x-1}{N}\right)}^{x} \cdot \overbrace{\left(1-\frac{M}{N}\right)\cdots\left(1-\frac{M}{N}-\frac{n-x-x}{N}\right)}^{n-x}}{1\left(1-\frac{1}{N}\right)\cdots\left(\frac{M}{N}-\frac{n-1}{N}\right)}$$

$$\to \frac{n!}{x!(n-x)!} p^x (1-p)^{n-x}.$$

7.12 二項分布 $B(n, p)$ の確率関数で，$np = \lambda$ とすると

$$p(x) = \frac{n!}{x!(n-x)!} p^x (1-p)^{n-x}$$

$$= \frac{n(n-1)\cdots(n-x+1)}{x!} \left(\frac{\lambda}{n}\right)^x \left(1-\frac{\lambda}{n}\right)^n \left(1-\frac{\lambda}{n}\right)^{-x}$$

$$= \frac{\lambda^x}{x!} \cdot 1 \cdot \left(1-\frac{1}{n}\right)\cdots\left(1-\frac{x-1}{n}\right) \left(1-\frac{\lambda}{n}\right)^{-x} \left(1-\frac{\lambda}{n}\right)^n$$

となるが，ここで $n \to \infty$ $(p \to 0)$ とすると，分母が n で分子が定数である項はすべて 0 に収束し，$\lim_{n\to\infty}\left(1-\frac{\lambda}{n}\right)^n = e^{-\lambda}$ であるので，$p(x) \to \frac{\lambda^x}{x!} e^{-\lambda}$ を得る．

7.13 (1) 誤字数 X はパラメータ 2 のポアソン分布に従う．よって，小数第 3 位まで求めると

$$P(X = 0) = \frac{2^0}{0!} e^{-2} = e^{-2} = \text{POISSON.DIST}(0, 2, 0) = 0.135$$

$$P(X = 1) = \frac{2^1}{1!} e^{-2} = 2e^{-2} = \text{POISSON.DIST}(1, 2, 0) = 0.271$$

$$P(X = 2) = \frac{2^2}{2!} e^{-2} = 2e^{-2} = \text{POISSON.DIST}(2, 2, 0) = 0.271$$

$$P(X = 3) = \frac{2^3}{3!} e^{-2} = \frac{4}{3} e^{-2} = \text{POISSON.DIST}(3, 2, 0) = 0.180$$

となる．λ は整数であるので，$P(X = 1)$ と $P(X = 2)$ が確率の最大値を与える．

(2) 10 ページの原稿全体での誤字数 Y は，ポアソン分布の再生性よりパラメータ 20

のポアソン分布に従う．よって，

$$P(Y \leq 20) = \sum_{k=0}^{15} \frac{20^k}{k!} e^{-20} = \text{POISSON.DIST}(15, 20, 1) = 0.157$$

7.14 X は区間 $(0, 12)$ 上の一様分布に従うので，期待値は $\frac{0+12}{2} = 6\,\text{cm}$，分散は $\frac{(12-0)^2}{12} = 12\,\text{cm}^2$．

7.15 U が区間 $(0, 1)$ 上の一様分布に従うとき，$1 - U$ も区間 $(0, 1)$ 上の一様分布に従う．よって，$x \geq 0$ において，

$$F(x) = P(X \leq x) = P(-\mu \log(1 - U) \leq x) = P(1 - U \leq e^{-x/\mu})$$
$$= P(U \geq 1 - e^{-x/\mu}) = 1 - e^{-x/\mu}.$$

$F(x) = 1 - e^{-x/\mu}$ は期待値 μ の指数分布の分布関数である．

7.16 平均値 3 の指数分布の分散は 9 で，全部で 4 人分であるので，平均値は 12 分，分散は 36 分^2 で，標準偏差は 6 分である．接客中の客は接客途中であるが，その接客が終わるまでの時間の分布には，指数分布の無記憶性を利用している．

7.17 (1) ガンマ関数の積は

$$\Gamma(a)\Gamma(b) = \left(\int_0^\infty t^{a-1} e^{-t} dt\right)\left(\int_0^\infty s^{b-1} e^{-s} ds\right) = \int_0^\infty \int_0^\infty t^{a-1} s^{b-1} e^{-(t+s)}\, dt ds$$
$$= \int_0^\infty \int_0^\infty \left(\frac{t}{t+s}\right)^{a-1} \left(\frac{s}{s+t}\right)^{b-1} (t+s)^{a+b-2} e^{-(t+s)}\, dt ds$$

となる．ここで $u = \dfrac{t}{t+s}$，$v = t + s$ と変数変換すると，$t = u(t+s)$，$s = v - t = v - uv = v(1-u)$ であり，変数変換のヤコビアンは $\begin{vmatrix} \frac{\partial t}{\partial u} & \frac{\partial t}{\partial v} \\ \frac{\partial s}{\partial u} & \frac{\partial s}{\partial v} \end{vmatrix} = \begin{vmatrix} v & u \\ -v & 1-u \end{vmatrix} = v(1-u) + uv = v$ となる．積分範囲は $0 \leq u \leq 1$ および $0 \leq v$ である．よって，

$$\Gamma(a)\Gamma(b) = \int_0^1 \int_0^\infty u^{a-1}(1-u)^{b-1} v^{a+b-2} e^{-v} v\, du dv$$
$$= \left(\int_0^1 u^{a-1}(1-u)^{b-1} du\right)\left(\int_0^\infty v^{(a+b)-1} e^{-v} dv\right) = \text{B}(a,b)\Gamma(a+b)$$

より $\text{B}(a,b) = \dfrac{\Gamma(a)\Gamma(b)}{\Gamma(a+b)}$ が得られる．

(2) 一般に，$X \sim Beta(a, b)$ のとき，X の原点まわりの r 次のモーメントは

$$\mu'_r = E[X^r] = \frac{1}{\text{B}(a,b)} \int_0^1 x^r x^{a-1}(1-x)^{b-1}\, dx = \frac{1}{\text{B}(a,b)} \int_0^1 x^{a+r-1}(1-x)^{b-1}\, dx$$
$$= \frac{\text{B}(a+r, b)}{\text{B}(a, b)} = \frac{a(a+1)\cdots(a+r-1)}{(a+b)(a+b+1)\cdots(a+b+r-1)}$$

で与えられる．これより，$r = 1$ として $E[X] = \dfrac{a}{a+b}$ が導かれる．$r = 2$ とすると

$E[X^2] = \dfrac{a(a+1)}{(a+b)(a+b+1)}$ であるので，分散は

$$V[X] = E[X^2] - (E[X])^2 = \dfrac{a(a+1)}{(a+b)(a+b+1)} - \left(\dfrac{a}{a+b}\right)^2$$

$$= \dfrac{a(a+1)(a+b) - a^2(a+b+1)}{(a+b)^2(a+b+1)} = \dfrac{ab}{(a+b)^2(a+b+1)}$$

となる．$a > 1, b > 1$ のとき，最頻値は

$$\dfrac{d}{dx}x^{a-1}(1-x)^{b-1} = (a-1)x^{a-2}(1-x)^{b-1} - (b-1)x^{a-1}(1-x)^{b-2}$$

$$= \{(a-1)(1-x) - (b-1)x\}x^{a-2}(1-x)^{b-2} = 0$$

より，得られる方程式 $(a-1)(1-x) - (b-1)x = 0$ を x について解いて，$x = \dfrac{a-1}{a+b-2}$ となる．$a = b = 1$ のときは区間 $(0, 1)$ 上の一様分布であるので，最頻値は存在しない．

第 8 章

8.1 (1) 期待値は $\mu = \frac{1+2+3+4+5}{5} = 3$，分散は $\sigma^2 = \frac{(1-3)^2+\cdots+(5-3)^2}{5} = 2$.

(2) 25 通りの標本平均は以下の表のようであり，その平均は $\frac{75}{25} = 3$，分散は計算すると 1 となる．

標本平均	1	2	3	4	5	計
1	1	1.5	2	2.5	3	10
2	1.5	2	2.5	3	3.5	12.5
3	2	2.5	3	3.5	4	15
4	2.5	3	3.5	4	4.5	17.5
5	3	3.5	4	4.5	5	20
計	10	12.5	15	17.5	20	75

(3) 25 通りの偏差平方和 A_1 は以下の左表のようであり，その平均は 4 である．

A_1	1	2	3	4	5	計
1	8	5	4	5	8	30
2	5	2	1	2	5	15
3	4	1	0	1	4	10
4	5	2	1	2	5	15
5	8	5	4	5	8	30
計	30	15	10	15	30	100

A_2	1	2	3	4	5	計
1	0	0.5	2	4.5	8	15
2	0.5	0	0.5	2	4.5	7.5
3	2	0.5	0	0.5	2	5
4	4.5	2	0.5	0	0.5	7.5
5	8	4.5	2	0.5	0	15
計	15	7.5	5	7.5	15	50

(4) 25 通りの偏差平方和 A_2 は上の右表のようであり，その平均は 2 である．

(5) 上問 3 の結果より，$E[cA_k] = 2$ となるためには $c_1 = 1/2, c_2 = 1$ とすればよいことがわかる．

8.2 (1) 正しいのは (A) と (C)．　　(2) 正解は (A)．

演習問題の解答

第 9 章

9.1 尤度関数は $L = \prod_{i=1}^{n} \frac{\lambda^{x_i}}{x_i!} e^{-\lambda}$ であるので，対数尤度関数は $l = \log L = \log \lambda \sum_{i=1}^{n} x_i - n\lambda - \sum_{i=1}^{n} \log x_i!$ となる．これを λ で微分して 0 とおき，$\frac{dl}{d\lambda} = \frac{1}{\lambda} \sum_{i=1}^{n} x_i - n = 0$ より，λ の最尤推定値は $\widehat{\lambda} = \sum_{i=1}^{n} \frac{x_i}{n} = \bar{x}$ と標本平均となる．

9.2 尤度関数は $L = \prod_{i=1}^{n} \frac{1}{\mu} e^{-x_i/\mu} = \frac{1}{\mu^n} \exp\left[-\sum_{i=1}^{n} \frac{x_i}{\mu}\right]$ であるので，対数尤度関数は $l = \log L = -n \log \mu - \sum_{i=1}^{n} \frac{x_i}{\mu}$ となる．これを μ で微分して 0 とおき，$\frac{dl}{d\mu} = -\frac{n}{\mu} + \frac{1}{\mu^2} \sum_{i=1}^{n} x_i = 0$ より，μ の最尤推定値は $\widehat{\mu} = \sum_{i=1}^{n} \frac{x_i}{n} = \bar{x}$ と標本平均となる．

9.3 (1) 母平均 μ_x の点推定値は標本平均 $\bar{x} = 58$．

(2) 不偏分散は $\widehat{\sigma}_x^2 = (3\sqrt{5})^2 = 45$．

(3) 偏差平方和は $A = 4 \times 45 = 180$．

(4) 観測値の 2 乗和は $\sum_{i=1}^{5} x_i^2 = \sum_{i=1}^{5} (x_i - \bar{x})^2 + 5 \times (\bar{x})^2 = 180 + 5 \times 58^2 = 17{,}000$．

(5) 標準誤差 $SE = \frac{3\sqrt{5}}{\sqrt{5}} = 3$．

(6) 母平均 μ_x の 95%信頼区間の上下限は，$t_4(0.025) = 2.776$ であるので

$$\bar{x} \pm t_4(0.025) \cdot SE = 58 \pm 2.776 \times 3 = 58 \pm 8.328 = [49.672, 66.328].$$

(7) 母平均 μ_x の 99%信頼区間の上下限は，$t_4(0.005) = 4.604$ であるので

$$\bar{x} \pm t_4(0.005) \cdot SE = 58 \pm 4.604 \times 3 = 58 \pm 13.812 = [44.188, 71.812].$$

(8) 母分散 σ_x^2 の 95%信頼区間の上下限は，$\chi_4^2(0.025) = 11.143$, $\chi_4^2(0.975) = 0.479$ であるので $\frac{180}{11.143} = 16.153$, $\frac{180}{0.479} = 375.676$．

(9) 母分散 σ_x^2 の 99%信頼区間の上下限は，$\chi_4^2(0.005) = 14.860$, $\chi_4^2(0.995) = 0.207$ であるので $\frac{180}{14.860} = 12.113$, $\frac{180}{0.207} = 869.611$．

9.4 (1) 母平均の差 δ の点推定値は $d = 58 - 63 = -5$．

(2) 標本分散は $s_y^2 = 50$ であるので，プールした分散は $s^2 = \frac{1}{5+7-2}(4 \times 45 + 6 \times 50) = 48$．

(3) 標本平均の差 d の標準誤差は $SE = \sqrt{\left(\frac{1}{5} + \frac{1}{7}\right) \times 48} = 4.057$ であるので，母平均の差の 95%信頼区間の上下限は，$t_{10}(0.025) = 2.228$ を用いて $-5 \pm 2.228 \times 4.057 = [-14.039, 4.0039]$．

(4) 母平均の差の 99%信頼区間の上下限は，$t_{10}(0.005) = 3.169$ を用いて $-5 \pm 3.169 \times 4.057 = [-17.857, 7.857]$．

(5) 母分散が等しいとは限らない場合には，標本平均の差 d の標準誤差は $SE = \sqrt{\frac{45}{5} + \frac{50}{7}} = 4.018$ である．自由度は，本文中の式から 9.063 と求められるので，$t_{9.063}(0.025)$ をソフトウェア（たとえば Excel）を用いて求めると 2.685 となる．よっ

て，母平均の差の 95%信頼区間の上下限は $-5 \pm 2.685 \times 4.018 = [-15.788, 5.788]$．

第 10 章

10.1 (1) 帰無仮説は $H_0 : \mu = 14$，対立仮説は $H_1 : \mu \neq 14$．

(2) 標本平均は $\bar{x} = \frac{13+15+16+17+19}{5} = 16$，不偏分散は
$\hat{\sigma}^2 = \frac{(13-16)^2+(15-16)^2+(16-16)^2+(17-16)^2+(19-16)^2}{4} = 5$．

(3) 上問 (2) より，標準誤差は $\frac{5}{5} = 1$ の平方根であるので 1．

(4) 検定統計量の値は $t^* = \frac{16-14}{1} = 2$．

(5) 上問 (4) で求めた t^* の値の絶対値は $t_4(0.025) = 2.78$ よりも小さいので，有意水準 5％ で検定は有意でなく，帰無仮説は棄却されない．すなわち，今年の学生のテストの点数の母平均は昨年の学生の平均 14 点とは異なるとはいえない．

10.2 (1) 標準誤差は $\frac{s^2}{6} = \frac{54}{6} = 9$，平方根で 3 となるので，検定統計量の値は $t^* = \frac{21-30}{3} = -3$ と求められる．

(2) $|t^*| > t_5(0.025)$ であるので，有意水準 5％ で検定は有意であり，母平均 μ は 30 とは有意に異なるといえる．

(3) 帰無仮説での値が $H_0 : \mu = m$ のときの検定統計量の値は $t^* = \frac{21-m}{3}$ であり，その絶対値が 2.57 未満であれば帰無仮説は棄却されない．したがって，$\left|\frac{21-m}{3}\right| < 2.57$ より，$21 - 2.57 \times 3 < m < 21 + 2.57 \times 3$，すなわち，$13.29 < m < 28.71$ を得る．これは母平均 μ の 95%信頼区間になる．上問 (2) の母平均の仮説値 30 はこの 95%信頼区間に含まれないことからも，検定は有意水準 5％ で有意であることがわかる．

10.3 (1) 両側検定なので $H_0 : \delta = 0$ vs. $H_1 : \delta \neq 0$ である．したがって正答は (C)．

(2) $\bar{x} = \frac{46+52+50+55+47+50}{6} = \frac{300}{6} = 50.0$，$\bar{y} = \frac{59+58+61+53+64}{5} = \frac{295}{5} = 59.0$

$s_x^2 = \frac{(-4)^2+2^2+0^2+5^2+(-3)^2+0^2}{6-1} = \frac{54}{5} = 10.8$

$s_y^2 = \frac{0^2+(-1)^2+2^2+(-6)^2+5^2}{5-1} = \frac{66}{4} = 16.5$

(3) $s^2 = \frac{(6-1)s_x^2+(5-1)s_y^2}{6+5-2} = \frac{5 \times 10.8 + 4 \times 16.5}{9} = \frac{120}{9} \approx 13.333$

(4) $SE = \sqrt{s^2\left(\frac{1}{m}+\frac{1}{n}\right)} = \sqrt{\frac{120}{9}\left(\frac{1}{6}+\frac{1}{5}\right)} = \sqrt{\frac{120}{9} \times \frac{11}{30}} = \sqrt{\frac{4}{9} \times 11} = \frac{2}{3}\sqrt{11} \approx 2.211$

(5) $t^* = \frac{\bar{x}-\bar{y}}{SE} = \frac{50.0-59.0}{\frac{2}{3}\sqrt{11}} = -\frac{27}{22}\sqrt{11} \approx -4.070$

(6) 有意水準 5％ の両側検定であるから，$|t^*|$ と比較する値は上側 2.5%点 $t_9(0.025)$ である．$|t^*| = 4.070 > t_9(0.025) = 2.262$ より，帰無仮説 H_0 は棄却され，餌 X を与えたマウスと餌 Y を与えたマウスとでは成長に違いがあるといえる．

(7) 95%信頼区間は $(\bar{x}-\bar{y}) \pm t_9(0.025) \times SE = -9 \pm 2.262 \times 2.211 \approx -9 \pm 5.001 \approx [-14.00, -4.00]$ となる．信頼区間には 0 が含まれていないので，仮説 $\delta = 0$ が棄却され $\mu_1 \neq \mu_2$ であるといえる．これは上問 (6) で導いた結果と一致している．

10.4 (1) 相関係数は $r = \frac{s_{xy}}{s_x s_y} = \frac{243.25}{\sqrt{221.5}\sqrt{275}} = 0.986$．

(2) 差 $z = y - x$ の平均値と分散はそれぞれ 4.0 および 10.0.

(3) $s_z^2 = s_x^2 + s_y^2 - 2s_{xy} = 221.5 + 275 - 2 \times 243.25 = 10$ と計算される.

(4) 対応のある t 検定の検定統計量の値 t^* は $t^* = \frac{4}{\sqrt{10/5}} = \frac{4}{\sqrt{2}} = 2\sqrt{2} = 2.828$.

(5) 検定統計量の値 $t^* = 2.828$ は,自由度 4 の t 分布の上側 5%点 $t_4(0.05) = 2.132$ よりも大きいので検定は有意水準 5% で有意であり,補習により平均値は上がったと結論される.Excel の結果は右のようである.

	補習前(X)	補習後(Y)
平均	57	61
分散	221.5	275
観測数	5	5
ピアソン相関	0.986	
仮説平均との差異	0	
自由度	4	
t	-2.828	
P(T<=t) 片側	0.024	
t 境界値 片側	2.132	
P(T<=t) 両側	0.047	
t 境界値 両側	2.776	

(6) 独立 2 標本 t 検定の検定統計量の値 t^{**} は,プールした分散が $s^2 = \frac{221.5 + 275}{2} = 248.25$ であるので,$t^{**} = \frac{61 - 57}{\sqrt{(\frac{1}{5} + \frac{1}{5}) \times 248.25}} = 0.401$ と求められる.

(7) 検定統計量の値 $t^* = 0.401$ は,自由度 8 の t 分布の上側 5%点 $t_8(0.05) = 1.860$ よりも小さいので検定は有意水準 5% で有意でなく,補習前後で平均値間の差はあるとはいえないことになる.Excel の結果は以下のようである.補習前後の点数の散布図は右の図のようであり,個人差が大きいので,対応のある検定をしないと有意差が得られない.

	補習前(X)	補習後(Y)
平均	57	61
分散	221.5	275
観測数	5	5
プールされた分散	248.25	
仮説平均との差異	0	
自由度	8	
t	-0.401	
P(T<=t) 片側	0.349	
t 境界値 片側	1.860	
P(T<=t) 両側	0.699	
t 境界値 両側	2.306	

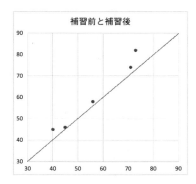

10.5 母分散が未知の場合の t 検定で示す (母分散が既知の場合の正規分布に基づく検定でも同様である).データから計算された標本平均を $\bar{x}$ とし,標本標準偏差を s としたとき,検定統計量の t 値は $t^* = \dfrac{\bar{x} - \mu_0}{s/\sqrt{n}}$ となり,検定が有意水準 100α%で有意になるのは,$t_{n-1}\left(\frac{\alpha}{2}\right)$ を自由度 $n-1$ の t 分布の上側 $100\alpha/2$%としたとき,$|t^*| > t_{n-1}\left(\frac{\alpha}{2}\right)$ の場合である.このとき,

$$\left| \frac{\bar{x} - \mu_0}{s/\sqrt{n}} \right| > t_{n-1}\left(\tfrac{\alpha}{2}\right)$$

を変形して，

$$\mu_0 < \bar{x} - t_{n-1}\left(\tfrac{\alpha}{2}\right)\frac{s}{\sqrt{n}}, \quad \text{もしくは} \quad \mu_0 > \bar{x} + t_{n-1}\left(\tfrac{\alpha}{2}\right)\frac{s}{\sqrt{n}}$$

を得る．μ の信頼係数 $100(1-\alpha)\%$ の信頼区間は

$$\left[\bar{x} - t_{n-1}\left(\tfrac{\alpha}{2}\right)\frac{s}{\sqrt{n}},\ \bar{x} + t_{n-1}\left(\tfrac{\alpha}{2}\right)\frac{s}{\sqrt{n}}\right]$$

であるので，μ_0 はこの区間に含まれないことと同値である．同様の考察により，μ_0 がこの区間に含まれることと検定が有意水準 $100\alpha\%$ で有意でないことは同値となる．

第 11 章

11.1 (1) 群間平方和は $SSM = SST - SSR = 650 - 440 = 210$ であり，自由度は 2 であるので，平均平方は $\frac{210}{2} = 105$．

(2) 分子の自由度は，群数 $-1 = 3 - 1 = 2$，分母の自由度は「全データ数 -3」であるので，$11 - 3 = 8$．

(3) F 統計量の値は $F^* = \frac{210/2}{440/8} = \frac{105}{55} = 1.91$．

11.2 (1) 分散分析表は以下のようになる．

変動要因	変動	自由度	分散	分散比	P-値	F 境界値
グループ間	390	2	195.000	5.318	0.022	3.885
グループ内	440	12	36.667			
合　計	830	14				

(2) 検定の P-値 0.022 は有意水準 0.05 以下であるので検定は有意であり，3 つのクラスのテストの平均値間には差があるとの結論になる．

11.3 (a) ×：分散分析では，各群での分散ではなく平均値を比較する．

(b) ×：分散分析での帰無仮説は，標本平均でなくすべての母集団平均が等しいことである．

(c) ×：すべての平均値が等しいという帰無仮説が棄却されても，すべての平均値が互いに異なるというわけではない．

(d) ×：二元配置分散分析は群の数ではなく，因子の数が 2 つのときに用いられる．

(e) ×：群内の変動は，標本平均値間の差ではなく各群における個体の各平均値からの変動を表している．

(f) ×：分散分析法で加法的なのは偏差平方和であり，平均平方 (分散) ではない．すなわち $SST = SSM + SSR$ である．

(g) ○：2 標本 t 検定は分散分析において群の数が 2 つの場合と同等である．また，分散分析は説明変数として群を表すダミー変数 (0 または 1 の値のみをとる変数) を用いた場合の回帰分析と同等である．

第 12 章

12.1 (1) 相関係数は $r = \frac{1.6}{\sqrt{4.667}\sqrt{0.685}} \approx 0.895$.

(2) 傾きは $b = \frac{1.6}{4.667} \approx 0.343$, 切片は $a = 16.3 - 0.34 \times 18 \approx 10.116$.

(3) $y = 16.29 + 0.343(x - 18)$ と変形される.

(4) 決定係数は $R^2 = (0.895)^2 = 0.801$. 単回帰分析では, 重相関係数 R と単相関係数 r とは等しくなることに注意.

(5) 上問 (2) の回帰式 $y = 10.116 + 0.343x$ の x に 19 を代入すると $y = 10.116 + 0.343 \times 19 = 16.633$ となる. あるいは, (3) より $x = 19$ とし $y = 16.29 + 0.343 = 16.633$ としてもよい (このほうがセンスがよい).

12.2 (1) 回帰直線 $y = a + bx$ の傾きは $b = \frac{s_{xy}}{s_x^2} = \frac{298}{647} = 0.4606$, 切片は $a = \bar{y} - b\bar{x} = 60 - 0.4606 \times 51 = 36.51$.

(2) 散布図と回帰直線は以下のようである.

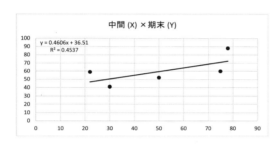

(3) 予測値と残差は以下のようである.

ID	中間 (X)	期末 (Y)	予測値	残差
1	75	60	71.1	-11.05
2	78	88	72.4	15.56
3	22	59	46.6	12.36
4	50	52	59.5	-7.54
5	30	41	50.3	-9.33
平均	51.0	60.0	60.0	0.0
分散	647.0	302.5	137.3	165.2

(4) 単回帰分析の場合の重相関係数は x と y の相関係数に等しいので, $R = \frac{298}{\sqrt{647}\sqrt{302.5}} = 0.674$ であり, 決定係数はその 2 乗であるので, $R^2 = (0.674)^2 = 0.454$.

(5) 誤差の標準偏差は残差の 2 乗和を 3 で割った平方根として $s = 14.843$.

12.3 モデル (a) は 2 つの回帰式がまったく同じことを意味し, (b) は回帰式が平行であることを表す. 各モデルのうちの (c) のもとで求めたときの残差平方和を

$$SSR_{(3)} = \sum_{i=1}^{m} \{y_{(1)i} - (a_{(1)} + b_{(1)}x_{(1)i})\}^2 + \sum_{i=1}^{n} \{y_{(2)i} - (a_{(2)} + b_{(2)}x_{(2)i})\}^2$$

とし, (b) のもとでの残差平方和を

$$SSR_{(2)} = \sum_{i=1}^{m}\{y_{(1)i} - (a_{(1)} + bx_{(1)i})\}^2 + \sum_{i=1}^{n}\{y_{(2)i} - (a_{(2)} + bx_{(2)i})\}^2$$

とする．このとき，$F^* = \frac{SSR_{(2)} - SSR_{(3)}}{SSR_{(3)}/(m+n-4)}$ は (b) のもとで自由度 $(1, m+n-4)$ の F 分布に従うことが示され，これを用いて (b) vs. (c) の検定を行う．次に，(a) のもとでの残差平方和を

$$SSR_{(1)} = \sum_{i=1}^{m}\{y_{(1)i} - (a + bx_{(1)i})\}^2 + \sum_{i=1}^{n}\{y_{(2)i} - (a + bx_{(2)i})\}^2$$

とする．このとき，$F^{**} = \frac{SSR_{(2)} - SSR_{(1)}}{SSR_{(2)}/(m+n-3)}$ は (a) のもとで自由度 $(1, m+n-3)$ の F 分布に従うことを用いて (a) vs. (b) の検定を行う．前者の検定で (b) が棄却されなければ回帰直線は平行，後者の検定で (a) が否定されなければ 2 つの回帰直線は同一とみなされる．

モデル (d) は，通常のデータ解析ではほとんどありえない状況であることから，議論されることはあまりない．

索　引

数字・欧文・記号

1 標本問題　178
2 標本問題　184
2 値データ　11
2 変量正規分布　114
5 数要約　35
A/B テスト　80
ANOVA　198, 200
χ^2（カイ 2 乗）統計量　57
χ^2 分布　149
F 分布　168
g 平均　44
ϕ 係数　63
P-値　177
RDD　80
t 分布　159
z 値　51

あ　行

赤池情報量規準　3
アーラン分布　135
一元配置分散分析　198
一様分布　130
一様乱数　130
一致推定量　154
一対比較　73
因果　54
上側 100 α ％点　100
上側四分位点　100
ウェルチの検定　186

後ろ向き研究　78
円グラフ　15
横断研究　78
大きさ　76
オッズ　26, 82
オッズ比　26
重み付き最小 2 乗推定値　206
重み付き平均　42

か　行

回帰　54
回帰係数　66, 115
回帰直線　65, 115, 204
回帰分析　65, 203
階乗モーメント
　k 次の——　98
ガウス分布　107
確率　82
　——の公理　82
確率関数　88
確率収束　142
確率積分変換　131
確率分布　88
確率変数　87
確率密度関数　88
確率要素　89
加重平均　42
片側対立仮説　174
偏り　5, 76
　選択の——　78

238

　　調査漏れによる―― 78
　　無回答の―― 78
カテゴリー 15
加法定理 82
間隔尺度 13
頑健 42
観察研究 71, 74
感度 87
ガンマ関数 134
ガンマ分布 134
関連，連関 55
幾何分布 126
幾何平均 43
棄却域 175
期待値 56, 96
帰無仮説 174
キュムラント 99
キュムラント母関数 99
共通部分 81
共分散 58, 102
共変量 72
局所管理 73
空事象 81
区間推定 157
クロス集計表 24
群間 199
群間平方和 197
群内平方和 197
形状母数 134
系統抽出法 77
ケース・コントロール研究 79
欠測 4, 8
　　――値 77
決定係数 67, 212
　　自由度調整済み―― 212
研究の種類 71
検出力 176
検出力関数 177

検定統計量 174
ケンドールの順位相関係数 64
ケンドールのタウ 64
交絡因子 72
　　――の除去 75
誤差限界 162
混合 23

さ 行

最小2乗基準 67, 205
最小2乗直線 67
最小2乗法 67, 205
再生性 120, 125, 136
最頻値 39, 100
最尤推定値 156
最尤推定量 156
最尤法 156
最良線形不偏推定量 154
残差 199, 209
残差平方和 197
算術平均 38
散布図 27
散布図行列 30
サンプルサイズ 76
時系列データ 31
試行 81
　　――の独立 84
事後確率 86
自己加重平均 43
事象 81
指数分布 132
事前確率 86
下側 100α パーセンタイル 36
下側 $100\alpha\%$点 36, 100
下側四分位点 100
実験計画法 4
実験研究 71, 73
質的データ 10

索　引

四分位相関係数　63
四分位範囲　35
尺度　13
尺度母数　135
重回帰分析　203
重相関係数　67, 212
従属　83
自由度　199
　──の分解　211
周辺確率分布　91
周辺確率密度関数　94
周辺度数　24
集落抽出法　77
受容　175
順位　64
順序カテゴリカルデータ　11
順序尺度　13
順序統計量　35
条件付き確率　84
条件付き確率関数　92
条件付き分布　92
乗法定理　85
処置効果　71
人口ピラミッド　21
シンプソンのパラドクス　31
信頼区間　158
信頼係数　158
信頼度　158
推測統計　5
推定値　152
推定量　152
スピアマンの順位相関係数　64
スピアマンのロー　64
正規分布　23, 107
正規方程式　205
積事象　81
積率　98
積率相関係数　59

セル　24
セル度数　24
センサス　75
全数調査　75
尖度　48, 100
層　77
層化　75
層化抽出法　77
相加平均　38
相関　54
相関係数　59, 103
相乗平均　43
相対度数　14, 15
総平方和　197
層別　75

た　行

タイ　64
第1四分位数　35
第3四分位数　35
第1種の過誤　176
第2種の過誤　176
対数正規分布　113
大数の(弱)法則　142
対数尤度関数　156
代表値　38
対立仮説　174
互いに独立　56, 83, 92, 94
互いに排反　82
タグチメソッド　3
多項係数　128
多項分布　128
多段抽出法　77
ダミー変数　11
単回帰分析　203
単純無作為抽出　76, 116
単純無作為割付け　73
チェビシェフの不等式　141

中央値　35, 100
中心極限定理　142
　——の連続補正　146
超幾何分布　121
調査　75
調和平均　43
積み上げヒストグラム　21
適合度検定　192
データ
　——の可視化　5
　——の個数の決定　4
　——の収集　4
　——のチェック　5
　——の分解　211
データ収集法　71
データセットの結合　5
点推定　152
統計学　1
統計的検定　174
統計的推定　152
同時確率関数　91
同時確率分布　91
同時確率密度関数　94
同時セル度数　24
同時分布　91
等密度曲線　94
特異度　87
独立　56
独立試行　84
独立事象　83
度数　14, 15, 24
トリム平均　42
　$100p\%$——　42

な 行

二元配置分散分析　200
二項分布　117
二重盲検化　74

は 行

バイアス　5
箱ひげ図　36
外れ値　37, 42
ばらつき　142
パラメータ　78, 96
範囲　45
反復　73
半不変数　99
ピアソン相関係数　59
ピアソンの積率相関係数　59
比尺度　13
ヒストグラム　18
非標本誤差　78
非復元抽出　84
標準化変換　51, 102
標準形　114
標準正規分布　108
標準偏差　45, 97
標本　75
標本空間　81
標本誤差　78
標本調査　76
標本調査法　4
標本分散　147
標本平均　139
比率　82
比例抽出法　77
ヒンジ　35
フィッシャーの3原則　73
復元抽出　84
ふた山型　23
不偏推定量　153
不偏分散　147
プールした分散　165
ブロック　73
分割表　26

分散　45, 97
分散分析表　198
分布　88
分布関数　89
分布収束　143
平均　38, 96
平均値　38
平均平方和　199
ベイズの定理　86
平方和　199
　——の分解　211
ベータ関数　138
ベータ分布　138
ベルヌーイ試行　117
ベルヌーイ分布　117
偏差値　51, 102, 112
変数変換　95, 101, 109
変動係数　46, 98
ポアソン分布　123
棒グラフ　15
母集団　46, 75
補正決定係数　212
ボックスプロット　36
母平均　46
ボンフェロニの不等式　83

ま　行

前向き研究　78
マルコフの不等式　141
幹葉表示　21
無回答　77
無記憶性　127, 133
無作為抽出　76
無相関　60, 103
名義尺度　13
メディアン　35

盲検化　74
モード　39
モニタリング　4
モーメント
　k 次の——　98
モーメント母関数　99

や　行

有意水準　175
　観測された——　177
　実際の——　175
　名目の——　175
尤度関数　156
余事象　81

ら　行

ラプラスの定理　120
乱塊法　73
ランダム化　73
離散一様分布　115
離散型確率変数　88
離散型データ　11
両側対立仮説　174
量的データ　10, 11
累積相対度数　14, 15
累積分布関数　89
連続型確率変数　88
連続型データ　12
連続補正　120, 146
ロジスティック回帰　29
ロジスティック曲線　29

わ

歪度　48, 100
和事象　81

著 者 紹 介

岩 崎　　学
（いわ　さき　　まなぶ）

1977年　東京理科大学大学院理学研究科
　　　　数学専攻修士課程修了
茨城大学助手，防衛大学校講師・助教授，
成蹊大学助教授を経て
現　在　成蹊大学教授・横浜市立大学教
　　　　授，理学博士（東京理科大学）
専門：統計的データ解析の理論と応用

主要著書
統計的因果推論（統計解析スタンダード）
　（朝倉書店，2015）
カウントデータの統計解析（統計ライブラ
　リー）（朝倉書店，2010）
確率・統計の基礎（東京図書，2007）　など

姫 野 哲 人
（ひめ　の　てつ　と）

2007年　広島大学大学院理学研究科数学
　　　　専攻博士後期課程修了
九州大学学術研究員，情報・システム研
究機構特任研究員，成蹊大学助教を経て
現　在　滋賀大学准教授，博士（理学）
　　　　（広島大学）
専門：数理統計学

主要著書
改訂版　日本統計学会公認　統計検定2級
　対応　統計学基礎（東京図書，2015）
現代統計学（日本評論社，2017）

ⓒ　岩崎　学・姫野哲人　2017

2017年5月31日　初　版　発　行

スタンダード
統計学基礎

著　者　　岩　崎　　　学
　　　　　姫　野　哲　人
発行者　　山　本　　　格

発 行 所　株式会社　培 風 館
東京都千代田区九段南4-3-12・郵便番号 102-8260
電 話（03）3262-5256（代表）・振 替 00140-7-44725

寿 印刷・牧 製本

PRINTED IN JAPAN

ISBN 978-4-563-01017-1　C3033